Valentin Nowotny

Führen mit Telefon, E-Mail, Video, Chat & Co.

Der richtige Medieneinsatz in der agilen Managementpraxis

1. Auflage
Schäffer-Poeschel Verlag Stuttgart

Bibliografische Information der Deutschen Nationalbibliothek

Die Deutsche Nationalbibliothek verzeichnet diese Publikation in der Deutschen Nationalbibliografie; detaillierte bibliografische Daten sind im Internet über http://dnb.dnb.de abrufbar.

Print: ISBN 978-3-7910-4458-3   Bestell-Nr. 10322-0001
ePDF: ISBN 978-3-7910-4459-0   Bestell-Nr. 10322-0150

Valentin Nowotny
Führen mit Telefon, E-Mail, Video, Chat & Co.
1. Auflage, Oktober 2019

Produktmanagement: Dr. Frank Baumgärtner
Lektorat: Michael Bauer, Mainz

Schäffer-Poeschel Verlag Stuttgart
Ein Tochterunternehmen der Haufe Group

VORWORT

Warum Führen auf Distanz bzw. Remote Leadership, wie das Thema inzwischen international heißt? Mir persönlich liegt das Thema am Herzen, weil ich immer wieder festgestellt habe, dass das klassische Denken – wir müssen uns sehen, Face-to-Face ist ein Muss – immer weniger mit der Unternehmensrealität gemein haben. In 90 Prozent aller Projektteams international ausgerichteter Unternehmen gibt es Mitarbeitende, die nicht immer vor Ort und dennoch Teil der Teams sind.

Wie die Praxis zeigt, gibt es immer mehr Möglichkeiten, auf Distanz zu kommunizieren, Telefon und E-Mail sind die Klassiker, mit der Welt der Videokonferenzen sowie mit Chat & Co, was die Vielfalt der inzwischen verfügbaren Kollaborationstools mit einschließt, hat sich eine Tür geöffnet hin zu vielfältigen neuen Spielweisen im Tableau digitaler Kommunikationsoptionen. Anknüpfend an die Erfahrungen aus den vielen Seminaren und Coachings zu diesem Thema kann ich sagen: Jede Führungssituation und jedes Team sind anders, und gerade in der komplexen Welt von heute gilt es, schnell auf die sich ändernden Rahmendbedingungen reagieren zu können.

Wie lässt sich die Persönlichkeit der Teammitglieder auch aus der Distanz mithilfe von Persönlichkeitsmodellen richtig lesen und einschätzen? Wie hilft eine gewandte Rhetorik und wann sogar Schlagfertigkeit, um die Wahrnehmung der Teammitglieder in einem virtuellen Meeting bewusst zu prägen oder an entscheidender Stelle offen zu bleiben für die weichen Signale, die über Medien tendenziell schwerer wahrzunehmen bzw. zu erspüren sind, als wenn man sich gegenübersäße? Wie können sozialpsychologisch fundierte Methoden des Überzeugens helfen, den eigenen Argumenten mehr Gewicht zu verleihen bzw. überhaupt zu Einzelnen durchzudringen? Welche praktischen Optionen stehen Ihnen in der medial überbrückten Kommunikation von heute zur Verfügung?

Diese und weitere spannende Fragen werde ich in diesem Buch beantworten. Aber es geht nicht nur um die Beantwortung von Fragen oder reinen Wissenstransfer. Vielmehr soll Ihnen das Buch helfen, die zentralen Erfolgsparameter in einem Führungssetting auch aus der Distanz zum Erfolg zu bringen und gezielt auch Details hierbei zu optimieren. Digital-agil zu führen, ist eine Fähigkeit mit einem Set aus speziellen Fertigkeiten, die in Zukunft immer wichtiger wird. Ohne Zweifel werden schon heute sehr viele Führungsausgaben medial umgesetzt und die Tendenz ist eindeutig steigend! Allerdings: Niemand wird als Online-Leadership-Meister geboren (auch die sogenannten Digital Natives nicht!) und auch im Bereich des digital-agilen Führens gilt: Eigene Erfahrungen und deren systematische Auswertung sind wichtiger als Theoriewissen.

Grundlage dieser Toolbox sind aktuelle Erkenntnisse zur Führungspsychologie sowie die medien- und betriebswirtschaftliche Forschung, die implizit in die Texte Eingang gefunden haben. Ich habe jedoch darauf verzichtet, diese – von wenigen Ausnahmen abgesehen – im Detail konkret aufzuführen. Das ist dem Primat der Lesbarkeit und praktischen Handhabung geschuldet, die beim Format einer Toolbox im Vordergrund steht und sich v.a. an den bzw. die Führungspraktiker wendet, die sich zumeist nicht zu viel »Theorie-Overload« wünschen. Die hier in der der Toolbox beschriebenen Theorieansätze und Modelle sind komplex genug und fordern dem Lesenden schon einiges ab.

Im Fokus steht die Optimierung von ganz konkreten Führungssituationen eines Digital Leaders. Wenn Sie mit dieser Toolbox arbeiten, werden Sie in jedem Kapitel konkrete Umsetzungsideen für Ihre jeweilige Führungsherausforderung finden. Am Ende jedes Kapitels finden Sie zudem das »360-Grad-Leadership-Radar«, eine praktische Reflexionswolke sowie jeweils zehn Erfolgsfaktoren, an denen Sie sich orientieren können. All dies zielt darauf ab, dass Sie für jedes von Ihnen gewählte Kommunikationsmedium die richtigen Stellschrauben finden, um das Ergebnis zu optimieren.

Diese Toolbox fokussiert auf die vielfaltigen Möglichkeiten der neuen Onlinemedien wie etwa Videokonferenzen, E-Mail, SMS, Chat und auch elektronische Kollaborationstools. Gute Tipps erhalten Sie zudem vom »Führungsfuchs«, der sich auf die eine oder andere Seite eingeschlichen hat und Ihnen aufzeigt, welche zusätzlichen Bewegungsspielräume Sie nutzen können, wenn Sie alle Medien und Kommunikationsoptionen konsequent und kreativ einsetzen.

Anders ausgedrückt: Sie werden in jedem Kapitel neu erfahren, welche Formen einer »crossmedialen Prozessgestaltungskompetenz« erforderlich sind. Auch wenn es in diesem Buch eine klare Kapitelstruktur gibt, so können Sie doch oftmals Konzepte, die in einem Medienumfeld Erwähnung finden, sehr gut auch in anderen Kontexten einsetzen. Das Thema »Stimme« ist z.B. nicht nur für das Telefon wichtig, sondern kann natürlich auch für Videokonferenzen genutzt werden. Das planvolle Vorgehen hat beim Thema Führung eine besondere Bedeutung. Deshalb habe ich das erste Kapitel auch »Startreflexion« genannt, da digital-agiles Führen eine bewusste Reflexion des aktuellen Ausgangspunktes voraussetzt. Klären Sie für sich ab, wo sie mit Ihren Teams stehen, bevor Sie festlegen, wohin die Reise geht! Für die handwerkliche Planung und Ausführung der kommunikativen Aufgaben gibt es je nach den zur Verfügung stehenden medialen Gegebenheiten andere Gestaltungsoptionen. Aber vergessen Sie nicht: Als »Leader« haben Sie natürlich auch Einflussmöglichkeiten, um die »Gegebenheiten« im positiven Sinne zu verändern. Die Reflexion zu Beginn und die systematische Auswertung der konkreten Erfahrungen am Ende bilden eine zentrale Achse des digital-agilen Führungsmotors.

Fünf zentrale Thesen haben mich bei diesem Buch geleitet:

1. Digitale Führung wird sich mehr und mehr daran messen, was sie tut, um mit Komplexität erfolgreich umzugehen. Dabei ist eine agile Haltung grundsätzlich genauso wichtig wie das digitale Skill- und Methodenrepertoire. Die Komplexität wird dabei nicht reduziert, sondern vielmehr besser handhabbar gemacht.

2. Das Management von Kompliziertheit wird hingegen zunehmend über intelligente digitale Systeme in Verbindung mit neuen Formen der Selbstorganisation sowie über gemeinschaftlich geteiltes Wissen auf allen Ebenen sichergestellt. Ein zentrales Stichwort ist »Shared Consciousness« (Nowotny 2016), übersetzt etwa als kollektives oder geteiltes Bewusstsein.

3. Digitale Führung ist gerade im Kontext der langsam, aber sicher um sich greifenden Agilisierungswelle zu einem großen Teil Beziehungsarbeit, (Infra-)Struktur-, Visions- und Zukunftsarbeit sowie das empathische Erforschen dessen, was für besondere Qualität, außerordentliche Innovation sowie an Leistungsbereitschaft und Kreativität erforderlich ist.

4. Erfolgreiche digital-agile Führung mit den passend ausgewählten Medienkanälen ist nichts von der Stange. Vielmehr geht es darum, das Unwissen und die Unsicherheit auszuhalten, technische Gestaltungsspielräume kommunikations- und motivationsförderlich zu gestalten, direkt und effizient auch über Medien zu führen und/oder wirksame Leitplanken für die Selbstorganisation der Mitarbeitenden einzuziehen. Eine gut kommunizierte Vision und eine von allen verstandene Mission bilden das Fundament einer erfolgreichen digital-agilen Führungspraxis über die verschiedenen Medienkanäle.

5. Digital-agile Führung in einem zunehmend dynamischer werdenden Zeitalter ist geteilte Verantwortung

und kompetente gemeinsame Zukunftsgestaltung. Um gleichermaßen effektiv wie auch effizient zu führen, ist es erforderlich, diejenigen Führungsaufgaben, die künftig in Teilen von Teammitgliedern übernommen werden können, zu identifizieren und die Mitarbeitenden geschickt in die Verantwortungsübernahme einzubinden. Das setzt natürlich das passende digitale Toolset im guten Zusammenspiel mit einem passenden agilen Mindset voraus!

Eine Toolbox wie diese wird nicht am grünen Tisch geschrieben. In dieses Buch sind viele sehr praktische Erfahrungen eingeflossen. Deshalb möchte ich an dieser Stelle auch den unzähligen Teilnehmenden meiner Führungsseminare danken. Sie haben mir geholfen, immer besser auf den Punkt zu bringen, worauf es beim Führen auf Distanz wirklich ankommt. Sie haben mit ihren konkreten Fragen, ihren Ideen und ihrer Experimentierfreude dazu beigetragen, dass dieses Buch entstehen konnte.

Echte Führungsexpertise lebt vom agilen Hinterfragen der eigenen Erfahrungen. Versilbern Sie Ihre Erfolge und lassen Sie sich professionell unterstutzen. Meine Kontaktdaten finden Sie im Autorenportrait am Ende des Buches!

Ihr Valentin Nowotny

Inhaltsverzeichnis

TEIL 1

STARTREFLEXION:
REMOTE LEADERSHIP IM 21. JAHRHUNDERT/
DIE DIGITAL-AGILE FÜHRUNGSREFLEXION

1 WAS MUSS EIN DISTANCE LEADER HEUTE LEISTEN?

**Start-
reflexion**

Telefon

E-Mail

Video

Chat

Richtungs-
check

*Die digitale Welt ist der größte Möglichkeitsraum,
den die Menschheit je geschaffen hat.*
Bettina Volkens & Kai Anderson
in ihrem Buch »Digital human« (2017)

1.1 Warum (Selbst-)Reflexion für Führung über Distanz extrem wichtig ist?

Wie sagt man so schön im Englischen: »Your best teacher is your last mistake.« In Zukunft sind nicht die Klügsten oder die mit der besten Ausgangssituation erfolgreich, sondern diejenigen, die am schnellsten lernen. Ein hoher Grad an Flexibilität, geschickte Vernetzung und ein gekonnter Medieneinsatz sind die entscheidenden Erfolgsfaktoren für die digitale, zielgerichtete und smarte Führungskommunikation der Zukunft. Intensive Mitarbeitergespräche und gut strukturierte Meetings waren in unserer arbeitsteilig organisierten Organisationswelt schon seit jeher das Mittel für Kommunikation, Entscheidungsfindung sowie Klärung wichtiger Fragen der Zusammenarbeit. Sie dienten der Lö-

sung von Problemen und schon immer wurden Absprachen zur gemeinsamen Nutzung von Ressourcen getroffen.

All diese Führungsaufgaben bestehen auch weiterhin, nur dass das Thema »Medien« nun noch viel mehr Optionen bereithält. Zudem ist für viele auch der globale Maßstab hinzugekommen. Das Thema Leadership ist zu einem allgegenwärtigen Thema geworden: Führen von internatio-

nal verstreuten Teams, das Führen von Service- und Entwicklungsteams auf der ganzen Welt und die Ausgestaltung von Kunden- und Lieferantenbeziehungen, ebenfalls im globalen Maßstab, sind mittlerweile Alltag in vielen Unternehmen.

Die meisten Führungsratgeber, die ich kenne, gehen jedoch davon aus, dass sich zu diesem Zweck Menschen zu einem bestimmten Zeitpunkt an einem konkreten Ort verabreden, sich in die Augen sehen und dabei die Hände schütteln, sich dann mehr oder minder schnell an einem Tisch niederlassen und in ein Gespräch einsteigen, zumeist mit dem Ziel, dieses an diesem Tag auch zur wechselseitigen Zufriedenheit abzuschließen. Business as usual, man kennt sich und man vertraut sich. Und wenn nicht, dann weiß man zumindest, an welchen Stellen noch die ein oder andere Hausaufgabe zu erledigen ist. Diese gute alte Führungswelt löst sich zunehmend auf. Menschen arbeiten in Remote Teams, die über mehrere Standorte hinweg zusammenarbeiten müssen, und es gibt hybride Projektteams, bei denen persönliche Anwesenheit und die Arbeit aus dem Homeoffice zwei sich ergänzende Elemente darstellen. Und es gibt mit den *Digital Natives* eine neu heranwachsende Generation, die gewohnt ist, mit einer immensen Medienvielfalt umzugehen.

Persönliche Gespräche werden natürlich auch in Zukunft dann aufgenommen, wenn durch diesen Austausch die Lebensfähigkeit oder Arbeitsweise eines Unternehmens oder einer Abteilung verbessert werden kann. Allerdings werden sie zunehmend zur Ausnahme, nicht zur Regel. Ich lerne meinen Mitarbeiter erst nach einigen Monaten persönlich kennen, Vertrautheit allerdings kann sich auch schon vorher einstellen: am Telefon, bei der schriftlichen E-Mail-Kommunikation, über Videostreams oder als Voice Message per WhatsApp.

1.2 Wer darf eigentlich reisen? Nicht jeder hat diese Option!

Typischerweise entscheidet der Rang im Unternehmen, wie leicht es Mitarbeitenden, auch Führungskräften, gemacht wird zu reisen. Viele Mitarbeitende reisen maximal zum Kunden oder zu ganz wenigen definierten Events wie zur Weihnachtsfeier oder zum Kick-off-Meeting. Und natürlich nur dann, wenn es das Budget hergibt. Insofern setzt jede standortübergreifende Aktivität oft einen konkreten Nutzen voraus und wird unter dem Gesichtspunkt der Kostenoptimierung zuweilen gestattet, vielfach jedoch auch nicht. Ganz besonders heikel sind vielfach Interkontinentalflüge, gerade auch bei den größeren Unternehmen, die in aller Regel über klar gefasste Reiserichtlinien verfügen. Wer zum oberen Führungskreis gehört, ist Reisen zwar gewöhnt, auf Projekt- oder Teamleitungsebene ist dies jedoch alles andere als selbstverständlich. Das liegt zum einen daran, dass die Reisekosten sehr schnell vierstellig oder fünfstellig werden, zum anderen sind auch die aufwendigen Formalitäten für Visa z. B. nach den USA, nach Indien oder nach China nicht zu unterschätzen. Viele Unternehmen scheuen einen solchen Aufwand, wenn es denn nicht unbedingt sein muss.

Die Optimierung auf der Reisekostenseite kann zu einem kurzfristig erreichbaren Einsparungserfolg führen. Und nicht zuletzt aus Gründen der Ressourcenschonung wird versucht, immer öfter auch digitale Medien wie IP-Telefonie, E-Mail, Videokonferenzen und unternehmensspezifische Chatsysteme und Messenger-Plattformen einzusetzen. Es handelt sich also eher um das kleinere Übel, nicht etwa um einen neuen, positiv besetzten Gestaltungsraum. Leider!

Das ist auch der Grund, warum sowohl die konkrete Medienwahl als auch die spezifischen Kommunikationsinhalte nicht wirklich reflektiert werden. Die Mediennutzung er-

scheint ohnehin schon kompliziert genug. Und was man zu sagen hat, das muss jetzt eben in »Medienform« gebracht werden. Das gilt natürlich für alle Seiten: Mitarbeitende, Teams, Führungskräfte, das Management. Gerade bei anspruchsvollen Kommunikationsherausforderungen wie beim Thema »Führung« lohnt es sich, tatsächlich alle wichtigen digitalen Gestaltungsmöglichkeiten zu kennen und sehr gezielt und zum Teil auch sehr selektiv zu nutzen.

Ideen zur Reflexion Ihres Mediennutzungsverhaltens finden Sie im ganzen Buch: Der Führungsfuchs ist schlau und reflektiert auch gerne mit Ihnen!

1.3 Neue Trends in der Welt der digitalen Führung

Die Welt der Kommunikationsmedien entwickelt sich weiter. Apple, der bekannte Hersteller hochwertiger »Mobile & Desktop Devices« ist im Jahre 2018 mit einer Marktkapitalisierung von rund einer Billion US-Dollar zu einem der weltweit wertvollsten Unternehmen aufgestiegen. Auch die Gesellschaft, in der wir leben, die internationalen geschäftlichen Verbindungen der meisten Unternehmen und auch die Technologiesprünge ermöglichen Dinge, die noch vor

Start-reflexion

Telefon

E-Mail

Video

Chat

Richtungs-check

wenigen Jahrzehnten nur für Startrack-Fans denkbar erschienen.

Neben der technologischen Seite entwickelte sich jedoch auch unternehmensseitig ein Kosten- und ein Qualitätsdruck, der gerade in den letzten fünf bis zehn Jahren die verstärkte Notwendigkeit, global über Medien zu »kommunizieren«, erforderlich macht und es nahelegt, *Remote Teams* mit verantwortungsvollen Aufgaben vertraut zu machen. Damit wird erstmals in der Geschichte der Ökonomie eine kontinentalübergreifende Wertschöpfungslogik realisiert, die auf das erfolgreiche Zusammenspiel virtueller Teams angewiesen ist.

Menschen arbeiten an den verschiedensten Orten und oft nicht mehr am eigenen Schreibtisch. Das Stichwort lautet Work-Life-Blending. Es wird in Zukunft keine Rolle mehr spielen, ob Mitarbeitende im Büro, im Zug, im (selbstfahrenden) Auto oder im Schwimmbad arbeiten. Die neu möglich gewordene Flexibilität für und durch die Mitarbeitenden hat ein großes Potenzial und es ist nicht unwahrscheinlich, dass aus maximalen Tagesarbeitszeiten in Zukunft maximale Wochen- oder Monatsarbeitszeiten werden. Zeitliches Mikromanagement ist wohl nicht mehr zeitgemäß, hingegen ist immer öfter *Crunch Time* angesagt. Was heißt das? Nun, eigentlich ganz einfach: bleiben bzw. arbeiten, bis das Projekt fertig ist. Verbreitet ist dies z. B. in der Gaming Industrie (vgl. Scholz 2018).

1.4 Der digitale Tsunami verändert auch die Welt der Führung

Immer wieder wird das Bild der digitalen Tsunamis bemüht, so z. B. von einem Country Manager eines globalen Players im Automotive-Bereich. Hier hielt ich in Poznań (Polen) vor einiger Zeit einen Vortrag zum Thema »Agiles Management«. Der Tenor war: Ein Tsunami fegt über die unterschiedlichen Branchen hinweg und macht alles platt, was nicht digitalisierungswillig oder digitalisierungsfähig ist. So dominiert im Medienbereich z. B. Apple den Markt für bezahlte Inhalte, Amazon hat sich zur digitalen Vertriebsplattform entwickelt, Google und Facebook vereinnahmen die klassischen Branding-Budgets (Clasen 2013). Inzwischen ist daraus ein medialer Datenstrom entstanden. Im Jahr 2021 gibt es rund 4,1 Milliarden Internetnutzer. Dabei wird sich das Datenvolumen mobiler Endgeräte weltweit von 7 Extrabyte pro Monat im Jahr 2016 auf 49 Extrabyte im Jahr 2021 in nur fünf Jahren vermutlich versiebenfacht haben (Quelle: https://de.statista.com/themen/42/internet). Der digitale Tsunami wird also von einem globalen Datenstrom im Wirbelsturmformat eingefasst, der alles bisher Dagewesene sprengt.

Was heißt das konkret für die Führungspraxis? Die meisten Mitarbeiter- und Teamgespräche finden inzwischen in sehr vielen Unternehmen nicht mehr Face-to-Face statt, sondern werden per Telefon, E-Mail, Videokonferenz oder per Chat & Co. durchgeführt. Beliebt ist das bei den meisten Führungskräften nicht unbedingt. So wird immer wieder über die angebliche Bürde des »Remote Teams« geklagt. Das ist sehr schade, denn eigentlich erschließt sich mit dem digital-agilen Führen eine globale Perspektive. Wo können Sie sonst Dinge neu kreieren, die bislang nicht machbar erschienen?

Es ist oftmals Neuland für die Führungskraft, aber auch für viele Mitarbeitende, die ihre traditionelle Büropräsenz gegen einen Heimarbeitsplatz eingetauscht haben. Und vielleicht war es ja sogar so, dass auch die Personalabteilung neue Wege gegangen ist und erst einmal wenig direkter Kontakt vorhanden war. Machen Sie sich fit für die neue Welt der digital-agilen Führungswelten, egal ob Sie nun im Bereich Automotive, Pharma oder Banking beschäftigt sind!

1.5 Das Führungskontinuum des 21. Jahrhunderts: Die Welt ist nicht nur schwarz-weiß!

Neben der klassischen Büropräsenz und dem Remote-Mitarbeiter gibt es jedoch noch eine ganze Reihe weiterer Abstufungen, die wir uns an dieser Stelle einmal genauer anschauen wollen:

Neben dem »Homeoffice« , also dem »Arbeiten im Pyjama«, gibt es auch »digitale Nomaden« , jene, die »dort arbeiten, wo andere Urlaub machen« und das Modell »Workation« , bei dem die ganze Firma kurzzeitig »remote« arbeitet, z. B. auf einer großzügigen Finca oder am Strand, und wenn das Tagesziel erreicht ist, wir der Tag zum Urlaubstag.

Start-
reflexion

Telefon

E-Mail

Video

Chat

Richtungs-
check

Frauen und Männer nutzen flexible Arbeits(zeit)modelle laut einer aktuellen Studie unterschiedlich – mehr Freizeit haben sie dadurch aber nicht. Während Väter im Schnitt zwei zusätzliche Stunden arbeiten und nicht mehr Zeit für die Kinder haben, gewinnen Frauen drei Stunden, die sie für Kinderbetreuung nutzen, wobei sie nur eine Überstunde pro Woche leisten (Haak 2019). Allerdings herrschen Mischsituationen vor: Die Varianten »100 Prozent Präsenz« und »100 Prozent Remote« werden ergänzt durch verschiedene »Hybridvarianten«. Denn die meisten Firmen, die Telearbeit eingeführt haben, streben an, dass sich die Teammitglieder wie bisher drei Tagen vor Ort im Büro treffen.

Der Trend geht also hin zu einer stärkeren Variabilität der »Remote-Varianten«. Ähnlich wie beim Benziner und E-Auto. Während der Benziner über eine längere Distanz gut funktioniert, ist das E-Auto in Sachen Emissionen ganz vorne. Aber auch hier werden inzwischen Varianten in unterschiedlichen Hybridversionen zusammengebracht! Es gibt auch einen Trend zurück, und zwar was die Chefs betrifft. Ist es heute noch oft so, dass das Team in einem Raum sitzt und der Chef sich zumindest physikalisch getrennt im Nebenraum befindet, geht der Trend dahin, dass die Chefs wieder zurück ins Team kommen, z. B. bei der neuen Firmenzentrale des Versandhandelsunternehmens OTTO in Hamburg.

Fazit: Führen aus der Distanz bietet eine Vielzahl von ganz unterschiedlichen Konfigurationsmöglichkeiten, ähnlich kompliziert wie ein Internetknotenpunkt! Und daraus lässt sich direkt ableiten: Keine Führungsaufgabe gleicht der anderen! Die Qualität der Arbeit als auch die Innovationskraft sollten nicht leiden, wenn Sie das kleine 1x1 des Führens auf Distanz beherzigen und die Chancen nutzen, die im agilen Führungsmotor liegen! Näheres zur »Motorsteuerung« erfahren Sie in den weiteren Kapiteln dieses Buchs.

1.6 Agile Vorgehensmodelle sind der Schlüssel für die Integration des Teams

Der nächste große Trend im Management besteht darin, sich mit Blick auf agile Vorgehensmodelle von allzu starren Planungs- und Vorgehensstrukturen zu lösen. Agiles Projektmanagement, agile Softwareentwicklung, agiles Marketing, agiler Einkauf sind hier die Stichworte. Aus dem alten »Wasserfall«-Planungsmodell wird ein neues iteratives Vorgehen, wo nicht versucht wird, alles auf eine Karte zu setzen. Stattdessen wird Stück für Stück umgesetzt (vgl. Nowotny 2016). Der Distant Leader siegt nach Punkten, in jeder Runde wird erneut eingelocht wie beim Golf, und jeder Schlag kann daneben gehen, wie jedes Telefonat, jede Telefonkonferenz oder jeder Tweet im Unternehmensnetzwerk, dennoch gilt es am Ende einzulochen. Erfahrene Golfer wissen, dass auch häufiges Üben niemals vollständig vor Fehlschlägen schützt. Und ist der Ball erst einmal im »Rough« gelandet, gilt es, Schadensbegrenzung zu üben. Auch das ist Gegenstand des Buchs: Was tun Sie, wenn einmal etwas daneben oder gar ins Auge geht?

Auch in der Welt der Führung gibt es hier eine Entsprechung: Es wird zunehmend weniger »an einem Stück« und mit großen »Jahresmitarbeitergesprächsformaten« geführt. Vielmehr setzen sich mehr und mehr hybride Gesprächsformen mit Vorabklärungen per Mail oder Videokonferenzen mit Nachbearbeitung z. B. in einer Audiokonferenz oder mittels elektronischer unternehmenseigener Chatsysteme durch, wie beispielweise die Anwendung »Chatter«, mit der alle an das Salesforce-System angeschlossenen Mitarbeitenden eines Unternehmens direkt miteinander in Realtime kommunizieren können. Ein weiteres Beispiel für ein sehr umfassendes Kollaborationstool ist »Slack«. Auf beide werden wir noch näher eingehen (siehe Abschnitt 5.16).

1.7   Was können Sie aus diesem Buch mitnehmen?

Bauen Sie mit diesem Buch zum einen die Säulen Ihres digital-agilen Führungserfolgs, zum Beispiel:

- **gezielter Beziehungsaufbau:** Mitarbeitertypen aus der Distanz in ihren Bedürfnissen richtig einschätzen,
- **Schlagfertigkeit im Meeting:** die acht entscheidenden Prinzipien für mehr Spaß und Spontaneität im virtuellen Meeting,
- **Beherrschung von Timing und Technik:** Onlinekonferenzsysteme und die entscheidenden Kniffte für erfolgreiche elektronische Kommunikation.

Lernen Sie zum anderen eine ganze Reihe Ideen und Empfehlungen kennen, die Fragen wie diese beantworten:

- Was sind die für meine Aufgaben und Ziele passenden **Kommunikationsmedien**?
- Welche agilen Methoden kann ich bei **Vorbereitung, Durchführung und Nachbereitung** nutzen?
- Wie kann ich mit digital-agilen Kommunikationsformen **neue Motivationseffekte** erreichen?

Start-reflexion

Telefon

E-Mail

Video

Chat

Richtungs-check

1.8 Spezielle Skills beim Führen mit Telefon, E-Mail, Video, Chat & Co.

Noch vor einiger Zeit hätten vielleicht die meisten von Ihnen gesagt: »Ob online oder offline, was ist da schon anders in der Führung?« Nun, das kann ich gut verstehen. Allerdings zeigen neuere Studien – und auch die Erfahrung derer, die tagtäglich ihren Job mit Onlinetools verrichten –, dass dies nicht so ist. Die digitale Revolution erscheint vielleicht schleichend, aber sie ist nichtsdestoweniger gerade in dieser Welt inzwischen sehr präsent. Dieses Buch schlägt die Brücke von klassischen Führungsansätzen hin zu den modernen Medien und hilft Ihnen, sich Stück für Stück, Medium für Medium professionell zu verhalten und digital-agil Ihre Kommunikationsziele über die geeigneten Medien zu erreichen.

Wir greifen die neuen Trends in der Welt der Führungskommunikation auf und zeigen, wie Sie mit Telefon-, E-Mail, Video- und Onlinesessions gekonnt das Spielfeld bestimmen, die richtige Kommunikationsstrategie und die passenden Kommunikationswege auswählen und wie Sie z. B. die Persönlichkeit Ihrer Kollegen und Mitarbeitenden auch aus der Distanz mithilfe von Persönlichkeitsmodellen richtig lesen und einschätzen können. Denn eines ist klar: Die

Möglichkeiten, sich misszuverstehen, sind über digitale Medien ebenfalls sehr reichhaltig geworden. Das agile Missverständnis verbreitet sich mindestens genauso schnell wie die agilen Methoden selbst!

Ein Beispiel: Versuchen Sie bei einem angespannten Telefonat erst gar nicht, Ironie einzusetzen, es wird sich bitter rächen! Die Gegenseite ist aufgrund einer gewissen Emotionalität definitiv nicht in der Lage, die von Ihnen hier vielleicht intendierte humoristische Note zu entschlüsseln. Warum ist das so? Es gibt am Telefon keine Emoticons, aus spaßhaft gemeinter Ironie wird bitterer Ernst, Emoticons wie diese ☺ helfen Ihnen nicht bei der Entschlüsselung.

Trotzdem gibt es auch bei E-Mails Emotionen, und Emotionen sind ja bekanntlich »die Pressesprecher der Bedürfnisse«, wie es die Psychologin Claudia Eilles-Matthiessen einmal formulierte (Eilles-Matthiessen 2018, S. 73). Die engen Verwandten von Emotionen sind also Bedürfnisse, die in E-Mails zu entschlüsseln sind. Was steckt dahinter? Warum ist etwas von besonderer Wichtigkeit? Warum nimmt jemand in einer Mail Anstoß an einem Thema, das sich sonst auch ganz nüchtern betrachten ließe? Doch wann ist es Spaß, wann ernst gemeint? In einer E-Mail können Sie mit solchen Humorindikatoren natürlich Klarheit schaffen, dass etwas unernst gemeint ist. Allerdings: In einer hoch emotionalen Situation – wie einem Konflikt – werden solche kleinen Interpretationshinweise auch in E-Mails gelegentlich überlesen. In einer Videokonferenz oder einem Face-to-Face-Meeting würden Sie zumeist die Augenbrauen hochziehen und sichtbar schmunzeln, nichts dergleichen passiert jedoch am Telefon. Ist das ein Grund dafür, das Medium zu meiden? Nein, natürlich nicht: Das Telefon hat auch viele Vorteile, aber auch Fallen. Die Nicht-Sichtbarkeit von Ironie ist eine davon.

Manch alter »Leadership-Hase« muss sich hier also auch einmal warm anziehen. Was wäre ein passenderer Zeitpunkt, sich mit diesen neuen Herausforderungen auseinanderzusetzen. Sie ahnen es bereits? Richtig, »jetzt« ist ein sehr guter Zeitpunkt, schließlich halten Sie – wahrscheinlich nicht zufällig – genau dieses Buch in Ihrer Hand!

1.9 Fünf gute Gründe, dieses Buch zu lesen

- Sie möchten Ihre Führungskompetenz, insbesondere für das Führen aus der Distanz via **Telefon** oder z. B. in der **Onlinekonferenz** ausbauen.

- Sie möchten die **Persönlichkeit Ihrer Kollegen oder Projektmitarbeiter** auch aus der Ferne richtig einschätzen.
- Sie werden sich durch die Lektüre bewusst über den **Einsatz dialogbasierter Führungstools** auf Basis zentraler Erfolgsparameter »ready to go« für die Welt von morgen.
- Sie befassen sich mit der für einen guten Flow notwendigen **Rhetorik** und **Schlagfertigkeit** für One-on-Ones, also Einzelgespräche, und für Teammeetings über Distanz.
- Sie reflektieren den angemessenen und passenden Einsatz von **Methoden- und Reflexionsinstrumenten**, und manchmal ist das aus der Distanz sogar leichter.

1.10 Der Aufbau des Buchs

Das Buch folgt einem klaren Aufbau. Neben einem Grundlagenkapitel, das in die Welt des Führens im 21. Jahrhundert einführt und Ihnen die wichtigsten Führungskonzepte und Leadership-Modelle an die Hand gibt, die Sie speziell für die Führungskommunikation benötigen, bewegen wir uns in den vier digitalen Medienwelten, die für den Digital Leader zentral sind: Telefon, E-Mail, Video sowie Chat & Co. (jeweils ein Kapitel).

Start-reflexion

Telefon

E-Mail

Video

Chat

Richtungscheck

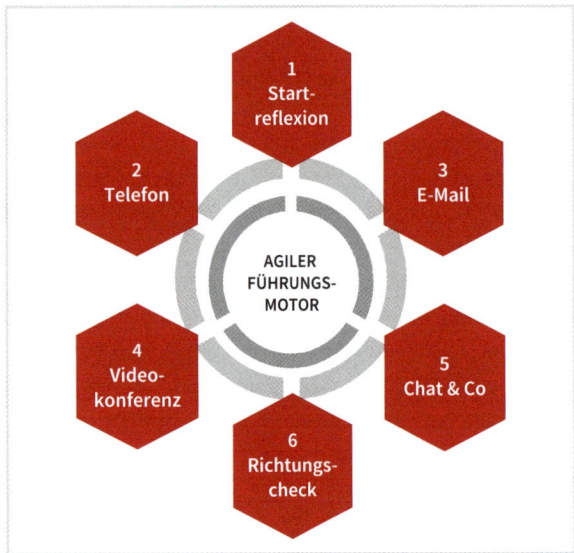

Diese bilden auch den Kern des Buches und arbeiten die Besonderheiten der jeweiligen digitalen Medienwelt auf. In diese vier Kapitel finden auch spezifische Führungskonzepte Eingang, sofern sie sich in besonderer Weise für ein spezifisches Medium anbieten. Die zwei übergreifenden Erfolgsschlüssel sind: Startreflexion am Anfang und der abschließende Richtungscheck.

Wie lautet meine Definition von Führen über Distanz?

DEFINITION

Führen über Distanz ist die gekonnte Verknüpfung digitaler Medien wie Telefon, E-Mail, Video sowie Chat & Co. mit fokussierter Startreflexion und agil-flexiblem Richtungscheck.

Gut, was bedeutet das konkret? Hier sind fünf Punkte anzuführen:

- Alle digitalen Medien sind neben klassischen Formaten wie dem Face-to-Face-Mitarbeitergesprächen, realen Meetings und leibhaftigen Workshops grundsätzlich gleichberechtigt und müssen je nach konkreter Zielsetzung sinnvoll orchestriert werden.
- Jedes Medium hat jedoch Eigenarten, die für eine erfolgreiche Führungsarbeit erstens verstanden und zweitens berücksichtigt werden müssen; hiervon handelt dieses Buch.
- Jede Führungssituation ist anders. Folglich ist auch bei jeder neuen Führungssituation ein neuer »Blend« im Medienmix erforderlich, und vieles, was in der klassischen Welt von alleine funktioniert, muss in einer digital-medialen Umgebung geplant, reflektiert und ausgewertet werden, da hier die Rückmeldungen oft weniger direkt sind.
- Fokus und Flexibilität sind gleichermaßen wichtig, um

auch mit den digitalen Medien vorzeigbare Führungser-
folge zu erzielen, aber ebenso wichtige Erfolgsfaktoren
sind Geduld und Empathie.
- Für jede erfolgreiche Digitalisierungsstrategie werden
  die Grundsätze der digital-agilen Führung eine zentrale
  Rolle spielen.
- Daher wird ein umfassend digitalisiertes Unternehmen
  der Zukunft auch im Bereich der digital-agilen Füh-
  rungsskills eine echte Exzellenz entwickeln müssen,
  um nicht zu viele Bremsklötze an Bord zu haben und
  sich in der Entwicklung am Ende selbst zu behindern.

In diesem Buch geht es darum, wie Sie als Führungskraft
auch in einem immer stärker digitalisierten Umfeld eine
hinreichend gute Führungsidentität und Führungsqualität
aufbauen können. Identität entsteht stets durch Interaktion. So kommuniziert eine Führungskraft beispielsweise
auf Basis ihres Selbstbildes oder Selbstkonzepts, genau
das Gleiche passiert bei einem Mitarbeitenden oder einem
Team. Das Selbstverständnis einer Person prägt sich somit
in der Interaktion aus, und es entwickelt sich im Erfolgsfall
eine tragfähige Balance zwischen Eigen- und Fremdbild.
Die Qualität der Führung zeigt sich in einer gut konturier-
ten und angemessenen Kommunikation und auch in einer
auf Aufgabe und Team abgestimmten Auswahl passender

Tools, mit denen die gemeinsamen Ziele erreicht werden
können.

Führung bedeutet klassisch, Einfluss auf die Mitarbeitenden zu nehmen. Die Möglichkeiten der Einflussnahme hängen jedoch naturgemäß auch davon ab, inwieweit die Geführten bereit sind, die Einflussnahme zu akzeptieren.
Alleine schon deswegen sollte eine erfolgreiche Führungskraft immer auch die Motive und Bedürfnisse der Mitarbeitenden im Blick haben, verbunden mit ausreichend persönlichen Elementen in der Kommunikation, so dass sehr
viel stärker die Person als die Rolle im Vordergrund steht.
Und das am besten unangestrengt bzw. – wie wir heute sagen würden – maximal selbstorganisiert.

> *Don't push the river it flows by itself.*
> Fritz Perls, Gestalttherapeut

Somit verändert sich die Rolle einer Führungskraft heute in
die Richtung Servant Leader. Der Servant Leader geht im
Ursprung auf Robert Greenleaf zurück und würde im Deutschen mit »dienender Führung« übersetzt werden. Die Führungskraft »als Gastgeber« klingt jedoch deutlich besser
(vgl. Nowotny 2016). Ein Servant Leader hat nach meinem
Verständnis vier zentrale Aufgaben:

Start-
reflexion

Telefon

E-Mail

Video

Chat

Richtungs-
check

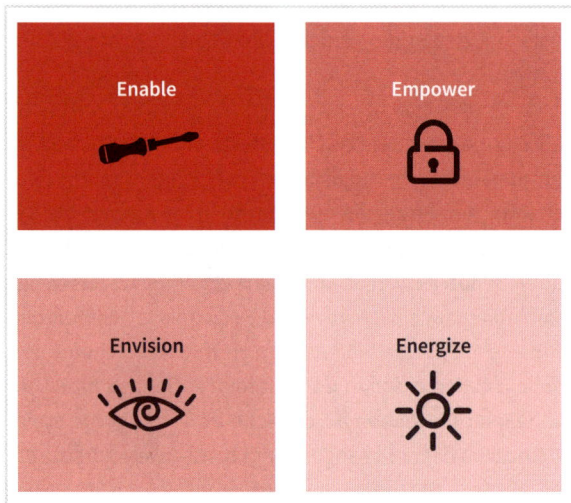

Was heißt das im Einzelnen?

1. **Enable: Fähigkeiten ausbauen und weiterentwickeln**
   – Welche Fähigkeiten brauchen die Mitarbeitenden?
   – Was sind gute Werkzeuge, um gemeinsam die Ziele besser erreichen zu können?
   – Wie können die Fähigkeiten des Einzelnen und des Teams weiterentwickelt werden?

2. **Empower: Macht und Befugnisse klug verteilen**
   – Welche Bevollmächtigungen brauchen Mitarbeitende, um Ihre Aufgaben sehr gut erfüllen zu können?
   – Was sind die »Schlüssel«, die ganz praktisch-faktisch übergeben werden müssen?
   – Welche Macht bzw. Befugnisse kann ich an Einzelne oder das Team abgeben?

3. **Envision: Zukunftsvision bildhaft machen**
   – Welche Vision ist für uns geeignet? Was ist daran attraktiv?
   – Wie ist die Vision mit der Strategie und den Zielen verbunden?
   – Kann jeder die Vision tatsächlich spüren und sehen?

4. **Energize: Kraft und Energie entstehen lassen**
   – Was gibt allen Beteiligten Kraft und Energie?
   – Wie steht es um die nicht-fachliche Seite der Zusammenarbeit?
   – Wo kann sich Stimmung verbessern, wo kann Vertrauen wachsen?

Wir werden im ersten Teil ergänzend zum sympathischen und trendigen Konzept des Servant Leaders weitere Führungsmodelle kennenlernen, denn nicht jede Branche, jeder Mitarbeitende und auch jede Führungskraft hat den

Reifegrad, der für das Konzept des Servant Leaders erforderlich ist.

In eher klassisch angelegten Unternehmensumfeldern ist es oft vielversprechender, mit situativen und transaktionalen, zuweilen auch mit transformationalen Führungsansätzen zu arbeiten. Die Notwendigkeit eines höheren Selbstorganisationsgrads entfällt und die sogenannten synergetischen Leadership-Funktionen wie Arbeitsstrukturierung, Ressourcenmanagement und Differenzmanagement werden in jedem Fall direkt von der Führungskraft übernommen (siehe Abschnitt 5.11).

MERKE

Jede Organisation erfordert ein eigenes Führungsleitbild. Wenn dies nicht existiert, dann ist es Ihre Aufgabe, zwischen den Polen klassisch und agil ihren eigenen Standpunkt zu suchen und zu finden!

Richtig ist, dass die Tendenz bei vielen Traditionsunternehmen derzeit stärker in Richtung »agil« geht. In einem Start-up mag es genau umgekehrt sein: Hier müssen unter Umständen klassische Führungskonzepte etabliert werden, und es könnte genau Ihre Aufgabe sein, dies in einer zunehmend digitalisierten Arbeits- und Prozessumgebung mit den passenden Tools umzusetzen. Worauf kommt es also an?

- **Vorbereitung: Wie Sie sich optimal auf Ihren Führungserfolg vorbereiten**
  Wenn Sie als Distant Leader in ein One-on-One- oder in ein Teammeeting gehen, brauchen Sie ein passendes Führungsmodell, eine klare Idee, was Sie erreichen möchten, und einen guten und passenden Medienmix.

- **Telefon: Wie Sie einem scheinbar alten Medium neue Seiten abgewinnen**
  Das Medium Telefon ist schon mehr als 100 Jahre alt, für Führung auf Distanz ist es jedoch nach wie vor das Medium »Nummer eins«. Und oft werden z. B. Videokonferenzen auch telefonisch vor- oder nachbereitet.

- **E-Mail: Wie Sie mittels E-Mail Motivations- und Dialogideen umsetzen**
  Vom Großen ins Kleine, das gilt auch für die Führungskommunikation. »Form follows Function«, das wussten schon die innovativen Architekten aus der Bauhaus-Bewegung: So gestalten Sie zeitgemäße E-Mail-Kommunikation!

Start-
reflexion

Telefon

E-Mail

Video

Chat

Richtungs-
check

- **Video: Wie Sie in Videokonferenzen richtige Akzente setzen**
  Videokonferenzen folgen oft einer eigenen Ablauflogik. Die starke Technikkomponente führt nicht selten zu ungewollten Dynamiken. Die Hintergründe zu diesem Phänomen und viele weitere Anregungen finden Sie an dieser Stelle.

- **Chat: Was bei der Führungskollaboration wichtig ist**
  Chat ist nicht gleich Chat: Oftmals kommunizieren Menschen im professionellen Kontext mittels Chat- und Kollaborationssystemen wie z. B. Chatter oder Slack. Und auch privat wird immer mehr gewhatsappt.

- **Richtungscheck: Was hat sich verändert? Stimmt Ihr Führungsmodell noch?**
  Der Abgleich mit der Realität ist auch bei Remote Leadership der Schlüssel zum Erfolg. Nehmen Sie sich die Zeit und überprüfen Sie Ihre Annahmen und werten Sie die gemachten Erfahrungen agil aus. So werden auch Sie zum erfolgreichen Digital Leader!

- **Anhang**: Ein Literatur- und Stichwortverzeichnis sowie eine Autorenseite schließen dieses Buch ab.

1.11 Wie Sie neue Ideen und motivierende Dialoge gestalten

Führen ist vor allem das Vermeiden von Demotivation.
Reinhard K. Sprenger, deutscher Management- und Führungsexperte

Was macht einen erfolgreichen Distance Leader aus? Wie kann ein echter Dialog mit allen Teammitgliedern entstehen? Warum reüssieren manche in einer solchen neuen Führungssituation, andere können sich nicht durchsetzen oder scheuen gar vollständig zurück? Denken Sie einmal an die eine oder andere Führungssituation zurück, die sie selbst miterlebt haben. Was waren die Erfolgsfaktoren? Fragen Sie einen Makler, was den Wert einer Immobilie ausmacht, ist die Antwort oft: 1. die Lage, 2. die Lage und 3. die Lage. Beim Thema erfolgreiches Führen gibt es eine ähnlich eindeutige Antwort: 1. die Reflexion, 2. die Reflexion und 3. die Reflexion!

Normalerweise ist das Ziel bekannt: Was möchte ich mit meinen Mitarbeitenden, mit meinem Team erreichen? Was soll mein Führungsdialog leisten? Welche neuen Ideen oder Aktivitäten sollen initiiert werden? Kein »Schauen wir einmal, es wird sich dann schon weisen!« Wichtig sind eine klare Zielorientierung und SMARTe Ziele, die man am Ende des Tages, des Monats, des Jahres überprüfen kann! SMART gilt gerade auch für virtuelle Teams, denn diese konstituieren sich nicht »einfach so« in der Kaffeeküche und tauschen dort von sich aus Informationen aus. In der virtuellen Welt braucht es Orientierung und Ziele, idealerweise SMARTe Ziel.

Wie ist ein SMARTes Ziel beschaffen? Klassisch ist SMART wie folgt zu verstehen:

S	wie **s**pezifisch	→ Was genau ist mein/unser Auftrag? Was ist gemeint?
M	wie **m**essbar	→ An welcher Zahl mache ich/machen wir fest, ob ich/wir Erfolg hatte/hatten?
A	wie **a**ttraktiv	→ Was bringt es mir/uns, wenn ich/wir dieses (attraktive) Ziel verfolge/verfolgen?
R	wie **r**ealistisch	→ Habe ich/haben wir eine reale Chance, unsere Individual-/Teamziele zu erreichen?
T	wie **t**erminiert	→ Zu welchem Zeitpunkt, in welcher Zeitspanne ist dies möglich?

Alle, die SMART vielleicht schon kennen, werden sich nun fragen: Ist SMART überhaupt noch zeitgemäß? Nun, in einer digital-agilen Welt sollte die SMART-Formel noch einmal neu gedacht werden (vgl. Lochner & Preuß-Scheuerle 2018). Hinzu kommen nämlich sinnvollerweise mit CODE vier weitere Elemente hinzu:

C	wie **c**ollaborativ	→ Die konstruktive Zusammenarbeit steht im Vordergrund: Mit wem wird was bearbeitet?
O	wie **o**pen to adapt	→ An welcher Stelle müssen bzw. sollten wir unsere Zielplanung anpassen?
D	wie **d**aring	→ Sind die Ziele gewagt und herausfordernd? Sind wertschöpfende Entwicklungen möglich?
E	wie **e**co-ckecked	→ Ist das Ziel mit anderen Zielen vereinbar? Passt es ins Gesamtsystem?

»CODE-ieren« Sie SMART also einfach einmal neu und machen Sie ein smartes Konzept so noch ein wenig smarter! Weitere Punkte, die unbedingt in Ihre vorbereitende Reflexion als Distant Leader gehören, sind:

Start-
reflexion

Telefon

E-Mail

Video

Chat

Richtungs-
check

- Was genau wird Ihre Kommunikationsaufgabe sein? In welcher digitalen Methoden- und Prozesslandschaft sind Sie unterwegs?
- Mit welchen Mitarbeitertypen haben Sie es zu tun? Wie genau ist seine/ihre Persönlichkeit beschaffen?
- Was können Sie an Glaubwürdigkeit »auf die Straße« bringen? Was gilt es auszudrücken? Was ist zwischen den Zeilen zu lesen? Was müssen Sie geschickt umschiffen?
- Wie gehen Sie mit Selbstzweifeln um? Beispiele: Ist der Anspruch zu hoch? Unterstütze ich genug?
- An welcher Stelle können Sie Ihre Überzeugungstechniken einsetzen? Welche Fragearten und Fragetechniken werden Sie benutzen? Wie gehen Sie mit berechtigten oder auch unberechtigten Forderungen um?
- Wo ist eher das Team im Lead? Auf welchen Grad an Selbstorganisation können Sie zurückgreifen bzw. wie können Sie dies befördern?
- Wie sieht Ihre Kommunikationsstrategie aus? Wie stellen Sie sicher, dass ihr Team hochmotiviert an die Arbeit geht?
- Wie können Sie sich aktiv Feedback holen? Was ist das Ergebnis des 360-Grad-Leadership-Checks am Ende jedes Telefonats, Onlinemeetings etc.?
- Welche Medien eignen sich am besten, um Ihre Kommunikationsaufgabe zu meistern? Wie kann der Dialog mit Ihrem Team verbessert werden? Wie und wo können neue Ideen gedacht, formuliert und umgesetzt werden?

> **Tipp vom Führungsfuchs**
>
>  Am Ende des Buches (siehe Abschnitt 6.3) finden Sie eine übersichtliche Acht-Punkte-Checkliste für Ihre Gesprächsvorbereitung und Ideen für den Motivationscheck für das Gesprächsende. Gerade am Anfang sollten Sie öfter darauf zurückgreifen!

1.12 Das Flow-Konzept für Remote Teams nutzen

A person who feels appreciated
will always do more than what is expected.
Amy Rees Anderson, amerikanische
Unternehmensberaterin

Wir starten mit den einfacheren Führungskonzepten. Den »Servant Leader«, der gewissermaßen die kreativ-konzeptionelle Klammer für dieses Buch darstellt, haben Sie ja bereits kennengelernt. Nun werden wir das Flow-Konzept sowie das situative und das transformationale Führen näher beschreiben. Diese Führungsmodelle sind wichtig, da sie den Rahmen Ihrer Führungstätigkeit bilden.

Das Flow-Konzept in der Führung auf Distanz

Wer möchte nicht auch motivierte, mitdenkende, kreative Mitarbeitende, die erfolgreich als Unternehmer vor Ort agieren? Viele operativ tätige Führungskräfte haben allerdings das Gefühl, dass es ohne ihre Impulse, ohne ihren fortwährenden eigenen dynamischen Vortrieb nicht läuft. Das kann dazu führen, dass die vorhandenen Potenziale bei der Führungskraft und bei den Mitarbeitenden nicht voll zur Geltung kommen.

Statt sich auf das zu konzentrieren, was nicht funktioniert, braucht es einen Fokus auf den positiven Unterschied, auf eine nachhaltige, zeitgemäße und intrinsisch ausgerichtete Motivation, kurz: auf den Flow. Der Flow ist ein Zustand, in dem jemand voll in seiner Arbeit aufgeht, weder zu stark überfordert noch unterfordert ist und daraus sehr viel Motivation schöpfen kann, die dann tatsächlich »von innen« kommt, die also dann »intrinsisch« ist. Nur, wie lässt sich dieser in die Struktur und in die Prozesse eines klassischen Unternehmens, der eigenen Abteilung einbauen?

Das Flow-Konzept ist ein psychologisch fundiertes Vorgehen, das es erlaubt, von jedem Mitarbeiter und jeder Mitarbeiterin wirklich die 100 Prozent zu erhalten, die prinzipiell ja möglich sind. Zudem entlastet das Führen nach dem Flow-Modell die Führungskraft, denn die Motivation kommt hier »von innen«. Eine zusätzliche externe »Motivierung«, die nach Sprenger ohnehin nicht zielführend ist, ist dann nicht mehr erforderlich.

Wie können Sie dieses Konzept in unterschiedlichen Führungssituationen nutzen? Das Flow-Konzept eignet sich bestens zur Analyse und z. B. zur Vorbereitung auf ein 1:1-Mitarbeitergespräch oder auch zur gezielten Veränderung der Meetingkultur in Ihrer Abteilung bzw. in Ihrem Bereich. Zudem erhalten Sie bei der Beschäftigung mit dem Konzept wertvolle Anregungen, wie Sie eine Flow-Kultur im Unternehmen etablieren, also wie Sie Ihre Organisation deutlich wiederstandfähiger aufstellen und befriedigender für die Mitarbeitenden ausgestalten können (vgl. Nowotny 2018).

Wissenschaftlicher Hintergrund des Flow-Konzepts

Der Ansatz »Das Flow-Konzept in der Führung« bietet eine Vielzahl von wissenschaftlich geprüften Instrumenten, um diese Entwicklung in eine positive Richtung zu etablieren.

Start-reflexion

Telefon

E-Mail

Video

Chat

Richtungscheck

Die hieraus abgeleiteten Führungsmethoden und -instrumente bilden eine kraftvolle Grundlage für einen modernen und zukunftsorientierten Führungsansatz, der psychologisch-zukunftsweisende Aspekte rund um das agile Management in einem integrierten Modell einschließt. Wer sich mit dem Flow-Konzept in der Führung beschäftigt, entwickelt eine innere Haltung, die Mitarbeitende einlädt, inspiriert und ermutigt, sich persönlich einzubringen und weiterzuentwickeln.

Manche Mitarbeitende sind so, wie sie sich jede Führungskraft wünscht: Sie sind hoch motiviert, denken selbst mit, zeigen Eigenmotivation und können auch gut mit Stresssituationen umgehen. Andere wiederum kommen weniger gut zurecht: Sie beschweren sich häufig über zu viel Arbeit, arbeiten oft unsorgfältig, ziehen die Stimmung herunter und sind möglicherweise sogar noch oft abwesend.

Die interessante Frage ist: Was unterscheidet die eine Gruppe von der anderen? Und was können Sie als Vorgesetzter gerade auch aus der Distanz dazu beitragen, dass Ihre Mitarbeiter hoch motiviert, mit Freude, stressfrei und produktiv arbeiten?

DEFINITION

Die Psychologie des Flow

Die sieben wichtigsten Komponenten des Flow-Konzepts sind (vgl. Stangl 2017):

1. Handlungsanforderungen und Rückmeldungen werden als klar und interpretationsfrei erlebt, so dass man jederzeit und ohne nachzudenken weiß, was jetzt zu tun ist.
2. Man fühlt sich optimal beansprucht und hat auch bei hohen Anforderungen das sichere Gefühl, das Geschehen noch unter Kontrolle zu haben.
3. Der Handlungsablauf wird als glatt erlebt. Ein Schritt geht flüssig in den nächsten über, als liefe das Geschehen gleitend wie aus einer inneren Logik ab.
4. Man muss sich nicht willentlich konzentrieren, vielmehr kommt die Konzentration wie von selbst (wie die Atmung). Alle Kognitionen, die nicht unmittelbar auf die jetzige Ausführungsregulation gerichtet sind, werden ausgeblendet.
5. Das Zeiterleben ist stark beeinträchtigt; man vergisst die Zeit und weiß nicht, wie lange man schon dabei ist. Stunden vergehen wie Minuten. Man erlebt sich nicht mehr abgehoben von der Tätigkeit, sondern geht vielmehr ganz in der eigenen Aktivität auf.

6. Es kommt zum Verlust von Reflexivität und Selbstbewusstheit. Hierin liegt aber auch eine Gefahr. Wenn die Person ganz in der Regulation eines schnell ablaufenden und hoch komplexen Geschehens aufgeht, verlieren allgemeine Vorsätze zur Tätigkeitsausführung ihre Verhaltenswirksamkeit.

7. Der gute Vorsatz ist zwar nicht vergessen, aber als abstrakte Maxime auf einer Ebene abgespeichert, die im Flow-Zustand außer Betracht bleibt.

Das Flow-Konzept im Führungsprozess nutzen

Der Flow-Ansatz hilft Ihnen, (1) die Stärken der Mitarbeitenden weiter zu stärken, (2) eine nachhaltige positive Stimmung zu erzeugen und (3) jederzeit entweder Sinn geben zu können oder bereit zu sein, mit den Mitarbeitenden zusammen eine spezifische Antwort bei Sinndefiziten zu formulieren. Das sind die Grundgedanken des Flow-Leaderships, ein hochwirksames Instrument für erfolgreiche Distant Leader!

Eine beliebte emotionale Gleichung zum Flow-Konzept lautet:

$$\text{Flow} = \frac{\text{Fähigkeiten}}{\text{Anforderungen}}$$

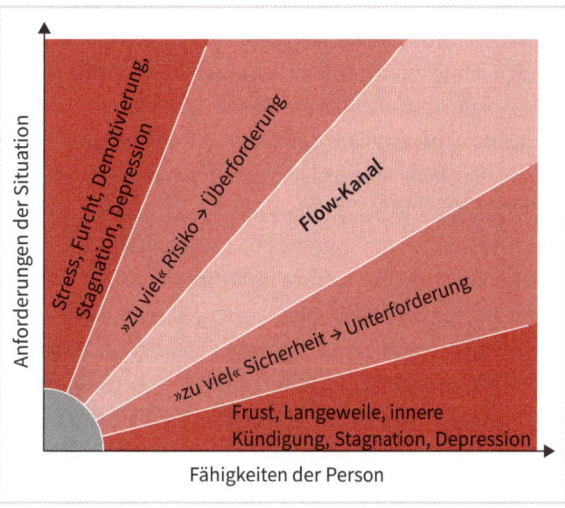

Der optimale Flow ist um die Zahl 1 herum zu finden. Wenn also die Fähigkeiten den Anforderungen entsprechen, befinden Sie sich im Flow-Kanal. In einer klassischen Führungssituation, z. B. in einem Mitarbeitergespräch, lassen sich die Fähigkeiten fachlich und psychologisch fassen. Bei einer Distanzsituation kommt immer noch eine dritte Komponente hinzu: die Fähigkeit, mit den Medien gut umzugehen. Menschen, die am Telefon und in der E-Mail-Kommunikation gut sind, können sehr schnell von einer Videokonferenz oder einem Chatsystem überfordert sein.

Start-reflexion

Telefon

E-Mail

Video

Chat

Richtungs-check

Menschen sind eben sehr unterschiedlich. Ich kenne viele, die sich nur in ihrem eigenen Auto wohlfühlen. Andere fahren gar kein Auto, da sie sich von der Technik und dem Verkehr überfordert fühlen. Jetzt heißt es, ausprobieren und sich mit der Technik vertraut machen, wann immer es geht! Ich selbst freue mich z. B. über jeden neuen Autotyp, der mir von einer Mietwagenfirma für meine Seminarreisen angeboten wird, da mein Anspruch darin besteht, jedes Auto bewegen zu können. Allerdings sind Autos einer Marke ähnlich, und wenn Sie einmal Mercedes gefahren sind (manche Hebel sind hier links, die sonst eher rechts sind), ist die Hürde beim nächsten Mal deutlich kleiner! Ähnlich ist es bei Videokonferenzsystemen: Optimal ist es, wenn Sie sich – wo immer möglich – an die unterschiedlich designten Videokonferenzsysteme gewöhnen. Selbst im Flow zu sein, ist auch für eine Führungskraft in der Regel von Vorteil. Wie ist es um meinen eigenen Flow bestellt? Wenn Sie jetzt gut im Flow sind, dann freuen Sie sich über weitere Reflexionsfragen vom Führungsfuchs ☺

Reflexionsfragen vom Führungsfuchs

Wie erkenne ich Über- und Unterforderung auf Distanz? Welche Medien helfen mir als Führungskraft dabei, dies nachzuvollziehen? Welche Medien helfen dem Mitarbeiter, sich zu öffnen? Wie kann das Team Flow erzeugen?

1.13 VUKA-Welt und Komplexitätskompetenzen

Größere Organisationen streben in der Regel nach einer gewissen Stabilität. Die entscheidende Frage lautet jedoch: Auf welche Arten von Umweltveränderungen sollte auch eine Organisationsveränderung folgen? Ging es vor einigen Jahren noch um die »Komplexitätsreduktion«, so steht heute die Frage im Vordergrund, mit dem eigenen Führungshandeln den Herausforderungen der sogenannten VUKA-Welt gerecht zu werden, also mit der Komplexität angemessen umzugehen, statt diese »zu reduzieren«, was – philosophisch betrachtet – auch gar nicht möglich wäre.

VUKA ist die Abkürzung für:

V	wie Volatilität	Die Veränderlichkeit, Intensität und Geschwindigkeit von Prozessen und Veränderungen.
U	wie Unsicherheit	Die Unbekanntheit und Unvorhersagbarkeit zukünftiger Ereignisse und Konsequenzen.
K	wie Komplexität	Die Vielzahl, Verschiedenartigkeit und Vernetzung von Systemen, Elementen und Ebenen.

A wie Ambiguität   Die Mehrdeutigkeit und Unschärfe von Beschreibungen und Bewertungen einer Situation.

VUKA oder englisch VUCA ist somit eine gängige Umschreibung für den dynamischen, kraftvollen und konstanten Wandel der Rahmenbedingungen für Führungshandeln in Unternehmen – also Situationen der Ungewissheit, die ein Maß an Kontrolle und Berechenbarkeit vermissen lassen. Gleichzeitig erfasst auch unsere Technologien eine zunehmend stärkere Komplexität und deren Vernetzung erzeugt oftmals einen nicht einholbaren Vorsprung. Die Smart-Home-Konzepte erlauben es, die Wohnungstemperatur besser auszuregeln, als dies ein Buttler jemals könnte. Apple Pay und Google Pay verkürzen Bezahlvorgänge auf wenige Sekundenbruchteile, weit schneller als dies je ein Kassierer mit Hartgeld bewerkstelligen könnte. Die Antworten, die uns die Technik liefert, sind trotzdem oft so mehrdeutig, dass wir uns vor Missdeutungen und Fehlinterpretationen in Acht nehmen müssen. Wissen, das eigentlich bereichernd und im Führungsprozess hilfreich sein sollte, befähigt uns nicht länger automatisch zu zielführenden Handlungen. Deswegen müssen auch die entsprechenden Annahmen immer wieder überprüft werden (siehe Kapitel 6).

Disruptive Geschäftsmodelle verändern die gängigen Kompetenzmuster

Wie sich in den letzten Jahren gezeigt hat, sind es v.a. disruptive Geschäftsmodelle von neuen Marktteilnehmern, die die alteingesessenen Akteure zu einem schnelleren, flexibleren und agileren Handeln zwingen. Das ist natürlich auch für die Führung nicht ohne Konsequenzen geblieben. Führung muss dazu beitragen, dass sich die organisationale Kompetenz, konkret die Kompetenzen der Teams und jedes einzelnen Mitarbeitenden, schnell und zielgerichtet weiterentwickelt.

In Rückgriff auf Katz & Kahn (1978) können wir von drei Teilkomponenten sprechen: 1) die *konzeptionelle* Kompetenz, also die Fähigkeit zur höherwertigen Informationsverarbeitung, 2) die *soziale* Kompetenz, also die Verständnisbildung in einem sozialen System und 3) die *technische* Kompetenz, also die Fähigkeit zur technischen Problemlösung. Je nachdem, auf welcher Ebene wir uns befinden, sind also unterschiedliche Kompetenzfelder gefragt, einzig die sozialen Kompetenzen bleiben unverändert.

Diese sind auch erforderlich, wenn Sie wirklich gestalten wollen, denn das funktioniert immer nur mit und nicht gegen die Mitarbeitenden. Geht eine Führungskraft regelmä-

Start-reflexion

Telefon

E-Mail

Video

Chat

Richtungs-check

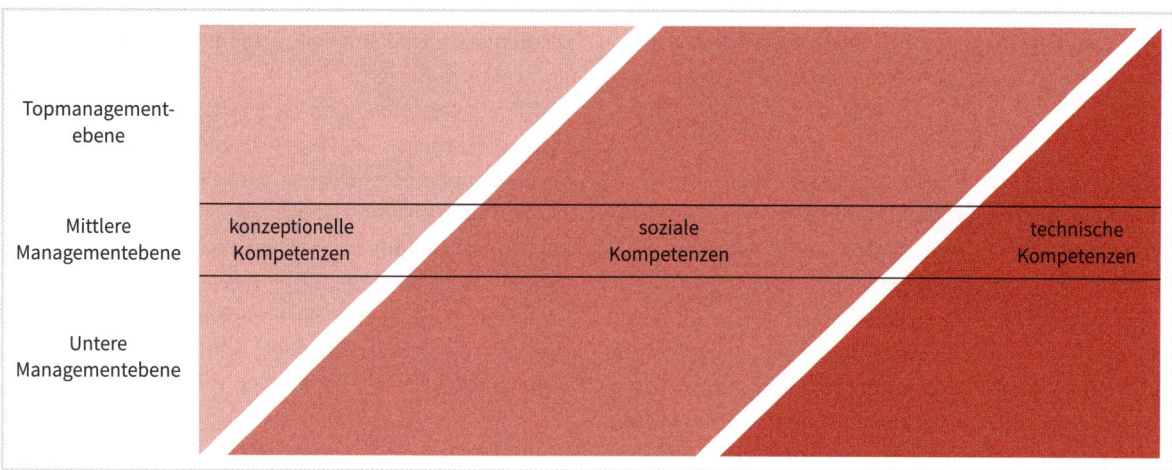

| | konzeptionelle Kompetenzen | soziale Kompetenzen | technische Kompetenzen |

Topmanagement-ebene

Mittlere Managementebene — konzeptionelle Kompetenzen | soziale Kompetenzen | technische Kompetenzen

Untere Managementebene

ßig in einen Kommunikations-Loop, so definiert sie zentrale Merkmale der Organisation durch stabile Muster der Interaktion. Die Kunst besteht darin, die Balance zwischen Unterorganisation (für nichts gibt es klare Prozesse und Leitlinien) und der Überorganisation (alles ist bis ins letzte Detail geregelt) zu finden (Schreyögg & Koch 2008, S. 91) und dies auch in einer zunehmend digital-agilen Umgebung umzusetzen.

So gesehen sollten Führungskräfte in der konkreten Führungsarbeit immer wieder in den Dialog gehen und gleich-

zeitig die erforderlichen Kompetenzveränderungen im Team aktiv adressieren. Ein hierfür sehr gut geeignetes Tool ist die sogenannte »Team Competence Matrix« von Jurgen Appelo (2010).

Die Team Competence Matrix zur Weiterentwicklung nutzen

Mit der Team Competence Matrix wird die Idee aufgegriffen, dass ein Team in der Lage sein sollte, die vorhandenen und noch zu entwickelnden Qualifikationen selbst festzustellen. Das Team kann so – auch ohne Auslagerung an die

HR-Abteilung – selbst die passenden Ergänzungen aus dem Bewerberpool fischen. Oder es erkennt, an welchen Stellen die eigenen Kompetenzen nachgeschärft oder neu kombiniert werden müssen.

Für ein Team ist es wichtig, dass die Kompetenzen für jeden nachvollziehbar visualisiert werden, damit eine Optimierung des gemeinsamen Skillsets gelingen kann. Auch Ideen für eine gemeinsame Arbeitsweise können so entstehen, wo beispielsweise ein Experte ganz bewusst eine Aufgabe zusammen mit einem Neuling bearbeitet. Damit ist ein Übergang von Wissen und Fähigkeiten auf eine unkomplizierte Weise möglich, was in der agilen Welt auch »Pairing« genannt wird.

Als Führungskraft gilt es, die Methode einzuführen und die Selbstorganisationsfähigkeit eines Teams zu stärken. Dafür sollen Sie die Vorgehensweise verstehen. Der erste Schritt bei der Erstellung einer Kompetenzmatrix besteht in der Definition der erforderlichen Skills. Für jeden verständlich werden diese in der Vertikalen in einer Tabelle aufgeführt. In den Spalten finden sich dann die einzelnen Teammitglieder. Jeder ist aufgefordert, sein eigenes Skill-Level zu benennen (0 =»da bin ich blank«, 1 = »etwas Wissen«, 2 = »Arbeitswissen«, 3 = »gute Kompetenzen«, 4 = »Fachexperte«, 5 = »Guru«).

Skills	Peter	Anna	Paul	Sabine	Team
Skill A					
Skill B					
Skill C					
Skill D					
Skill E					

Es wird empfohlen, die Team-Kompetenzmatrix monatlich upzudaten und auch hier sehr schnell im Projekt nachzusteuern, wenn deutlich wird, das zentrale und erfolgskritische Skills in der aktuellen Teamkonstellation unzureichend verfügbar sind. Im medialen Kontext ist es wichtig, dass Sie eine Onlinekonferenz nutzen und die Möglichkeit schaffen, gemeinsam ein Dokument zu bearbeiten. Ein kurzes Intro zum Verständnis ist vor der interaktiven Phase als Orientierungsrahmen für alle Beteiligten sehr sinnvoll.

Ein zweites sehr spannendes Tool ist die sogenannte Aufgabeninventur (Grannemann & Seele 2016). Während die Kompetenzmatrix auf Teamebene funktioniert, ist die Aufgabeninventur ein hervorragendes Tool für die One-on-Ones, wie Vieraugengespräche neudeutsch inzwischen oft genannt werden. Bei der Aufgabeninventur reflektieren Sie zu-

Start-reflexion

Telefon

E-Mail

Video

Chat

Richtungs-check

sammen mit dem Mitarbeitenden die Veränderung bei den Kernaufgaben. Wie viel Zeit in Stunden bringt ihr Mitarbeiter für die Kernaufgaben auf? Was hat sich verändert? Wie lässt sich das neue Aufgabenbündel sinnvoll beschreiben?

Die Führungskraft als Coach

Oftmals wir auch das Konzept »Führungskraft als Coach« für künftiges Führungshandeln genannt. Doch wie sollen Sie das anstellen, ohne Moderationsmaterial? Ein schnelles und griffiges Tool sind die folgenden sechs Fragen eines virtuellen Mitarbeitercoachings (Geißler & Metz 2012, S. 157):

	A. Rückblick	B. Ausbilck
1	wichtigstes Ziel und größte Umsetzungsproblematik im **letzten** Reviewzeitraum	wichtigstes Ziel und größte Umsetzungsproblematik im **nächsten** Reviewzeitraum
2	wichtigste **faktisch vollzogene** erfolgskritische Aktivität	**geplante** wichtigste erfolgskritische Aktivität
3	Was hätte ich besser machen können?	Umsetzungsmöglichkeit

Die Aufgabe des Coachs besteht nach Geßler und Metz darin, den Gesprächsverlauf orientiert an den Coachingfragen übersichtlich in Abschnitte zu gliedern. Das können Sie als Führungskraft in einem One-on-One am Telefon oder in einer Videokonferenz problemlos leisten. Versuchen Sie sich also gerne einmal als Coach, wenn dies nicht mit Ihren sonstigen Führungsaufgaben wie etwa Performance Reviews kollidiert. Denn der Blick zurück (»Performance«) und der Blick nach vorne (»Zukunftsgestaltung«) unterscheiden sich sehr wesentlich, und die Zukunftsgestaltung hat immer auch mit der eigenen Veränderungsfähigkeit zu tun!

Die eigene Veränderungsfähigkeit stärken

Der Zukunftsforscher Matthias Horx formuliert die Herausforderungen an die eigene Veränderungsfähigkeit wie folgt: »*Ich habe festgestellt, dass die Menschen sich gar nicht wirklich für die Zukunft interessieren. Sie interessieren sich eher für die Verlängerung der Vergangenheit ins Morgen. Genau das aber hat die Zukunft nicht im Programm*« (Wanzel 2010, S. 30).

Wie können Führungskräfte also die lähmenden Veränderungsängste und -widerstände überwinden und eine Innovationskultur stärken? Wie können sie zusammen mit ihren Teams Geschäftsmodelle aktualisieren und unternehmerisch weiterdenken? Und das in einer zunehmend disruptiveren Welt?

Disruption kann verstanden werden als ein Prozess, bei dem ein bestehendes Geschäftsmodell oder ein gesamter Markt durch eine stark wachsende Innovation abgelöst wird. Der Begriff »Disruption« leitet sich von dem englischen Wort »disrupt« (»zerstören«, »unterbrechen«) ab. Gemeint ist ein Vorgang, der v.a. mit dem Umbruch in Richtung Digitalwirtschaft in Zusammenhang gebracht wird: Bestehende, traditionelle Geschäftsmodelle, Produkte, Technologien oder Dienstleistungen werden immer schneller von innovativen Erneuerungen abgelöst und teilweise vollständig verdrängt.

Was bedeutet dies für das Führungshandeln? Sie beginnen damit, dass Sie stimmig, authentisch und rollenklar als Manager agieren. Damit verbunden ist ein unternehmerisches Grundverständnis, das eine moderne Fehlerkultur einschließt. Ein Wandel des Wandels muss angestoßen werden. Alles ist im Umbruch, und trotzdem sollen die Leistungen stabil bleiben.

Der Optimist hat hier einen großen Vorteil: Risikobewusst statt angstgetrieben ist es nämlich möglich, in Form einer wertschätzend-kritischen Zuversicht Hürden und Gefahren gemeinsam zu meistern. Das geht jedoch nur mit und nicht gegen das Team. Veränderungswiderstände lassen sich nachhaltig nur in einem Veränderungsdialog bewältigen. Die Herausforderungen des Digital Change lassen sich also nur dann von einer Bedrohung zur Chance »umschreiben«, wenn Veränderungswiderstände überwunden, die Mitarbeitenden und Teams eingebunden werden und so echte Innovationskraft geschaffen wird!

Die Einstellung macht also den Unterschied. Mitunter sogar einen großen.

Ein Optimist sieht eine Gelegenheit in jeder Schwierigkeit; ein Pessimist sieht eine Schwierigkeit in jeder Gelegenheit.
Sir Winston Churchill, britischer Staatsmann

1.14 Kollegiale und agile Führungs- und Organisationsmodelle

Die Welt des Organisierens dreht sich ständig weiter. In den letzten Jahren haben kollegiale Führungs- und Organisationskonzepte verstärkt an Bedeutung gewonnen. Was bedeutet das für das Führen auf Distanz? In der Praxis werden unter dem Stichwort Agilität v.a. die folgenden Attribute

Start-reflexion

Telefon

E-Mail

Video

Chat

Richtungs-check

verstanden: Geschwindigkeit, Anpassungsfähigkeit, Kundenzentriertheit sowie ein agiles Mindset. Ich selbst habe Agilität einmal mit drei Adjektiven umschrieben: »fokussiert, schnell, flexibel«. Doch was bedarf es aufseiten einer Organisation, um dies erreichen zu können? Eine agile Organisation hat viele Facetten, sechs Dimensionen sind jedoch zentral:

- agiles Zielbild mit agilen Werten (agile Vision für Organisationsstrukturen, Unternehmenskultur und Führungsverständnis etc.),
- digital-agile Unternehmenskultur (Transparenz, proaktive Wissensweitergabe, offener Umgang mit Fehlern, Vertrauenskultur mit kurzfristigem Feedbackschleifen etc.),
- dialogisch-kundenorientierte Organisationsstruktur (mehr und intensivere Kommunikation mit den Kunden mit regelmäßiger Lieferung von Teilergebnissen, wobei der Kundennutzen im Vordergrund steht),
- visualisierte und iterative Prozesslandschaft (Visualisierung der Arbeit über Task- bzw. Kanban-Boards sowie Denken und Arbeiten in sich wiederholenden Iterationsschleifen),
- mitarbeiterzentriertes Führungsverständnis (die Führungskraft stellt sich in deren Dienst im Sinne eines »Servant Leaders«, wir sprachen bereits darüber!),

- agile Tools für Führung und Kollaboration (Mitarbeitende werden stärker in die Entwicklung und Auswahl von Führungstools und die Weiterentwicklung von HR-Prozessen eingebunden).

Agile Führung ist in der Regel verbunden mit der Etablierung einer Vertrauenskultur und der Stärkung der Eigenverantwortung der Mitarbeitenden. Teams sind die Keimzelle der Agilität!

MERKE

Die Energie und damit die eigene Motivation, die jemand als Teammitglied in eine Remote Situation einzubringen in der Lage ist, ist proportional abhängig von dem Grad an echtem Vertrauen, das bis zu diesem Zeitpunkt zwischen den Teammitgliedern und dem Distant Leader aufgebaut werden konnte.

In dem bereits eingangs referierten Modell des Servant Leaders hatte ich die vier Elemente »Enable«, »Empower«, »Envision« sowie »Energize« hervorgehoben. Das ist gut und griffig, an dieser Stelle möchte ich jedoch noch ein weitergehendes Modell beschreiben, das v.a. die Veränderungsbereitschaft und Weiterentwicklungsoptionen stärker in den Blick nimmt.

Das HAVE-Modell von Puckett & Neubauer

Was eine agile Führungskraft kennzeichnet und welche Kompetenzen und Skills eine solche Führungskraft in einer agilen Organisation braucht, ist eine Frage, die derzeit noch nicht abschließend beantwortet werden kann. Ein überzeugendes Modell haben Puckett & Neubauer (2018) vorgelegt. Es geht konkret um »Führungskompetenzen für die agile Transformation«. In dem hierfür ausgearbeiteten Führungsmodell steht HAVE im Mittelpunkt. HAVE steht in diesem Modell für die folgenden Kompetenzen:

H wie »Humility« (»Bescheidenheit«),

A wie »Adaptability« (»Anpassungsfähigkeit«)

V wie »Visionary« (»visionäres Denken«),

E wie »Engagement« (»Engagiertheit«).

Eine Führungskraft ist also bescheiden (»Humility«), insbesondere was die eigene Deutungshoheit betrifft. Der CEO, also Chief Executive Office, wird in einem solchen Verständnis zu einem CLO, also zum Chief Listening Officer. Die Führungskraft ist anpassungsfähig und probiert viele Wege aus (»Adaptability«), hat die Fähigkeit, eine Vision zu schaf-fen und zu kommunizieren (»Visionary«), und engagiert sich vorrangig für die Sache (»Engagement«).

Zu den vier charakteristischen Kompetenzen kommen noch drei zentrale Verhaltensdimensionen, die agilen Führungskräften helfen, erfolgreich zu agieren:

#1 Hyper-Bewusstsein: Agile Führungskräfte scannen ihre interne und externe Umgebung auf Bedrohungen und Chancen.

#2 sachkundige Entscheidungsfindung: Sie nutzen alle verfügbaren Informationen dazu, um Entscheidungen datenbasiert zu treffen.

#3 schnelles Agieren: Agile Führungskräfte setzen Schnelligkeit vor Perfektion und »bewegen« sich schneller als nicht agile Führungskräfte.

Agile Führungskräfte haben also einen hohen Grad an Reflektiertheit, sie sind sachkundig und agieren schnell. Diese drei Elemente sind übrigens auch die Basis dieses Buchs: Am Ende jedes Kapitels finden Sie das 360-Grad-Leadership-Radar und eine Reflexionswolke. Der Richtungscheck in Kapitel 6 erlaubt es, Ihre Führungsannahmen regelmäßig

Start-
reflexion

Telefon

E-Mail

Video

Chat

Richtungs-
check

zu überprüfen und Ihr Verhalten immer wieder neu auszurichten. Dies ist eine hervorragende Grundlage für Bewusstheit, Entscheidungsstärke und Schnelligkeit im Agieren.

Ihr Unternehmen ist nicht ganz so agil? Ok, dann finden Sie im Folgenden einige Prinzipien guter Führung, die auch für klassisch aufgebaute Unternehmen eine allgemeine Gültigkeit beanspruchen dürfen:

- Befähigen Sie Ihr Team, anstelle sich um jede Kleinigkeit zu kümmern!
- Zeigen Sie Interesse am Erfolg und am Wohlergehen Ihrer Leute!
- Seien Sie produktiv und orientieren Sie sich an Ergebnissen!
- Seien Sie ein guter Kommunikator und hören Sie Ihrem Team gut zu!
- Unterstützen Sie Ihre Mitarbeitenden bei ihrer Karriereentwicklung!
- Zeigen Sie eine klare Vision und eine nachvollziehbare Strategie!
- Erwerben sie fachliche Fähigkeiten, um Ihr Team gut beraten zu können!
- Unterstützen Sie Ihre Mitarbeitenden und seien Sie ein guter Coach!

Viele der hier genannten Themenfelder werden wir im Folgenden detailliert betrachten und mit entsprechenden Modellen unterlegen, so dass Sie eine gute Orientierung haben, worauf Sie als Distant Leder achten müssen?

1.15 Der transformationale Führungsansatz

Die Idee des transformationalen Führens geht auf Bass & Avolio (1993) zurück. Die transformationale Führung ist abzugrenzen von der transaktionalen Führung. Während die transaktionale Führung auf das Prinzip von Leistung und Gegenleistung (= transaktional) setzt, wird beim transformationalen Führen auf die umfassende Unterstützung der Mitarbeitenden Wert gelegt, damit diese im Idealfall auch über sich hinauswachsen können (= transformational). Mit dem Ansteigen des Vorgesetztenengagements steigt auch die Leistung der Mitarbeitenden.

Zwar konnte die transaktionale Führung immerhin ein mittelhohes Leistungsniveau der Geführten hervorbringen. Ein durchgängig hohes Leistungsniveau hingegen war nur über das transformationale Führen möglich, wie eine Studie mit mehr als 14.000 Befragten zeigte (Pelz 2016). Das transformationale Führen, in Teilbereichen auch in Verbindung mit dem transaktionalen Ansatz, verspricht somit die besten Ergebnisse.

Was müssen also Führungskräfte tun, die sich im Sinne des transformationalen Führens engagieren möchten? Wichtig sind v.a. die folgenden vier Elemente:

- als Rollenvorbild dienen (»idealized influence«),
- herausfordern und Sinn vermitteln (»inspirational motivation«),
- zur Kreativität anregen (»intelectual stimulation«),
- persönliches Wachstum fördern (»individualized consideration«).

In diesem Modell ist das Verhalten von Führungskräften, also »Vorbild sein«, »andere herausfordern«, »Eigeninitiative anregen« etc. ursächlich dafür, dass bei den Mitarbeitenden Verhaltensweisen wie Loyalität, Leistungsbereitschaft, Lernbereitschaft entstehen. Es soll an dieser Stelle keine fertige Antwort präsentiert werden, vielmehr werden uns diese Fragestellungen die folgenden Kapitel begleiten!

Tipp vom Führungsfuchs

Transformationales Führen verlangt stetige Aktivität vonseiten der Führungskraft. Das genaue Gegenteil, Management by Exception, unterstützt lediglich ein niedriges Leistungsniveau bei den Mitarbeitenden. Handeln Sie proaktiv, statt nur reaktiv auf etwaige Katastrophen zu reagieren!

1.16 Situatives Führen

Das sogenannte situative Führen ist ein Managementansatz, der insbesondere in den 1970er- und 1980er-Jahren v.a. durch die Arbeiten von Hershey und Blanchard (2013) große Beachtung gefunden hat. Bei diesem Ansatz wird die Wahl des jeweiligen Führungsstils vom Reifegrad des Mitarbeitenden abhängig gemacht.

Der aufgabenbezogene »Reifegrad« des Mitarbeitenden (in der Abbildung auf S.46 unten) ist ausschlaggebend dafür, welcher der vier Führungsstile (in der Abbildung oben) von der Führungskraft eingenommen wird: direktiv, kooperativ, partizipativ, delegativ.

Start-reflexion

Telefon

E-Mail

Video

Chat

Richtungs-check

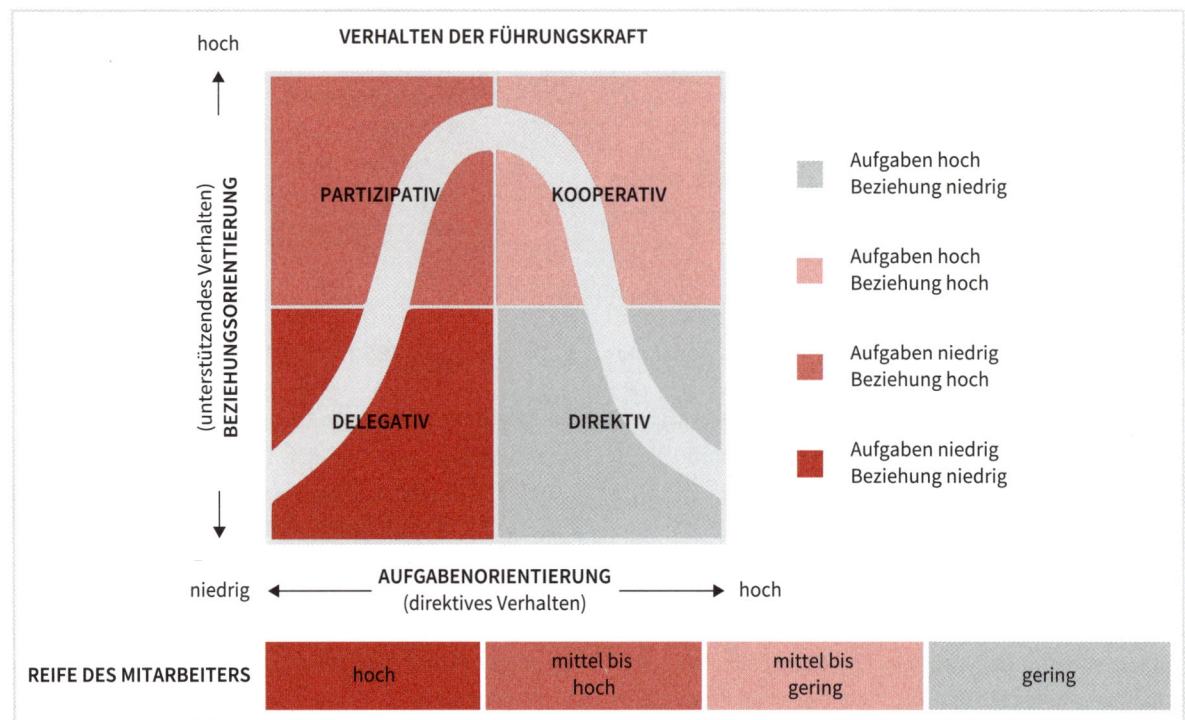

VERHALTEN DER FÜHRUNGSKRAFT

hoch

(unterstützendes Verhalten)
BEZIEHUNGSORIENTIERUNG

PARTIZIPATIV

KOOPERATIV

DELEGATIV

DIREKTIV

niedrig

AUFGABENORIENTIERUNG
(direktives Verhalten)

hoch

Aufgaben hoch
Beziehung niedrig

Aufgaben hoch
Beziehung hoch

Aufgaben niedrig
Beziehung hoch

Aufgaben niedrig
Beziehung niedrig

REIFE DES MITARBEITERS

| hoch | mittel bis hoch | mittel bis gering | gering |

Vier Reifegrade werden unterschieden:

R1: geringe Reife (Motivation, Wissen und Fähigkeiten fehlen),

R2: geringere bis mäßige Reife (Motivation, aber fehlende Fähigkeiten),

R3: mäßige bis hohe Reife (Fähigkeiten, aber fehlende Motivation),

R4: hohe Reife (Motivation, Wissen und Fähigkeiten vorhanden).

Es werden drei aufgabenrelevante Faktoren des Reifegrads berücksichtigt:
- die Fähigkeit und Bereitschaft, Verantwortung zu übernehmen (»Wollen«),
- die Fähigkeit, hohe, aber erreichbare Ziele zu setzen (»Wollen & Können«),
- die notwendige Ausbildung und Erfahrung (»Können«).

Aufseiten der Führungskraft werden folgende vier unterschiedliche Führungsstile benannt, die sich am aufgabenbezogenen Reifegrad des Mitarbeiters ausrichten:

S1: Direktiver Führungsstil – anweisen, dirigieren, lenken, leiten

Der Vorgesetzte gibt hier präzise Anweisungen und beaufsichtigt gewissenhaft die Durchführung der Aufgabe.

Beispiel: Frau Müller ist eine neue Mitarbeiterin im Empfangsbereich. Sie hat Probleme, die komplizierte Telefonanlage zu bedienen, und verhält sich noch sehr unsicher. Aus diesem Grund benötigt Frau Müller exakte Anweisungen, was, wann, wo und wie zu tun ist. Effektives Führungsverhalten umfasst hier ein hohes Maß an Aufgabenorientierung, da die Mitarbeiterin Steuerung und Anleitung benötigt.

Empfehlung für die Führungskraft: dirigieren, strukturieren, kontrollieren und supervidieren.

S2: Kooperativer Führungsstil – argumentieren, trainieren, überzeugen, erklären

Bei diesem Führungsstil lenkt und überwacht der Vorgesetzte weiterhin gewissenhaft die Durchführung der Aufgabe, bespricht jedoch seine Entscheidungen mit dem Mitarbeiter. Der Vorgesetzte bittet den Mitarbeiter um

Start-
reflexion

Telefon

E-Mail

Video

Chat

Richtungs-
check

Vorschläge und überzeugt ihn von der Notwendigkeit der Aufgabe.

Beispiel: Frau Müller ist nun bereits einige Monate im Unternehmen tätig und findet sich mittlerweile gut zurecht. Jetzt ist es für Frau Müller besonders wichtig, zu lernen und zu begreifen, warum ihre Aufgabe eine zentrale Rolle für das Unternehmen darstellt.

Empfehlung für die Führungskraft: trainieren, erklären, überzeugen, argumentieren.

S3: Partizipativer Führungsstil – partizipieren, beraten, ermutigen, unterstützen, anvertrauen

Der Vorgesetzte berät und unterstützt den Mitarbeiter bei der Durchführung der Aufgabe und hilft ihm bei der Lösung seiner Probleme nach dem Prinzip »Hilfe zur Selbsthilfe«.

Beispiel: Frau Müller fühlt sich sehr wohl im Unternehmen und ist bereits in der Lage, viele der ihr übertragenen Aufgaben selbstständig anzugehen und zu erledigen. Dennoch ist Frau Müller noch unsicher, ob sie die Aufgaben auch zur Zufriedenheit ihres Vorgesetzten erfüllt. In dieser Situation ist es wichtig, Frau Müller aktive Unterstützung und Ermu-

tigung zu geben, um ihr zu zeigen, dass ihre Arbeitsweise für gut befunden wird.

Empfehlung für die Führungskraft: coachen, anerkennen, zuhören und fördern.

S4: Delegativer Führungsstil – delegieren, beobachten, bevollmächtigen, übertragen

Der Vorgesetzte überträgt dem Mitarbeiter in hohem Maße Kompetenz und Verantwortung für die zu fällenden Entscheidungen und die zu lösenden Aufgaben.

Beispiel: Frau Müller kennt sich nun ausgezeichnet im Unternehmen aus und ist zur »rechten Hand« des Vorgesetzten geworden. Sie ist nun in der Lage, selbst zu entscheiden, welche Telefonate sie selbst erledigen kann und welche Gespräche sie weiterleitet. Der angemessene Führungsstil sollte Frau Müller nun einen entsprechenden Freiraum lassen, da sie nur noch in geringem Maß Anleitung benötigt. Gelegentliches Lob und Anerkennung bleiben auch weiterhin sehr wichtig.

Empfehlung für die Führungskraft: delegieren, Verantwortung für Routineentscheidungen übertragen.

Wie setzen Sie nun das Vorgehensmodell »situatives Führen« ganz konkret ein? Zunächst einmal gewinnen Sie Klarheit über die wichtigsten Aufgaben des Mitarbeiters. Dann legen Sie – in Abhängigkeit der aufgabenbezogenen Reife – den aus Ihrer Sicht jeweils passenden Führungsstil je Aufgabe fest.

Aufgabeneinschätzung im situativen Führen

Name des Mitarbeitenden:

Kernaufgaben des Mitarbeitenden:

(1) _____ (3) _____

(2) _____ (4) _____

Bei welchen der Aufgaben soll Ihre Mitarbeiterin bzw. Ihr Mitarbeiter von Ihnen a) direktiv (lenken), b) kooperativ (trainieren/argumentieren), c) partizipativ (anerkennen/coachen) oder d) delegativ geführt werden?

Bitte tragen Sie die Nummern der Kernaufgaben entsprechend ein.

Stil III partizipativ	Stil II kooperativ
Stil IV delegativ	Stil I direktiv

Wichtig beim situativen Führen ist es, den Mitarbeitenden als auch sich selbst nicht zu überfordern und stets den Führungsstil zu wählen, der am besten zum aufgabenbezogenen Reifegrad des Mitarbeitenden passt.

Auch wenn es erstrebenswert ist, einen Mitarbeiter in Bezug auf möglichst viele seiner Aufgaben mit Stil 3 oder 4 zu führen, so verlangt das Modell, dass immer erst alle Stufen durchlaufen werden müssen.

Das gilt insbesondere für Stil 4 (»Delegation«), denn hier ist die Verführung besonders groß, die Aufgaben einfach »wegzudelegieren«, ungeachtet dessen, ob die Person die Voraussetzungen mitbringt, und ohne dass vorab die sieben Fragen der Delegation gemeinsam durchgegangen worden sind (siehe Abschnitt 2.19).

Tipp vom Führungsfuchs

 Gerade bei Differenzen in der Einschätzung von Ihnen und der Selbsteinschätzung der Mitarbeitenden wird es spannend. Machen Sie sich daher im Vorfeld schon Gedanken, wo die zentralen Wahrnehmungsunterschiede liegen könnten und wie Sie damit umgehen!

Start-reflexion

Telefon

E-Mail

Video

Chat

Richtungscheck

1.17 Die geschickte Balance von Nähe und Distanz

Nähe und Distanz müssen auch in der klassischen Führung immer wieder neu ausbalanciert werden. Allerdings geschieht dies zumeist intuitiv. Mitarbeitende schauen z. B. einfach vorbei, wenn sie den Chef mehrere Tage nicht gesehen haben. Ist ein Unternehmen klassisch-hierarchisch organisiert, dann scheuen Mitarbeitende manchmal den Kontakt, in der Netzwerkorganisation ist der rege Meinungsaustausch jedoch der Normalfall und nicht mehr die Ausnahme. Dennoch ist das Bedürfnis nach Nähe bzw. auch Distanz individuell sehr unterschiedlich. Das Verhältnis von Nähe und Distanz wird immer dann neu justiert, wenn sich z. B. Projektstrukturen verändern.

Wer gibt den Ton an? Welches Verhältnis von Nähe und Distanz, von Dauer und Wechseln gilt für das Team? Ein sehr hilfreiches Modell ist in diesem Zusammenhang das Riemann-Thomann-Modell. Um menschliche Unterschiede und ihre Auswirkungen auf Kommunikation und Beziehungen zu verstehen, hilft uns dieses Modell mit seiner Persönlichkeits-, Beziehungs- und Entwicklungslehre.

Im Allgemeinen lassen sich nach Riemann (1975) und Thomann (1988) vier verschiedene menschliche Grundausrichtungen beobachten:

- das Bedürfnis nach Nähe (z. B. zwischenmenschlicher Kontakt, Harmonie, Geborgenheit),
- das Bedürfnis nach Distanz (z. B. Unabhängigkeit, Ruhe, Individualität),
- das Bedürfnis nach Dauer (z. B. Ordnung, Regelmäßigkeiten, Kontrolle) und
- das Bedürfnis nach Wechsel (z. B. Abwechslung, Spontaneität, Kreativität).

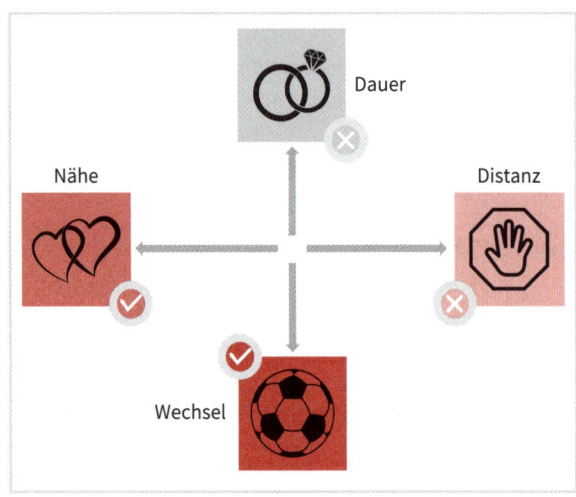

Jeder kennt alle Bedürfnisse von sich selbst, aber im zwischenmenschlichen Geschehen werden oft nur ein oder zwei aktiviert, die dann sichtbar und als Unterschiede zwischen Menschen spürbar werden. Je nach Ausprägung der Grundausrichtungen sind entsprechende Bedürfnisse (Motivationen), Werte und »Lebensphilosophien« vorherrschend und zeigen sich im zwischenmenschlichen Verhalten. Ebenso damit verbunden sind bestimmte Arten und Weisen, mit Krisen und Missstimmungen umzugehen.

Bei dieser Betrachtung zeigt sich auch, dass je nach persönlicher Ausgangslage die Richtung der Persönlichkeitsentwicklung für verschiedene Menschen unterschiedlich ausfällt: Was der eine (zur Erweiterung seiner Persönlichkeit) dringend braucht, hat der andere schon zu viel!

Die vier Grundströmungen

Nach dem Modell von Riemann-Thomann sind Menschen von allen vier Polen geprägt. Sie werden jedoch unterschiedlich erlebt. Jede der vier Grundströmungen bringt spezielle Verhaltensweisen, Einstellungen, Wertvorstellungen, Kompetenzen und Begrenzungen hervor. Die dominanten Grundströmungen durchdringen sämtliche Lebensbereiche. Teilnehmende einer Videokonferenz könnten beispielsweise dieselbe Veranstaltung völlig anders erleben.

- Der **Nähe-Typ:** »Was mich zu Beginn der Videokonferenz gefreut hat, war der kleine witzige Smalltalk direkt am Anfang – Gott sein Dank sind wir nicht sofort ins Thema eingestiegen, wo immer alle dann gleich wieder so aalglatt und professionell sind.«
- Der **Distanz-Typ:** »Die Minuten vor Beginn der Videokonferenz sind immer heikel: Was soll man miteinander reden, wenn man sich noch nicht so gut kennt? Das Warten im virtuellen Chatraum erschöpft sich doch in einem Austausch von Belanglosigkeiten.«
- Der **Dauer-Typ:** »Der Anfang war für mich ein Fiasko. Das mit der Technik ging mal wieder drunter und drüber, es gab nicht mal genug Headsets und keine zeitlich klar definierte Agenda, auch wurde kein Hinweis auf die Nutzung des Chatfensters gegeben.«
- Der **Wechsel-Typ:** »Naja, viel ist noch nicht passiert, der vorläufige Höhepunkt war diese eine Auseinandersetzung – ich habe zwar nicht verstanden, um was es eigentlich ging, aber so war wenigstens was los .«

Fazit: Menschen sind mitunter Mimosen. Während man Missbefindlichkeiten bei einer Besprechung relativ einfach an der Körpersprache ablesen kann, bedarf es in Distanzsituationen schon einer gehörigen Portion Empathie, um solche Bedürfnisse auch hier zu spüren. Da wir alle jedoch in

Start-
reflexion

Telefon

E-Mail

Video

Chat

Richtungs-
check

der Regel keine Hellseher sind, lohnt es sich, immer mal wieder aktiv nachzufragen, wie die einzelnen Teammitglieder die Situation empfinden.

1.18 Mit Online-Teambuilding-Aktivitäten das Spielfeld ausrichten

Jeder erfahrene Leader weiß, dass die Bindung zwischen den Teammitgliedern der Dreh- und Angelpunkt für den gemeinsamen Erfolg darstellt.

Die Forschung hat zudem herausgefunden, dass Teamentwicklungsaktivitäten einen positiven Einfluss haben (Gilbert 2018), und zwar v.a. auf:

- Zielsetzung- und Problemlösungskompetenz,
- Bereitschaft, die anderen nachhaltig zu unterstützen,
- kognitive, affektive und leistungsbezogene Ergebnisdimensionen.

Der Weg zur Veränderung des Vorgehens ist zwar manchmal herausfordernd, aber es lohnt sich, diesen Weg zu gehen. Bringen Sie als Führungskraft daher diese wichtigen Prozesse aktiv voran. Die folgende kleine Checkliste kann Ihnen dabei helfen:

1. **Wo** ist das Problem? Meine virtuellen Teammitglieder kennen sich noch nicht gut genug.
2. **Was** könnte ich tun? Sie nutzen virtuelle Kennenlernspiele wie Personal Maps, »The Coffee Meeting Game«, »The Desk Photo Contest«, »Save the Company from Aliens«, »Play Words with Friends«, »Three Truths and a Lie«, »A Picture of Your Life« oder »The Bucket List Challenge«.
3. **Welches** Tool macht am meisten Sinn? Braucht es etwas Phantasievolles oder etwas Auflockerndes?
4. **Wie** sieht meine innere Landkarte aus? Worauf habe ich Lust, was passt, was möchte ich einmal ausprobieren?
5. **Wie** erkläre ich meinem Team das Spiel? Welche Materialien sind erforderlich? Was muss vorbereitet werden?
6. **Was** hat gut geklappt? Was könnte man variieren? War das Spiel gut verständlich? Wie lange hat es gedauert?

Tipp vom Führungsfuchs

Sollten Sie das Gefühl haben »Das würde mein Team nicht mitmachen, das sind Wissenschaftler, Techniker etc.«, dann empfehle ich Ihnen, insgesamt mehr für die Teamentwicklung zu tun. So locken Sie die Kolleginnen und Kollegen aus der Reserve und verhindern eine zu starke Abgrenzung gegeneinander!

1.19 Teufelszeug Teamentwicklung? Wie Teams auch virtuell organisch zusammenwachsen

Teamentwicklung kann erfolgreich oder erfolglos sein. Wichtig ist, in jedem Fall professionell damit umzugehen!

Ein abschreckendes Beispiel: In manchen Firmen wird viel Geld für Teamentwicklung ausgegeben. Es wurde etwa von der durchwachsenen Erfahrung eines Sales and Marketing Executives berichtet, der mit 20 seiner Kollegen nach London geflogen, dort in einem teuren Hotel untergebracht und dann von einer Gruppe von Maori-Stammmitgliedern aus Neuseeland zum Haka, dem traditionellen Kriegstanz, ausgebildet wurde. Diese Übung sollte Beziehungen zwischen den Teammitgliedern aufbauen, den Teamgeist stärken und die Zusammenarbeit verbessern. Stattdessen förderte sie Beschämung und Zynismus. Monate später wurde der Geschäftsbereich verkauft (Vlades-Dapena 2018).

Aber es kann auch anders gehen. Mit den folgenden sieben Tools kommen Sie auch virtuell garantiert weiter: Die Toolbox »Virtuelle Kennenlernspiele«!

Tipp vom Führungsfuchs

Bei der Teamentwicklung auf Distanz muss leider vieles vorab geplant werden. Überlegen Sie sich sehr gut, welche Tools und Materialen Sie einsetzen. Und ganz wichtig: Wie lautet Ihr Plan B, wenn technisch dann doch einmal etwas nicht so funktioniert, wie es eigentlich sollte!

Name	Ablauf
Personal Maps	Jeder malt eine Mindmap zur eigenen Person. Was sind meine Interessen, Hobbys? Welche Ausbildung habe ich genossen? Was mache ich in meiner Freizeit etc. Diese Mindmap wird dann einzeln der Gruppe vorgestellt, die Gruppenmitglieder dürfen dazu Fragen stellen. Das Spiel funktioniert nur als Videokonferenz bzw. über Desksharing.
The Coffee Meeting Game	Bei einer Tasse Kaffee wählt sich jedes Teammitglied morgens ein (es kann auch von unterwegs in einem Coffeeshop sein) und erzählt in ein bis zwei Minuten, was der Tag so bringen wird. Dieses Spiel ist als Telefon- oder Videokonferenz möglich.

Start-
reflexion

Telefon

E-Mail

Video

Chat

Richtungs-
check

Name	Ablauf
The Desktop Photo Contest	Jeder ist aufgefordert, seinen eigenen Schreibtisch von oben zu fotografieren. Dann wird sicher nicht immer ganz ernsthaft über die hübscheste Anordnung der Elemente (Rechner, Unterlagen, Utensilien etc.) diskutiert und am Ende z. B. nach Punkten der Sieger bestimmt. Ein inspirierendes Spiel, bei dem man ganz natürlich auch auf das Thema »Arbeitstechniken« zu sprechen kommt.
Save the Company from Aliens	In einer Videokonferenz stellen Sie den Teilnehmenden spontan das folgende Szenario vor: Fremdlinge sind auf der Erde gelandet, deren Ziel es ist, unsere Firma auszuspähen. Wie wird sich das Team verhalten, um die Katastrophe zu verhindern? Die kreativen Gedanken und Sprüche, die ab diesem Zeitpunkt geäußert werden, erlauben einen Einblick in die Persönlichkeiten von allen und erleichtern das Kennenlernen.
Play Words with Friends	Online in Verbindung zu bleiben, ist eigentlich keine große Sache. So kann man z. B. am Ende des Arbeitstags zusammen mit dem Team »Words with Friends« spielen. Das macht Spaß und schafft eine positiv besetzte gemeinsame Erlebniszone!
Three Truths and a Lie	Hier stellt jeder vier kleine Behauptungen in eigener Sache auf. Die Aufgabe der anderen ist es zu erraten, welche der vier Aussagen nicht der Wahrheit entspricht.
A Picture of Your Life	Jeder stellt der Gruppe einen besonderen eigenen Schnappschuss zur Verfügung und erzählt eine kurze Geschichte zur Entstehung des Fotos.
The Bucket List Challenge	Jeder beschreibt eine eigene Challenge wie z. B. Marathonlauf oder Mondlandung, und die anderen »outen« sich, indem sie sagen, ob das für sie spannend ist oder nicht.

1.20 Das D-I-S-G-Modell

Als Psychologe und Experte für das D-I-S-G-Modell, das die Persönlichkeit in vier Verhaltensausprägungen auf einfache, zutreffende und nachvollziehbare Weise beschreibt (vgl. Dauth 2012), beobachte ich seit vielen Jahren immer wieder, dass dieses Persönlichkeitsmodell hilft, das Gegenüber in Führungssituationen schnell und richtig einzuschätzen.

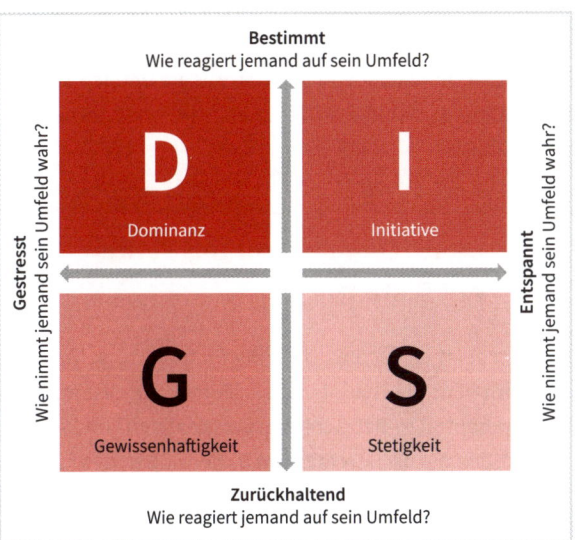

Während der »D-Typ« und der »I-Typ« bestimmt auf ihr Umfeld reagieren, sind der »G-Typ« und der »S-Typ« eher zurückhaltend. Der »D-Typ« und der »I-Typ« schätzen sich selbst etwas stärker ein als die anderen beiden Typen. Der »D-Typ« und der »G-Typ« empfinden das soziale Umfeld als eher anstrengend, wohingegen der »I-Typ« und der »S-Typ« dies eher als angenehm erleben. Für den »D-Typ« und den »G-Typ« gibt es daher eine Tendenz, mit Stress auf soziale Situationen zu reagieren.

1.21 Die Motivlagen: Mitarbeitertypen & ihre Lebensmotive

Eine entscheidende Frage wird bei sehr wichtigen Mitarbeitergesprächen zentral: Was motiviert mein Gegenüber, morgens ins Büro zu kommen? Oder anders ausgedrückt: Was sind die wichtigsten Lebensmotive meines Gegenübers? Als Steven Reiss Mitte der 1990er-Jahre seine Theorie der 16 Lebensmotive vorstellte, stieß sie sogleich auf große Resonanz in den Medien. Die Methode erschien einfach und eingängig und erklärte zugleich komplexe Zusammenhänge auf der Ebene der Persönlichkeit (vgl. Reiss 2009).

Ist der Mitarbeitende von seinen Grundzügen her statusorientiert, analytisch oder gesellig veranlagt? Wie sieht es aus, wenn ganze Teams miteinander in einer Videokonferenz sind? Hierbei ist es entscheidend zu verstehen, wie man selbst und auch die jeweiligen Gesprächspartner strukturiert sind. Dies ist ein zentrales Element der Vorbereitung auf Gespräche und Meetings und trägt dazu bei, die richtigen Haltungen, Ideen und Methoden für die Kommunikationssituation auszuwählen.

Start-reflexion

Telefon

E-Mail

Video

Chat

Richtungs-check

Die 16 wichtigsten Lebensmotive nach Steven Reiss sind:

#1 Macht	#2 Unabhän-gigkeit	#3 Neugier	#4 Anerken-nung
#5 Ordnung	#6 Sparen/Sammeln	#7 Ehre	#8 Idealismus
#9 Bezie-hungen	#10 Familie	#11 Status	#12 Rache/Kampf
#13 Eros	#14 Essen	#15 körperli-che Aktivität	#16 emotio-nale Ruhe

Lebensmotive erhalten eine hohe emotionale Wichtigkeit, besonders dann, wenn sich diese nicht verwirklichen lassen. Bei einem hohen Bedürfnis nach »Anerkennung« (#4) ist es für die Betroffenen schon sehr schwer, auf Kritik am eigenen Verhalten gelassen zu reagieren. Macht (#1), Neugier (#2), Status (#11) und Rache/Kampf (#12) sind starke Leistungstreiber, die dem Mitarbeitenden einen hohen Grad an innerer Energie zur Verfügung stellen.

Die Arbeit mit den Lebensmotiven stellt eine neue Möglichkeit dar, andere auf der Ebene »abzuholen«, wo diese sich besonders wohlfühlen. Smalltalk am Telefon (siehe Abschnitt 3.3) macht z. B. bei einem hohen Beziehungsmotiv (#9) Sinn, inhaltlich am besten dort, wo der Gegenüber seine stärksten Ausprägungen hat, z. B. im Bereich Sparen/Sammeln (#6), Familie (#10), Essen (#14) oder körperliche Aktivität (#15).

1.22 Das 3-O-Modell für das Führen auf Distanz

Manchmal ist es wichtig, das »Big Picture« zu sehen: Worauf kommt es überhaupt an beim Führen auf Distanz? Was sind die zentralen Betrachtungsperspektiven? Im 3-O-Modell werden die drei wichtigsten Dimensionen des Führens auf Distanz griffig zusammengefasst (Eikenberry & Turmel 2018):

- **Outcomes**: Wie steht es um die *Ergebnisse*? Sind wir im *Plan*? Wie gut ist die *Ergebnisqualität*? Wie können wir noch *effizienter* werden?
- **Others**: Wie geht es den anderen? Wie *motiviert* und wie *inspiriert* sind meine Mitarbeitenden? Was kann ich zwischen den Zeilen *lesen* bzw. *spüren*?
- **Ourselfs**: Wie geht es mir? Sorge ich für mich? Bin ich selbst entspannt und *inspirierend*? Vielleicht verhindere ich möglicherweise *selbst*, dass wichtige Dinge angesprochen werden?

Natürlich muss jede Führrungskarft auch sich zunächst
selbst führen können: (»Ourselve«)

Ourself

Der Kern von Führung – auch über Distanz – bleibt eine
zielgerichtete Einflussnahme auf andere (»Ohters«)

Others

Am Ende geht's darum, zusammen mit den
Mitarbeitenden gute Ergebnisse zu erzielen (»Outcomes«)

Outcomes

Start-
reflexion

Telefon

E-Mail

Video

Chat

Richtungs-
check

Das englische »3-O-Model« können wir ins Deutsche überführen, als »EAI«-Modell:

- Wie steht es um die **Ergebnisse**? Was sagt der Zeitplan?
  Welche Ressourcen gibt es?
- Wie leisten die **Anderen**? Wo brauchen sie Klarheit, In-
  formation, Unterstützung, Vertrauen?
- Was habe **Ich** für einen Beitrag? Wo bin ich selbst der
  Filter? Was sind blinde Flecken?

Wie, Sie haben keine blinden Flecken? Wissen nicht, was
das ist? Nun, dem kann abgeholfen werden. Blinde Flecken
zu haben, ist ganz normal, jeder hat sie. Trotzdem sollten
Sie gerade in einer Führungsfunktion dafür sorgen, dass
diese kleiner werden. Deswegen brauchen auch Sie Feedback: von Ihrem Chef und natürlich auch von Ihren Mitarbeitenden. Das EAI-Modell zeigt, dass Selbstreflexion ein
ganz wesentlicher Bestandteil guter Führung ist, auch und
gerade beim Führen auf Distanz!

1.23 Der digital-agile Medienmix

Strategy is a pattern in a stream of decisions.
Henry Mintzberg, kanadischer Managementautor

Wie lassen sich ihre Planungsideen zusammen mit den Umsetzungsmethoden in einen passenden Medienmix überführen? Was ist der Unterschied zwischen Planung und

Ideen? Welche Umsetzungsmethoden gibt es? Welcher Medienmix funktioniert?

Die **Ideen** kommen zuerst. Abgeleitet von »Ideos« (altgriechisch für ἰδέα idéa »Gestalt«, »Erscheinung«, »Aussehen«, »Urbild«) besteht eine Idee aus übergreifenden Überlegungen im Sinne einer längerfristigen Marschroute, die es sinnvoll machen, anvisierte Methoden auch einzusetzen. Je

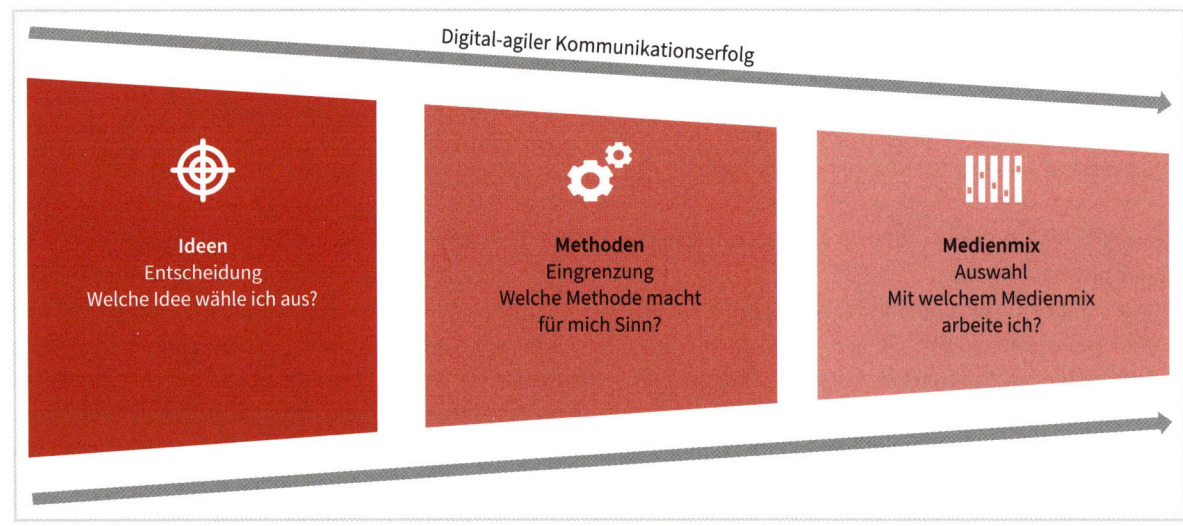

Digital-agiler Kommunikationserfolg

Ideen
Entscheidung
Welche Idee wähle ich aus?

Methoden
Eingrenzung
Welche Methode macht
für mich Sinn?

Medienmix
Auswahl
Mit welchem Medienmix
arbeite ich?

anspruchsvoller die Ideen sind, desto ausgefeilter muss unter Umständen die Methode sein.

Dann werden eine oder mehrere passende **Methoden** ausgewählt. Jede einzelne Methode, im 17. Jahrhundert aus dem französischen Wort »méthode« entstanden, was wiederum auf dem griechischen »méthodos« beruht, der »Weg oder Gang einer Untersuchung«, ist ein Versuch, eine entsprechenden Konkretisierung, eine passende Anordnung oder Aufstellung zu wählen, mit der dann meist eine kleinere Teilstrecke erfolgreich zurückgelegt werden kann.

Der **Medienmix** ist eine finale und zuweilen raffinierte Veredelung von Idee und Methode. Wichtig ist, dass jede Führungsintervention einschließlich des jeweiligen Medienmix für den Mitarbeitenden bzw. das Team hilfreich und inspirierend ist.

Ein wirklich gutes Arbeitszeugnis besteht nicht aus Textbausteinen, sondern ist einzigartig. Digital-agile Führungskommunikation darf immer auch ein Meisterstück sein und folgt damit einer ganz eigenen Dramaturgie, in der ein für beide Seiten fruchtbarer Dialog entsteht. Führungskräfte von morgen müssen also zündende Ideen und Konzepte vermitteln können und geeignete Methoden auswählen, um die Inhalte gut rüberzubringen.

Eine Möglichkeit besteht darin, Gedanken in Geschichten zu verpacken. Jeff Bezos, CEO und Gründer von Amazon, erklärt in einem Brief an die Aktionäre, dass sein Unternehmen Powerpoint aus Meetings verbannen wird, denn Storytelling sei das Mittel der Wahl, um zu guten Diskussionen und Entscheidungen zu kommen (Bezos 2018). Seine Mitarbeiter schreiben ausführliche Memos als Basis für Diskussionen und Entscheidungen, die stets mit einer Story verbunden sind. Memos bei Amazon sind sechsseitige Erzählungen, die in einem Meeting erst einmal in Ruhe von jedem gelesen werden, bevor die Diskussion beginnt. Ist die Story packend, wird die Diskussion automatische leidenschaftlich und das Ergebnis hat am Ende – dank des hohen Involvements aller – eine hohe Qualität.

Storytelling ist also eine Methode, mit der explizites und v.a. implizites Wissen in Form einer Metapher weitergegeben und vom Gegenüber durch empathisches Zuhören aufgenommen wird. Dabei kann das »Erzählen« der Metapher von drei Seiten initialisiert werden:

Start-reflexion

Telefon

E-Mail

Video

Chat

Richtungs-check

1. Der Mitarbeitende erzählt seine Geschichte und berichtet in dieser Form, wie er seine berufliche Aufgabe gelöst hat.
2. Der Manager erzählt »Geschichten«, die Lösungsideen beinhalten, z. B. von einem Team an einem anderen Ort, die einen ganz anderen Ansatz verfolgt haben.
3. Die Führungssituation selbst, die Beziehung zwischen Führungskraft und Mitarbeiter, ist Startpunkt einer eigenen Geschichte, die gemeinsam weitergesponnen wird.

Tipp vom Führungsfuchs

Manchmal sind es kleine Ideen, die Großes bewirken. Wichtig ist, dass Sie mit Ihrem Team gemeinsam positive Emotionen haben bzw. solche Erlebnisse teilen können. Das verbindet und ist Grundlage jedes echten Engagements!

Planung – Umsetzung – Finetuning

Das Finetuning ist für viele Mitarbeitergespräche extrem wichtig, und Details lassen sich – wie viele erfolgreiche Führungskräfte wissen – nicht einfach aus dem Ärmel schütteln. Ein digital-agiler Leader ist sehr fokussiert, hält an den eigenen ambitionierten Zielen fest, sieht sich selbst in einem optimistisch-dialogbereiten Zustand und trifft zudem die richtigen Entscheidungen zu den genutzten Medien. Außerdem ist er offen dafür, welche Themenkarten wann, wie und von wem gespielt werden.

Die folgende Tabelle soll Ihnen helfen, ein solches fluides Zielbild auf die Straße zu bringen, indem die drei Steps a) Planungsebene, b) Umsetzungsebene und c) Ebene des Finetunings betrachtet werden.

Idealtypischer Ablauf eines Mitarbeiterdialogs im Medienmix

Viele Führungsdialoge beginnen mit einem persönlichen Treffen oder einer persönlichen »virtuellen Geste« zu Beginn. Konkrete Gesprächstermine werden oft per E-Mail oder Messaging-System avisiert. Später werden diese in einem persönlichen Telefonat, per E-Mail oder über ein Messaging-System präzisiert.

Aus Bequemlichkeit wird das Kerngespräch oft am Telefon geführt. Empfehlenswert ist jedoch in aller Regel eine Videokonferenz. Weitere Details werden dann oft mittels Onlinemedien abgeklärt. Die Gesprächsergebnissen werden vorzugsweise als Kurzprotokoll per E-Mail oder über das unternehmenseigene System festgehalten. Der Medienmix kann sehr unterschiedlich sein, dennoch haben die meisten Führungskräfte ihren ganz eigenen Media Footprint.

Planungsebene (Ideen)	Umsetzungsebene (Methode)	Ebene des Finetunings (Medien & Inhalte)
umfassender Plan	grobe Richtung	detaillierte Ausformung
Warum? Welche Richtung?	Mit welchen Mitteln? Über welche Wege?	Über welche Kanäle? Mit welchen Inhalten?
nur schwer einzuschätzen	mittelmäßig transparent	gut sichtbar
längerfristig	mittelfristig	kurzfristig
Fokus: stabile Sinnorientierung	Fokus: methodische Klarheit	Fokus: operative Brillanz
1. Habe ich mir eine sinnhafte Ideenwelt für das Meeting zurechtgelegt? 2. Kann ich mich mit meinen Zielen verständlich machen? 3. Verfüge ich über ausreichende Spielräume, um auch die Ideen des Teams einzubeziehen?	1. Welche Methoden bringen mich meinen Zielen näher? 2. Welche Methoden und Maßnahmen haben Einfluss auf die Wahrnehmung der Stärken aller Mitarbeitenden? 3. Was sind die nächsten Schritte auf dem Weg zu meinem Ziel?	1. Welche Medien sollen zum Einsatz kommen? 2. Welche Fragen und Impulse habe ich? 3. Welche Argumente und rhetorischen Mittel setze ich ein?

Start-reflexion

Telefon

E-Mail

Video

Chat

Richtungs-check

ARBEITSBLATT

Wie sieht Ihr aktueller Media Footprint aus?

Medium #1: _____

Medium #2: _____

Medium #3: _____

Medium #4: _____

1.24 Gute Vorbereitung als Königsweg im One-on-One

Die Vor- und Nachbereitung eines Mitarbeitergesprächs ist genauso wichtig wie das Gespräch selbst. Der Zeitaufwand dafür sollte mindestens der geplanten Gesprächs-

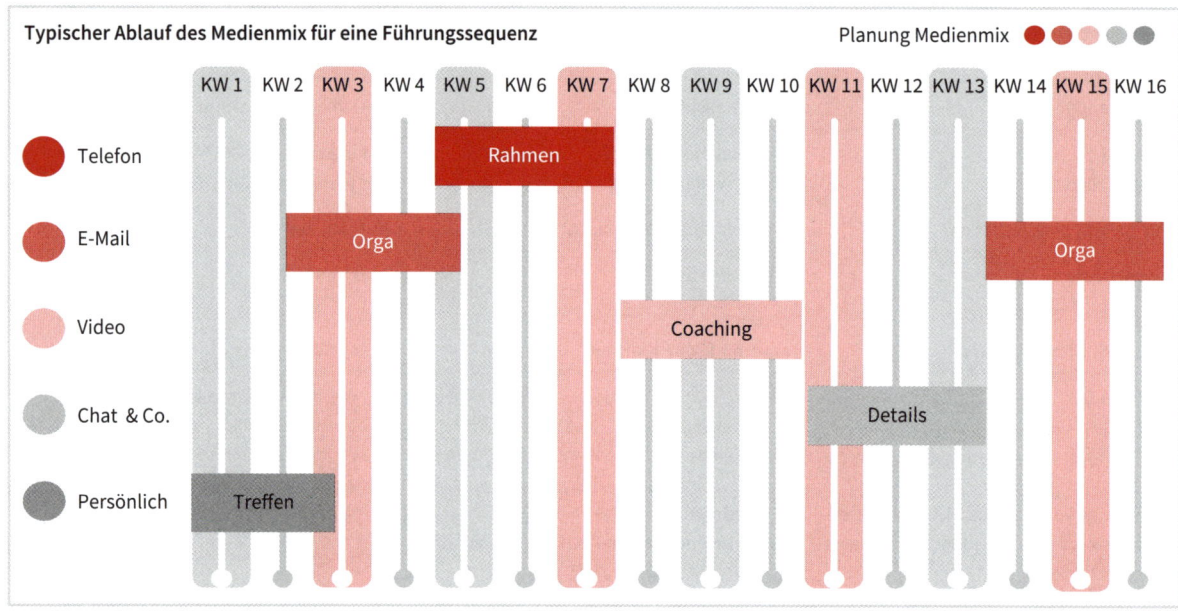

Typischer Ablauf des Medienmix für eine Führungssequenz

Planung Medienmix ● ● ● ● ●

KW 1 KW 2 KW 3 KW 4 KW 5 KW 6 KW 7 KW 8 KW 9 KW 10 KW 11 KW 12 KW 13 KW 14 KW 15 KW 16

● Telefon

● E-Mail

● Video

● Chat & Co.

● Persönlich

Rahmen

Orga

Coaching

Details

Orga

Treffen

dauer entsprechen. Denn nur, wenn Sie ausreichend über die zu besprechenden Inhalte und die Leistungen des Mitarbeiters informiert sind sowie daraus Ihre eigene Vorgehensweise abgeleitet haben und diese immer wieder agil anpassen, können Sie ein Mitarbeitergespräch erfolgreich führen.

Oft wird gefragt: Wann soll ich mich auf ein Mitarbeitergespräch vorbereiten? Was ist der richtige Zeitpunkt? Die Kreativitätsforschung hat gezeigt, dass die wirklich kreativen Einfälle nicht etwa in einer Brainstorming-Session entstehen, auch nicht in einer zweiten oder dritten. Nein, kreativ sind Sie irgendwann dazwischen, wenn Sie in einem ent-

dialog

**Start-
reflexion**

Telefon

E-Mail

Video

Chat

**Richtungs-
check**

spannten Moment über etwas nachdenken, das vorher »angestoßen« wurde. Was heißt das? Schaffen Sie mehrere Anlässe, um sich vorzubereiten, und verfeinern Sie Ihr Vorgehen von »Step « zu »Step«.

Vorbereitung in sechs kurzen Steps

Step #1: Fünf Tage vorher:

- Was will ich erreichen? Was sind meine Ziele für das Gespräch? Was soll rüberkommen? Was halte ich als Zielekatalog schriftlich fest (je Ziel drei bis fünf Zeilen, SMART)?

Step #2: Vier Tage vorher:

- Was ist mir in der Zwischenzeit noch zu den Zielen eingefallen? Bitte die Punkte schriftlich ergänzen.
- Was sind meine Erwartungen? Was sind meine Impulse an den Mitarbeitenden? Was sind die dafür passenden Medien?
- Was halte ich schriftlich fest: Ergänzungen zu den Zielen (drei bis fünf Zeilen), die Erwartungen (eine Zeile), erste Ideen zu den wichtigen Impulsen und den geeigneten Medien (Aufzählung)?

Step #3: Drei Tage vorher:

- Was ist mir in der Zwischenzeit noch zur den Punkten Impulse und Erwartungssteuerung eingefallen? Bitte die Punkte schriftlich ergänzen.
- Was sind meine Argumente und Verhaltensbeispiele? Was sind die Gegenargumente? Wo leistet mein Mitarbeiter vermutlich Widerstand?
- Was halte ich schriftlich in einer Liste von Argumenten und Verhaltensbeispielen mit 5 bis 10 Aspekten fest?

Step #4: Zwei Tage vorher:

- Was ist mir noch zu Argumenten und Verhaltensbeispielen eingefallen? Bitte die Liste der Argumente ergänzen.

- Was sind meine Fragen? Mit welchen Fragen kann ich etwas bei meinem Mitarbeiter bewegen?
- Was halte ich schriftlich in einer Liste mit 10 bis 15 Fragen fest?

Step #5: Einen Tag vorher:
- Welche Fragen sind mir in der Zwischenzeit noch eingefallen? Bitte die Liste der Fragen ergänzen.
- Wie wird meine Gesprächsdramaturgie, mein Drehplan aussehen? Was kann ich sinnvollerweise noch an Feedbackelementen und an guten Reflexionsideen einbauen?
- Was halte ich in einer konkreten Ablaufdramaturgie (tabellarischer Ablaufplan mit drei bis acht Elementen) schriftlich fest?

Step #6: Eine Stunde vorher:
- Was ist mir noch zum Ablauf eingefallen? Bitte den Ablaufplan ergänzen.
- Wie gehe ich mit überraschenden Argumenten oder Forderungen meines Mitarbeiters um? Womit muss ich im Worst Case rechnen? Bitte eine spekulative Aufstellung mit drei bis fünf Punkten erstellen.
- Wie versetze ich mich gezielt in eine konstruktive Dialoghaltung (siehe Abschnitt 2.2)?

- Was halte ich schriftlich fest: Frageformulierungen (im Fragetrichter mit sinnvoller Abfolge), Erwartungen, (smarte) Ziele, Argumente (idealerweise zum Abhaken am Flipchart oder auf dem Rechner).

Tipp vom Führungsfuchs

Tappen Sie nicht in die Zahlen-Daten-Fakten-Falle: Nur die Fakten allein reichen nicht. Was sind die Haupt- und Nebenstraße, was sind die Hindernisse, was sind die emotionalen Elemente, welche Regeln müssen neu aufgestellt oder hinterfragt werden, um erfolgreich zu sein?

1.25 Ein »Canvas« als visuell-agile Vorbereitungshilfe

Ein sogenannter »Canvas« ist eine agil angelegte ergänzende Vorgehensweise, die sich zum Ziel gesetzt hat, z.B. ein Geschäftsmodell in einem großen Bild darzustellen. Alle wichtigen Elemente werden hier auf einem Blick transparent und können z.B. im Team bearbeitet werden (Nowotny 2016). Was läge hier näher, als bei einem Buch über Remote Leadership nach einem passenden »Remote«-Canvas Ausschau zu halten? Tatsächlich gibt es dies, und zwar das »Team Model Canvas«, erstellt mit dem Ziel, noch größere Klarheit und Motivation im Team zu schaffen. Es geht jedoch auch darum, die unausgesprochenen Dinge an die Oberfläche zu bringen und Ziele und Wünsche des Teams zu identifizieren. Die Arbeit mit dem Team Model Canvas dient somit auch ein Stück weit der Psychohygiene. Die Basis bildet das Schaubild auf Seite 66.

Das **Team Model Canvas** ist vom Business Model Canvas abgeleitet. Ein Business Modell Canvas hat die Aufgabe, alle wichtigen Bausteine einer Geschäftsidee auf einer Leinwand (engl. canvas) darzustellen (Nowotny 2016). Das Team Model Canvas ist jedoch trotzdem eigenständig, da hier nicht das Geschäftsmodell, sondern der Zustand des Teams Gegenstand der Betrachtung ist. Genauso wie das Business Model Canvas nicht dazu da ist, einen Businessplan zu ersetzen, sondern zu ergänzen, versucht das Team Model Canvas, die wichtigsten Aspekte auf einen Blick darzustellen.

Dabei versteht sich ein Team Model Canvas als strategisches Rahmenwerk, das Teammitgliedern hilft, Projekte zu starten und sich auf eine gemeinsame Vision auszurichten. Ziel ist es, sich besser kennenzulernen und die Gemeinschaft zu stärken. Eine Führungskraft kann sich so einen schnellen

Überblick über die strategische Ausrichtung und Positionierung des Teams verschaffen und die Grundbegriffe der Teamarbeit können regelmäßig reflektiert werden.

Das **Team Model Canvas** besteht im Kern aus neun Feldern, die nach und nach in einer festgelegten Reihenfolge abgearbeitet werden. Die Fragen der einzelnen Felder bringen die Teammitglieder zusammen und diese können voneinander lernen. Dadurch verdeutlichen sich die gemeinsamen Ziele des Teams, die Motivation der einzelnen Teammitglieder steigt. Die neun zentralen Fragen eines Team Model Canvas sind:

- Wer sind die Teammitglieder?
- Was sind die gemeinsamen Ziele?
- Was sind die individuellen Ziele?
- Wieso tun die Teammitglieder das, was sie tun (»Zweck« bzw. »Purpose« in der englischen Version)?
- Was sind die Grundwerte des Teams?
- Welche Stärken sind im Team vorhanden?
- Welche Schwächen sind im Team vorhanden?
- Welche Bedürfnisse hat das Team?
- Was sind gemeinsame Regeln und Aktivitäten?

Und jetzt wird es interessant für den Remote Leader. Denn für die Durchführung ist es nicht zwingend notwendig, dass

Start-
reflexion

Telefon

E-Mail

Video

Chat

Richtungs-
check

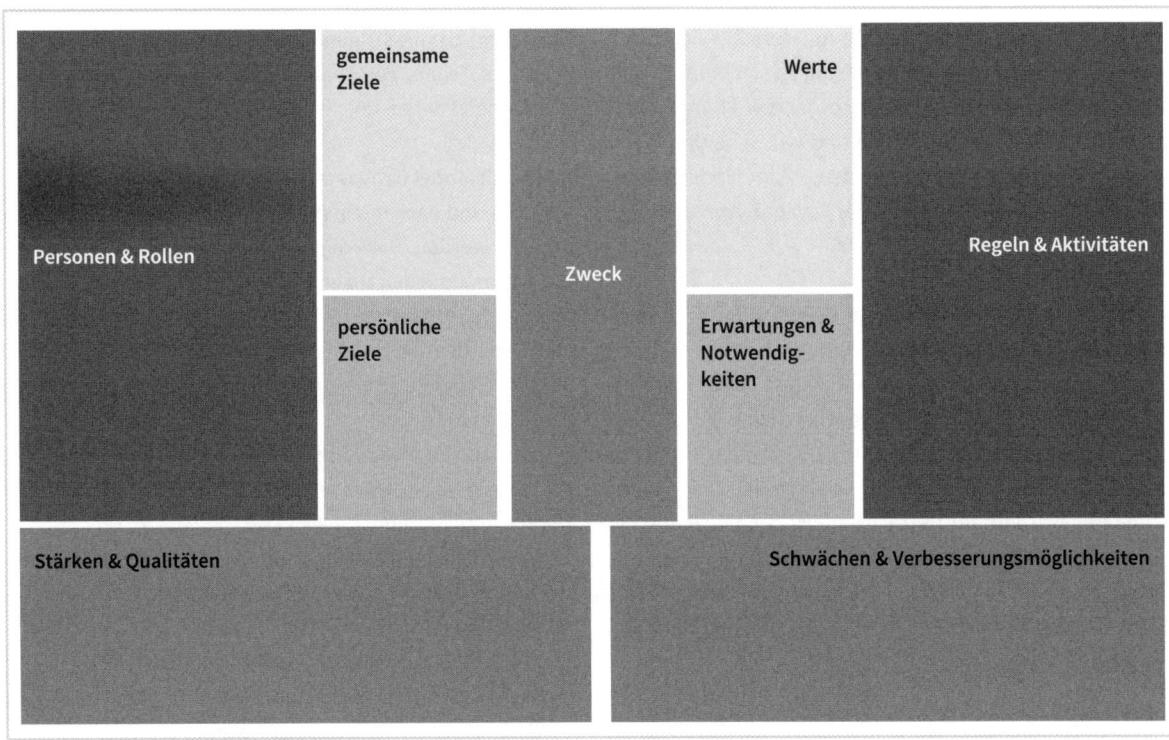

1

Personen & Rollen

gemeinsame Ziele

persönliche Ziele

Zweck

Werte

Erwartungen & Notwendig-keiten

Regeln & Aktivitäten

Stärken & Qualitäten

Schwächen & Verbesserungsmöglichkeiten

sich alle Teammitglieder am selben Ort befinden. Es besteht die Möglichkeit, ein Online Team Canvas durchzuführen, bei dem sich die Teammitglieder über Skype oder Google Hangouts verständigen. Zudem ist es derzeit bereits in existierende Plattformen integriert:

- Creatr – creatlr.com
- BlankCanvas – blankcanvas.io
- Mural – mural.ly

Der Nutzen für das Unternehmen

Natürlich stellt es zunächst einmal einen gewissen Aufwand dar, sich gemeinsam in einen solchen Team Model Canvas hineinzudenken, dennoch lohnt sich die Arbeit, denn

- das Gemeinschaftsgefühl verstärkt sich und alle lernen sich dabei besser kennen,
- die Ziele des Unternehmens werden für die Teammitglieder deutlicher,
- die Motivation der Teammitglieder wird gestärkt und die Teammitglieder werden produktiver,
- das Team Model Canvas hilft allen, die Zusammenhänge besser zu verstehen,
- die Teammitglieder werden auf den gleichen Stand gebracht,
- durch das Kennenlernen untereinander verschafft sich das Team mehr Klarheit und

- es gibt mehr Harmonie und weniger Reibereien und Konflikte.

Ich empfehle die Durchführung des Team Model Canvas alle drei Monate, z. B. im Rahmen einer Team-Retrospektive (siehe Abschnitt 4.11) oder ganz real als Team-Offsite, also einem möglicherweise auch von einem Trainer moderierten Treffen des ganzen Teams, z. B. in einem entspannten Seminarhotel.

Tipp vom Führungsfuchs

 Die entsprechenden großflächigen Arbeitsunterlagen für das Team Model Canvas lassen sich z. B. für ein Team-Offsite in einer sehr schönen Posterqualität ausdrucken. Eine gute, höher aufgelöste PDF-Vorlage hierfür findet sich unter http://dl.martes.de/team-canvas.pdf.

1.26 Das 360-Grad-Leadership-Radar

Alles begann mit einer Nachfrage eines Semiarteilnehmers: »Gibt es ein Vorgehen, bei dem auf eine sehr umfassende Weise alle erfolgsrelevanten Merkmale eines erfolgreichen Mitarbeitergesprächs beschrieben werden können?« –

Start-reflexion

Telefon

E-Mail

Video

Chat

Richtungs-check

»Klar«, sagte ich. Dann malte ich eine kreisrunde Pizza und dachte ein wenig darüber nach, in wie viele Teile ich sie zerschneiden und was ich in die übriggebliebenen Schnitten schreiben würde. Ich entschied mich für vier Quadranten und vergab Überschriften und Unterpunkte. Am Ende dieses Prozesses entstand dann das von mir mit »360-Grad-Leadership-Radar« bezeichnete Feedbackschema.

Das ist nun einige Jahre her und verschiedene Trainer und Seminargruppen haben sich mit diesem Feedbackschema beschäftigt. Bei der Arbeit hat sich herausgestellt, dass hinter diesen vier »Eingangstüren« hin zum erfolgreichen Mitarbeitergespräch ganze Städte, man könnte auch sagen Länder oder sogar »Kontinente« verborgen sind. Also viele Einzelaspekte, auf die zu schauen sich lohnt, möchte man das eigene Verhalten im Mitarbeitergespräch, in der digitalen Variante oft One-on-One genannt, optimieren.

Der erste Kontinent: Körpersprache
Dieser Faktor ist bis zu achtmal so wichtig wie der Inhalt. Zur Körpersprache gehören alle Formen der Gestik, Körperhaltung und Körperbewegung, Haltung von Armen, Beinen und Kopf sowie der Blickkontakt. Es lohnt sich also, diese Elemente einzusetzen, leider ist dies beim Führen auf Distanz nur bei Videokonferenzen möglich.

Der zweite Kontinent: Sprechtechnik
Dieser Faktor ist bis zu fünfmal so wichtig wie der Inhalt: Eine saubere Aussprache und klare Artikulation sowie der ein oder andere rhetorische Kniff ist schon die halbe Miete! Sprechtechnik und Rhetorik sind natürlich am Telefon so-

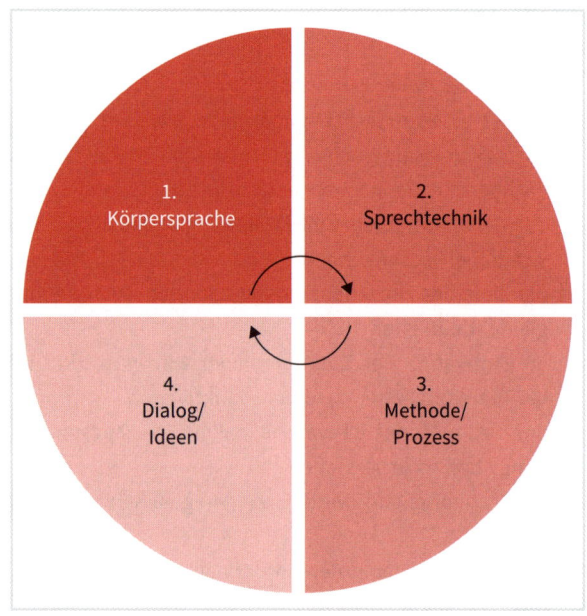

wie im Bereich der Videokonferenzen relevant. Einige rhetorische Techniken lassen sich auch bei E-Mail und Chat anwenden.

Der dritte Kontinent: Methode und Prozess

Jeder Trainer weiß: Ohne gute Methoden und Kommunikationsprozesse ist jeder Workshop nur die Hälfte wert. Das gilt auch für Theaterschauspieler oder Livemusiker. Nur wenn es gelingt, die geeigneten Methoden zu wählen und situativ passend zu handeln, kann etwas Wertvolles entstehen. Die gute Nachricht: Dieser Punkt ist für alle vier Mediengruppen, die in diesem Buch beschrieben werden, relevant.

Der vierte Kontinent: Dialog und Ideen für die Umsetzung

Was wären die besten Methoden und Prozesse wert, wenn Ihnen der Dialog mit den Mitarbeitenden nicht gelänge und keine konkreten Ideen für die Umsetzung entstünden? Wie im Design folgt die Form, also das, was sie kommunizieren, der Funktion. Der Dialog und die Umsetzungsideen folgen somit den von ihnen angestoßenen Methoden und Prozessen. Aber der Dialog muss aktiv angestoßen werden, um die gefühlte Vereinzelung und technisch bedingte Abkapselung der einzelnen Teammitglieder aktiv und wirksam aufzubrechen.

Was ist anders beim Führen auf Distanz? Nun, je nach Medium fallen einige dieser Quadranten weg, die anderen verbleibenden werden umso wichtiger. In jedem der nun folgenden Abschnitte zu den einzelnen Medien wie Telefon, E-Mail, Videokonferenz sowie Chat & Co inklusive Kollaborationstools werden wir das Feedbackschema entsprechend dem jeweiligen Medium anpassen. Somit haben Sie immer im Blick, worauf es wirklich ankommt und an welchen Punkten Sie bei sich und den Teammitgliedern noch schlummernde Potenziale entfalten können.

Start-reflexion

Telefon

E-Mail

Video

Chat

Richtungs-check

TEIL 2

TELEFON:
STIMME, STRUKTUR, EMOTIONEN

2 ERPROBTE TECHNIKEN FÜR ERFOLGREICHE TELEFONATE

Start-
reflexion

Telefon

E-Mail

Video

Chat

Richtungs-
check

*Ein Telefon ist eine Annehmlichkeit, zwei sind Luxus,
drei eine Extravaganz und gar keins das Paradies.
Autor unbekannt*

Das Telefon ist Fluch und Segen zugleich: Fluch, weil es oft mit dem Thema »Unterbrechung« und »negative Nachrichten« in Verbindung gebracht wird, und Segen, weil es eine oft sehr direkte Verbindung zweier Menschen über eine weite Distanz ermöglicht. Es ist sogar so, dass manchmal eine falsche Verbindung zu einer richtigen führen kann: Ein italienischer Journalist führte den schlüssigen Beweis, dass allein in Mailand im Laufe eines einzigen Jahres 37 Eheschließungen auf telefonische Fehlverbindungen zurückzuführen waren (BBC 2012).

Doch je schablonenhafter, desto unangenehmer, und jeder von uns fürchtet zurecht die Anrufe eines Callcenter-Agenten, besonders dann, wenn diese gar nicht zuhören, sondern nur ihr Programm »herunterspulen«.

Ein Ratgeber für erfolgreiche B-to-B Telefonate (vgl. Bergmann 2016) hat einen einleuchtenden Untertitel: »Men-

schen ohne Callcenter-Floskeln erreichen«. Und genau darum geht es auch beim Führen auf Distanz: individuell, wohl überlegt und auf den Punkt. Oder anders ausgedrückt: Fahrplan: Ja! Aber Telefonleitfaden wie ein Telefon-

verkäufer: Nein! Und ein weiterer Grundsatz lautet: Erst den Menschen gewinnen und dann die Sache entscheiden.

2.1 Die Besonderheiten des Mediums Telefon

Am 7. März 1876 erhielt der im schottischen Edinburgh geborene und später nach Kanada emigrierte Taubstummenlehrer Graham Bell, der 1873 eine Schule für Stimmphysio-

logie eröffnet hatte, das Patent für sein Telefon. Das war der Zündfunke für ein Medium, das wie kein anderes die Geschäftswelt des ausgehenden 19. und v.a. des 20. Jahrhunderts prägte.

Während das Telefon heute für viele als Verkaufsvehikel ausgedient hat (und durch das Internet ersetzt wird), bietet es sich für einen ergebnisoffenen Mitarbeiterdialog geradezu an. In vielen Branchen gilt es als wichtigste Verbindung zum Kunden. Auch glauben die meisten Kunden ihren Eindrücken am Telefon mehr als der besten Werbung. Damit hat das Telefon – jenseits der plumpen Fassade von Callcenter-Blasen – vor allem den großen Vorteil der Glaubhaftigkeit! Im Gegensatz zu akquisitorischen Anrufen verabreden sich Führungskraft und Mitarbeiter oft am Telefon, und wenn sie spontan telefonieren, dann wissen Sie zumindest, mit wem Sie es zu tun haben. Auch das ist ein Vorteil, den Sie nutzen sollten!

Wenn Sie also einen Mitarbeiter bzw. eine Mitarbeiterin am Telefon haben, der Ihnen ganz konkrete Vorschläge unterbreiten möchte, dann kennen Sie diese Person in der Regel schon und/oder es gibt irgendeine Form des Vorlaufs. Trotzdem wird sich jeder Anrufer zu Beginn eines Telefonats »erklären« und zumindest in groben Zügen seine Absichten umreißen. Wie es dann weitergeht, ist jedoch meist eine Frage Ihrer Weichenstellung. Daher gibt es bei jedem Klingeln des Telefons eine Grundentscheidung, ob Sie zum einen den Anruf überhaupt annehmen oder ob Sie zum andern – nachdem der Anrufer sich erklärt hat – gedenken, weitere Zeit in das Telefonat zu investieren.

Für viele Mitarbeitende ist das Telefon trotzdem emotional negativ besetzt. Warum ist das so? Weil es zum einen ein enormes Stör- und damit auch Stresspotenzial hat. Zum anderen löst es oft – ob intendiert oder auch nicht – negative Gefühle beim Angerufenen aus. Das Telefon transportiert also »Gefühle«. Somit ist es ein nur bedingt rationales, eben auch ein emotionales Medium. Das macht es für viele so schwer handhabbar, andererseits jedoch auch so wirksam! Denn das Fehlen von Emotionalität bzw. das Gefühl der Isolation ist neben dem Thema Vertrauen die allergrößte Herausforderung beim Führen auf Distanz. »Aller Digitalisierung zum Trotz: Führungskräfte brauchen weniger Rationalität, sondern mehr Sinnlichkeit«, formulierte der Trendforscher Franz Kühmayer (2018). Und das gilt paradoxerweise noch stärker für die medialen Führungswelten.

Chancen und Gefahren bei Team- und Mitarbeitergesprächen am Telefon

Das Telefon birgt Chancen und Gefahren gleichermaßen, eine Übersicht der Plus- und Minuspunkte dieses Mediums liefert die folgende Tabelle:

Plus	Minus
schnelle Klärung von wichtigen Punkten	Gefühl der Manipulation auf der Gegenseite
Emotionen bringen Dinge in Bewegung	Gefahr der Eskalation von Telefonaten
Telefonat folgt einer gezielten Dramaturgie	Gefahr von »Palaver« ohne Ziel
Telefon erlaubt konkrete Erläuterungen	Gefahr der »Flüchtigkeit der Inhalte«
über die Stimme werden Zwischentöne möglich	Irritationsgefahr, da nicht nur sachlich
hinter den Kulissen können andere Pläne verfolgt werden	Vertrauen kann aufgebaut werden
transportiert auch negative Emotionen	Emotionen können leichter vorgespielt werden als in Face-to-Face-Situationen

Start-
reflexion

Telefon

E-Mail

Video

Chat

Richtungs-
check

Plus	Minus
man ist weniger leicht beeinflussbar	man sieht den anderen nicht und ist deswegen verunsichert
ein Lächeln »transportiert« sich trotzdem	Gestik und Mimik fallen als Ausdruckmittel weg
Stimme und rhetorische Mittel werden wichtiger	Körpersprache als Ausdrucksmittel fällt weg
Besprochenes kann modifiziert werden	es gibt nichts schwarz auf weiß
Überraschungen sind jederzeit möglich	man muss sagen, was man tut, damit es für die Gegenseite nachvollziehbar wird
Emotionalität transportiert sich leichter am Telefon	Details sind nicht einfach zu kommunizieren

2.2 Die mentale Vorbereitung auf ein Telefonat

Jedes Telefonat ist **Chance** und **Gefahr** zugleich: eine Chance, weil es Sie Ihren Zielen näherbringen kann, eine Gefahr, weil andere über Ihre Zeit bestimmen und diese für Ihre Zwecke nutzen können. Im Zweifel rufen Sie an und im Zweifel beenden Sie selbst das Telefonat. Ich sage: im Zweifel, denn bei einer Problemlösung auf Augenhöhe ist es am Ende egal, wer die Initiative ergreift, nicht jedoch bei einem schwierigen Mitarbeitergespräch.

Der Profi am Telefon erkennt nicht nur sehr schnell Ihre **Stimmung** am Telefon, er oder sie kann sogar direkt auf Ihre **Persönlichkeit** zurückschließen. Bei schwierigen Gesprächen ist es also unerlässlich, sich auch mental auf ein Telefonat vorzubereiten, wenn Sie nicht wie ein offenes Buch sein wollen. Die erste Frage, die Sie sich also stellen sollten, bevor Sie einen Telefonhörer für einen Mitarbeiterdialog in die Hand nehmen, lautet also: Bin ich in einer mental guten Verfassung?

Selbstbewusstsein und **Durchsetzungsvermögen** sowie **Offenheit** und **Gelassenheit** sind nur einige der Charaktermerkmale, die Sie bei einem für Sie erfolgversprechenden Telefonat an den Tag legen sollten. Einen schlechten Moment hat schließlich jeder einmal. Der Fehler wäre jedoch, genau dann zu telefonieren! Lassen Sie die Gegenseite in einem solchen Fall ruhig einmal auf den Anrufbeantworter laufen (dazu ist er ja schließlich da!) oder verschieben Sie das Telefonat mit einer kurzen Nachricht per E-Mail.

Einfluss auf den Zeitpunkt des Telefonats, also ein gutes Timing zu kreieren, ist Ausdruck professioneller Gesprächsführung. Der Profibergsteiger Reinhold Messner, der alle Achttausender bestiegen hat, sagte einmal 2011 auf Facebook: »Die Kunst des Bergsteigens ist es, die Grenzen zwischen Feigheit und Wahnsinn zu erkennen. Mit anderen Worten – den größtmöglichen Schwierigkeiten mit größtmöglicher Vorsicht zu begegnen« (Messner 2011). Reinhold Messner hat seine Rekorde auch nicht bei widrigen Wetterbedingungen aufgestellt. Er hat dafür gesorgt, dass Risiken in vernünftiger Relation zu möglichen Gewinnen standen und dass die Bedingungen nicht ungünstig waren. Genauso sollten Sie ein schwieriges Telefonat angehen!

Sich mental optimal vorbereiten in sechs einfachen Schritten

In sechs Schritten bereiten Sie sich mental auf ein Telefonat vor: 1. Gesprächstechniken, 2. Vorbereitung, 3. der Mitarbeitende, 4. Ideen und Impulse, 5. Visualisierung sowie 6. emotionale Selbstklärung.

1. Intensive Auseinandersetzung mit den Gesprächstechniken

Ein guter Sportler kennt seine Ausrüstung: ein Taucher prüft das Scuba-System auf fehlerfreie Funktion, der Golfer

kennt seine Schläger und hat diese idealerweise nicht nur selbst ausgesucht, sondern auch an die eigenen Körpermaße anpassen lassen. Gleiches gilt für einen Bergsteiger: Egal ob Sie den »Nanga Prabat« hinaufsteigen wollen oder die rund 150 Wanderkilometer lange Route entlang der Trockensteinmauern in der Tramontana im Norden Mallorcas durchwandern möchten, wenn Ihre Expedition länger als einen Tag dauert, dann tun Sie gut daran, Ihren Rucksack und alles, was sich darin befindet, bis ins kleinste Detail zu kennen und zu wissen, was Sie da an Sonnenmilch, Pflaster oder Notrationen vorrätig haben.

Genauso sollten Sie mit den Grundkonzepten der Gesprächstechniken vertraut sein und diese, wenn nötig, je-

Start-reflexion

Telefon

E-Mail

Video

Chat

Richtungs-check

derzeit vor ihrem geistigen Auge hervorholen können. Sowohl smarte Ziele und die Grundlagen der Rhetorik (Frageformen, Hervorhebungen etc.) als auch Basics zur Interpretation und zum Einsatz der Körpersprache speziell bei Videokonferenzen sind Beispiele hierfür.

2. Effektive und gezielte Vorbereitung

Sehr wichtig sind in jedem Fall die Festlegung der smarten Ziele, die Festlegung der grundlegenden Strategie sowie der hierzu passenden Ideen und Impulse. Dann sollten Sie in jedem Fall eine Sammlung von Argumenten erstellen und sich gerade für den ersten Teil des Mitarbeiterdialogs eine Reihe von Frageformulierungen überlegen, die Sie dann in der Gesprächssession abarbeiten können. Gute Führungskräfte fragen, noch bessere Führungskräfte fragen mehr und der Frageanteil sehr guter Führungskräfte liegt bei bis zu 40 Prozent der eigenen Redezeit.

3. Umgang mit schwierigen Mitarbeitertypen

Menschen sind manchmal schwierig und es fällt nicht jedem leicht, mit den Allüren und »Besonderheiten« seines Gegenübers umzugehen. Gerade in Mitarbeitergesprächen – klassisch oder über Medien – wird oftmals hart gerungen und es

gibt Druck von vielen Seiten. Da Menschen unter hohem Druck und in Stresssituationen häufig in Ihre ursprünglichen Verhaltensmuster zurückfallen, ist es für Mitarbeitergespräche wichtig, einen geschützten Rahmen aufzubauen. Das gilt umso mehr, wenn ihr Mitarbeiter oder ihre Mitarbeiterin dazu tendieren, leicht in Anspannung zu geraten.

Hilfreich sind hier Persönlichkeitsmodelle, die sich unmittelbar an den sichtbaren Verhaltensweisen orientieren, denn das ist es, was v.a. für Sie zugänglich ist. Gut geeignet für die Ausgestaltung von Mitarbeitergesprächen ist z.B. das D-I-S-G-Modell. Dieses Modell ermöglicht, bestimmte Dynamiken in einem Gespräch geistig vorwegzunehmen und damit diese auch besser gestalten zu können. Die vier D-I-S-G-Dimensionen sind: 1. Dominanz, 2. Initiative, 3. Stetigkeit sowie 4. Gewissenhaftigkeit (siehe Abschnitt 1.6).

4. Das Mitarbeitergespräch bleibt der Königsweg der Führung

Wer Gespräche führt, der sollte sie auch gestalten. Das gilt letztlich für jedes Mitarbeitergespräch. Die Anlässe für Mitarbeitergespräche sind klassischerweise:

- Probezeitgespräch,
- Jahresmitarbeitergespräch,

- Planungsgespräch,
- Feedbackgespräch,
- Kritikgespräch,
- Austrittsgespräch.

Wenn Sie ein Mitarbeitergespräch über Medien führen, z. B. in Form eines Telefonats oder einer Videosession wie Skype oder ähnliches, ist es wichtig, dass Sie wissen, welcher Struktur Sie folgen wollen. Ein Beispiel ist das KOALA-Modell (siehe Abschnitt 2.14). Aber auch hier gilt: Die Struktur ist erst die halbe Miete. Die andere Seite ist die Frage, ob Sie ihren Mitarbeiter auch tatsächlich erreichen. Was ist ihre Botschaft (Feedbackgespräch)? Was muss sich verändern (Kritikgespräch)?

Die emotionale Seite tritt über Medien in der Regel leichter in den Hintergrund, zudem nimmt der Grad an gefühlter Abstraktheit zu. Das spricht für eine stärkere Visualisierung während des Gesprächs sowie für eine explizitere Moderation der einzelnen Gesprächsphasen.

5. Visualisierung und Gesprächsmoderation

Getragen von der Vorstellung des Gelingens glückt es vielen Sportlern, das Optimum noch zu verbessern. Diese auch als Mentaltraining bezeichnete Methode lässt sich auch auf Mitarbeitergespräche beziehen: Was genau wird passieren? Wer bringt wann welche Argumente? Wie setze ich meinen Fahrplan bzw. meine Gesprächsstruktur um?

Vielen Führungskräften hilft es, sich das Gespräch vorab anhand eines Zeitstrahls zurechtzulegen. Eine andere Form der Visualisierung wäre es, wenn Sie die zentralen Punkte grafisch aufzeichnen, um dann in der konkreten Gesprächssituation sehr klar sehen zu können, wo Sie gerade stehen und wo Sie eigentlich hinmöchten.

6. Emotionale Selbstklärung

Was wäre eine gute Vorbereitung ohne eine Klarheit bei sich selbst. Souveränität hat viel mit Selbstklärung zu tun. Alles, was »unbewusst« in Ihnen schlummert, blockiert Sie vielleicht in dem Moment, wo es wirklich darauf ankommt! Emotionale Selbstklärung ist also kein »nice to have«, sondern vielmehr essenziell.

Gerade wenn es bei Mitarbeitergesprächen etwas diffiziler zur Sache geht und Ihr Gegenüber tatsächlich alle Register zieht, ist es nicht immer einfach, die persönliche Souveränität beizubehalten. Das gilt insbesondere für Telefonate und

Start-
reflexion

Telefon

E-Mail

Video

Chat

Richtungs-
check

Videokonferenzen, da hier Emotionen manchmal regelrecht »hochkochen«, insbesondere dann, wenn es z. B. um Gehalt, Performance, Konflikte und ähnlich sensible Bereiche geht.

Nach einem Modell von Stéphane Etrillard kommt es bei persönlicher Souveränität v.a. auf fünf Faktoren an. Diese sind: 1. positive Grundeinstellung, 2. Stimmpräsenz, 3. Blickkontakt, 4. Charisma und 5. emotionale Dickhäutigkeit (vgl. Etrillard 2004, S. 110 ff.; siehe auch Abschnitt 5.7).

Machen Sie vor jedem Mitarbeitergespräch Ihre Selbstklärung: An welcher Stelle möchten Sie bzw. müssen Sie in ganz besonderer Weise zulegen? Was wollen Sie diesmal betonen, um noch etwas souveräner zu sein?

Wichtig ist auch die Erkenntnis, dass es Punkte gibt, an denen Sie vielleicht nicht immer souverän sein werden und wo sie vielleicht nicht schlagfertig kontern können, weil Sie dann entsprechend »persönlich« oder »betroffen« reagieren. Schauen Sie sich Ihre »sensiblen Punkte« doch einfach einmal etwas genauer an und überlegen Sie sich »Gegenstrategien«, so dass Sie niemals um eine schlagfertige Antwort verlegen sind. Und nutzen Sie hierfür eine der acht Prinzipen der sogenannten neuen Schlagfertigkeit. Zur Auswahl stehen: 1. Integrität, 2. Wortwitz, 3. Entschieden-

heit, 4. Überraschung, 5. Selbstsicherheit, 6. Übertreibung, 7. Leichtigkeit und 8. Eloquenz. Zur Umsetzung dieser Prinzipien können jeweils bis zu fünf unterschiedliche Schlagfertigkeitstechniken genutzt werden (vgl. Nowotny 2015).

Tipp vom Führungsfuchs

 Das Warm-up zelebrieren: Die Idee hierbei ist, dass dem Persönlichen erst einmal der Vortritt gelassen wird. Gut geeignet sind Einstiegsfragen wie »Was ist bei Ihnen/Euch passiert?« oder »Erst von jedem eine kurze persönliche Story, bevor wir inhaltlich werden.«

2.3 Zielgerichteter Smalltalk und Vertrauensaufbau am Telefon

Im Smalltalk gilt es nicht sich, sondern den Gesprächspartner in den Mittelpunkt zu stellen.
Stephan Lermer, deutscher Psychologe und Psychotherapeut

Smalltalk am Telefon? Warum nicht, werden Sie vielleicht sagen. Nun, es ist noch mehr dran. Da es sehr stark davon abhängt, wie der Gegenüber »so drauf« ist bzw. im professionellen Kontext, welcher Strategie er oder sie folgt, ist es wichtig, schon im Vorgespräch herauszufinden, wo der Hase in etwa langlaufen wird. Und genau dafür ist der Smalltalk ja schließlich da. Achtung: Die sogenannten G-Typen (siehe Abschnitt 1.6) mögen keinen Smalltalk. In solchen Fällen ist dann eher »Fachsimpelei« angebracht, aber auch das will gekonnt genutzt werden. Und die D-Typen müssen sich hierzu sogar überwinden. Trotzdem bleibt Smalltalk in den allermeisten Fällen sinnvoll!

Bei einem partnerschaftlichen Mitarbeitergespräch dient der Smalltalk oder auch das Fachsimpeln dem Beziehungsaus- und -aufbau: Kann ich dem anderen wirklich vertrauen? Nun, das müssen Sie gar nicht immer zu 100 Prozent, vielmehr geht es darum, sich den Grad an Vertrauen bewusst zu machen und – wenn erforderlich – entsprechend zu korrigieren, wie die Abbildung rechts zeigt.

Den Lenin zugeschriebenen Satz »Vertrauen ist gut, Kontrolle ist besser« kennt so gut wie jeder. Aber wie verhält es sich mit einer ausgewogenen Mischung von Vertrauen und Goodwill einerseits sowie Misstrauen und Kontrolle anderseits? Vertrauen und Misstrauen bilden keinen Widerspruch. Sie lassen sich auf einem Vertrauenskontinuum abbilden (Sprenger 2007):

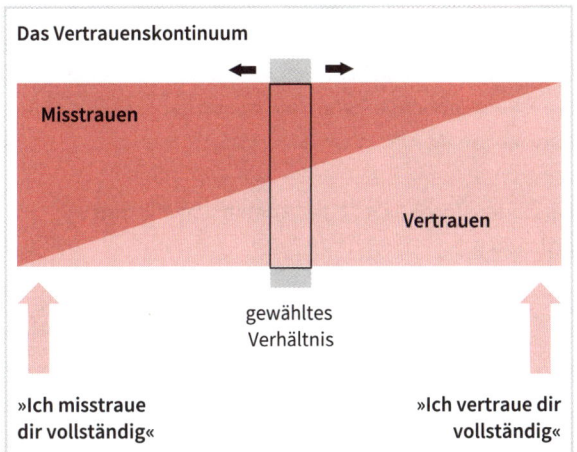

Beide Pole beziehen sich aufeinander, und es lässt sich jeweils für eine Person ein passendes Verhältnis der beiden Extreme wählen, das für sich alleine – völliges Vertrauen bzw. völliges Misstrauen – vermutlich unangemessen wäre. Weder ist »blindes Vertrauen« ohne Kontrolle in den meisten Fällen sinnvoll noch ist Kontrolle ohne Vertrauen in aller Regel erstrebenswert.

Eine abgesprochene und beidseitig vereinbarte Form der Kontrolle untergräbt also das Vertrauen nicht, sondern hat vielmehr vertrauenssichernde Funktion. Allerdings: Zu

Start-
reflexion

Telefon

E-Mail

Video

Chat

Richtungs-
check

viel Kontrolle wird oft als Misstrauen erlebt, zu wenig vielleicht als Nachlässigkeit. Das Verhältnis der beiden Extreme kann jedoch variieren und ist von der jeweiligen Situation abhängig.

Vertrauensförderliche Maßnahmen und Führungsprinzipien

Vertraue auf Gott, aber binde dein Kamel fest.
Arabisches Sprichwort

Das Thema Vertrauen ist die erste Frage, die wir uns mehr oder minder automatisch stellen, wenn wir eine uns nicht sehr gut bekannte Person erneut treffen, mit der es etwas zu besprechen gibt. Und das ist für viele neue und auch manchen langjährigen Mitarbeitenden der Fall. Die zweite Frage, die dann folgt, ist in aller Regel: Was kann ich als Führungskraft tun, um das Vertrauen zu stärken?

Gehen Sie einmal die Tabelle auf S. 83/84 mit vertrauensförderlichen Maßnahmen für sich durch? In der mittleren Spalte machen Sie bitte ein Kreuz, wenn das für Sie eine mögliche Option darstellt, die sie beim nächsten Mal nutzen möchten. Und überlegen Sie, über welches Medium Sie das am besten machen können.

2.4 Empathie: Machen Sie Zuhören zu Ihrem Metier!

One of the best ways to persuade others
is by listening to them.
Dean Rusk, ehemaliger amerikanischer
Außenminister

Empathie ist die Fähigkeit, sich in einen anderen Menschen hineinversetzen zu können. Viele versuchen es mit Ehrlichkeit, der Wahrheit und ganz viel Empathie. Je stärker wir uns allerdings in den anderen einfühlen, desto mehr verfolgen wir auch die Ziele der Gegenseite. In einer Win-win-Situation, wenn die Mitarbeitenden z. B. die Unternehmensziele verinnerlicht haben und auch die Vision und Mission sehr gut nachvollziehen können, ist dies sicherlich eine gute Ausgangsbasis. Allerdings nicht, wenn diese eher kurzsichtig agieren und eigene egoistische Interessen verfolgen. Hier wird ihr Einfühlungsvermögen als Führungskraft möglicherweise auch schneller ausgenutzt, als Ihnen lieb sein kann. Sensibilisieren Sie sich also für die erforderliche Gangart: Zivilisiert geht's auf der Bundesstraße zu, hier ist Freundlichkeit und Struktur gefragt, etwas ruppiger läuft's hingegen »im Gelände«, wo Sie gewissermaßen jederzeit mit einem Schlagloch rechnen müssen und wo Sie

(Fortsetzung S. 85)

Vertrauensförderliche Maßnahmen	OK?	Über welches Medium?
• Der Vorgesetzte informiert seine Mitarbeitenden ehrlich, vollständig und rechtzeitig über alle Dinge, die ihre Arbeitsaufgaben oder persönlichen Belange berühren.		
• Gemachte Zusagen hält er ein oder macht es zumindest einsehbar, warum er ein Versprechen nicht aufrechterhalten kann.		
• Spricht ihn ein Mitarbeiter wegen persönlicher Probleme an, nimmt er sich Zeit, ihm zuzuhören.		
• Er nimmt die Sorgen seiner Mitarbeitenden nicht nur wahr, sondern setzt sich auch mit ihnen auseinander und versucht zu helfen.		
• Auch ohne konkrete Anlässe setzt er sich für seine Mitarbeitenden ein.		
• Ihm anvertraute, sehr persönliche oder für den Betreffenden peinliche Informationen behält er für sich und verwendet sie nicht zu dessen Nachteil.		
• Er zeigt kein Interesse an schädigenden Gerüchten über andere und duldet nicht deren Verbreitung.		
• Grundlegende Entscheidungen trifft er möglichst erst dann, wenn er auch die Meinungen seiner Mitarbeitenden gehört hat.		

Start-
reflexion

Telefon

E-Mail

Video

Chat

Richtungs-
check

Vertrauensförderliche Maßnahmen	OK?	Über welches Medium?
• Gegen die Meinungen oder Interessen seiner Mitarbeitenden entscheidet er nicht ohne triftigen Grund und nicht ohne Absprache.		
• Fragen, Vorschläge oder Bedenken nimmt er ernst und setzt sich mit ihnen auseinander – auch wenn sie ihm zunächst belanglos oder sogar absurd erscheinen.		
• Auch für Kritik an seiner eigenen Person ist er offen.		
• Solange die Arbeitsziele oder wichtige Vorgaben nicht gefährdet werden, überlässt er es weitgehend den Mitarbeitenden selbst, auf welche Weise sie vorgehen.		
• Er kontrolliert nicht mehr, als es die Mitarbeiterfähigkeiten und Fehlerrisiken erfordern.		
• Fehler bespricht er möglichst unter vier Augen und ohne unnötige Schuldzuweisungen.		
• Auch bei ärgerlichen Vorkommnissen bleibt er fair und höflich.		
• Kritik Dritter an seinen Mitarbeitenden übernimmt er nicht ungeprüft.		
• Er steht zu seiner Gesamtverantwortung und stellt sich nach außen schützend vor seine Mitarbeitenden.		

gut daran tun, einen Gang zurückzuschalten und klar auszusprechen, was geht und auch was nicht geht.

Es gibt also zwei Gangarten für Mitarbeitertelefonate. Bei ersterer ist es wichtig, folgenden fünf Schritte zu machen: **1. Zuhören, 2. Verstehen, 3. Mitdenken, 4. Wiedergeben** und **5. Zusammenfassen.** Das führt in der Regel zu einer guten Verbindung und zu einem fruchtbaren Austausch. Viele tragfähige Konzepte zu einem Buch entstehen genauso: durch ein oder mehrere intensive Telefonate zwischen Lektor und Autor.

Es gibt jedoch auch die andere Seite: Ihr Mitarbeiter an einem fernen Betriebsteil spart sich die einleitenden Worte

und brüllt Sie gleich in der ersten Minute an: »Das ist das letzte Mal, dass ich mich hier verarschen lasse. Ich habe gesagt, ich brauche hier mehr Leute, nicht diese Pfeifen, mit denen wir nicht weit kommen!« Jedoch auch hier ist »taktische« Empathie kein schlechter Gedanke: »Ich verstehe, wie Sie sich fühlen, Herr/Frau X, der Druck ist hoch, das wissen wir alle. Und da sitzen wir auch im gleichen Boot.« Das wäre z. B. eine Variante, mit der sich eine solche Attacke ganz gut abfedern ließe. Dennoch kommt jetzt der Punkt, an dem Sie als Chef gefragt sind: »Der Ton macht die Musik! Wenn ich Sie das nächste Mal anrufe, erwarte ich einen aufgeräumten und höflichen Mitarbeiter, der alles daransetzt, Lösungen für die sicherlich nicht einfache Situation vor Ort zu finden!«

In Mitarbeitergesprächen ist Empathie zunächst zwar vorteilhaft, weil Sie dadurch sehr einfach die Hintergründe für die Verhaltensweisen Ihres Mitarbeitenden »erspüren« können. Es gibt jedoch auch ein »Zuviel« davon. Zur Salzsäule erstarren sollten Sie nämlich in keinem Fall, wenn einmal »etwas Negatives« an Ihr Ohr dringt. Gerade im Verhalten von Mitarbeitenden zu ihrem Vorgesetzten ist nicht immer alles »Friede, Freude, Eierkuchen« und Sie tun auch gut daran, die Differenzen wirklich auf den Tisch (oder im Falle des Telefons) »auf den Hörer« zu legen. Allerdings:

Start-
reflexion

Telefon

E-Mail

Video

Chat

Richtungs-
check

Viele – ich wage zu behaupten die meisten – Mitarbeitertelefonate mit aggressiven Inhalten sind Warnzeichen. Warnzeichen dafür, dass die Beziehungsebene gestört ist und dass es auch in puncto Vertrauen nicht um das Beste bestellt ist!

Wer aggressiv ist, will damit zumeist etwas ganz Bestimmtes erreichen

Wer aggressiv wird, will in der Regel etwas erreichen. Dabei geht ein Mitarbeiter davon aus, dass es sonst nicht erreichbar wäre, deswegen die Aggressivität. Wenn Sie da naiv rangehen, können Sie viel verlieren.

Empathie ist also nicht nur ein Segen, sondern kann auch ein Fluch sein, und zwar dann, wenn es Ihr Handeln mitunter so stark beeinflusst, dass Sie sich unter Umständen in einer sehr sicheren Situation trotzdem aus lauter Mitgefühl die Butter vom Brot nehmen lassen.

Tipp vom Führungsfuchs

Hören Sie auf »schräge Untertöne«. Diese geben Ihnen Anhaltspunkte für Über- oder Unterforderungen der Mitarbeitenden und auch Hinweise, wie gut es um die Beziehung bestellt ist!

Den Grad an Empathie »dosieren«

Je nachdem, ob Sie in einer Gesprächssituation eher auf die Gegenseite zugehen möchten oder sich abgrenzen wollen, mit der entsprechenden Formulierung können Sie dies entsprechend »dosieren«. Die Tabelle auf S. 87 illustriert abweisende und empathische Formulierungen in einem Telefonat. Machen Sie jeweils drei Kreuze bei den empathi-

Empathische Formulierung	Öfter nutzen?	Abweisende Formulierung	Öfter nutzen?
»Ich kann sehr gut verstehen, wie Sie sich fühlen.«		»Das ist nun wirklich nicht mein Problem.«	
»Darf ich Ihnen hierzu vielleicht eine konkrete Frage stellen?«		»Mal immer mit der Ruhe, lassen Sie das doch meine Sorge sein!«	
»Das interessiert mich, beschreiben Sie das doch bitte genauer.«		»Das glaube ich Ihnen nicht: Wem wollen Sie denn das verklickern?«	
»Das tut mir wirklich ganz schrecklich leid für Sie.«		»Also ich bitte Sie, so etwas habe ich ja noch nie gehört.«	
»Ich kann das nachvollziehen, das ist sehr ärgerlich.«		»Ach du meine Güte: Das kommt doch wohl schon mal vor, oder?«	
»Wie wirkt das auf Sie: Können Sie mir zustimmen?«		»Da gib es keine zwei Meinungen: Hier müssen Sie mir recht geben.«	
»Ich möchte es nachvollziehen, wie genau ist es passiert?«		»Hören Sie doch auf, ich weiß schon, was Sie mir sagen wollen.«	

Start-
reflexion

Telefon

E-Mail

Video

Chat

Richtungs-
check

schen und abweisenden Formulierungen, die Sie derzeit eher selten nutzen. Dies ist ihr Potenzial für zukünftige Telefonate. Ein agiler Kommunikator wird die nächste Gelegenheit nutzen, um das eigene Repertoire zu erweitern!

Wie können Sie wirklich gut zuhören?
Bei den meisten Menschen läuft die ganze Zeit ein eigener Film: mein Haus, mein Auto, meine Yacht, meine Sicht der

Dinge. Im Grunde hören wir oft genau das, was wir auch hören wollen. Dahinter verbirgt sich keine aus der eigenen Kindheit überbrachte Bockigkeit, sondern ein ganz normaler Abwehrmechanismus.

Würden wir dauernd und immerfort alle Informationen, Reize und Eindrücke aufnehmen, würden wir dies gar nicht aushalten und vermutlich sehr schnell verrückt werden.

Zuzuhören ist also immer auch eine Selektion, eine Auswahl, die differenziert zwischen dem, was wir für relevant erachten, und dem, was aus unserer Sicht auch unter den Tisch fallen darf. Es gibt vier Stufen:

1. Wahrnehmen: Wir nehmen das Gehörte akustisch auf.
2. Verstehen: Blitzschnell versuchen wir das Gesagte in für uns Sinnhaftes umzusetzen.
3. Bewerten: Ebenso schnell sortieren wir. Wichtiges ins Töpfchen, Unwichtiges ins Kröpfchen.
4. Reagieren: Wir geben Antworten: entweder verbal, indem wir sprechen, oder auch nonverbal über die Körpersprache.

Hilfreich ist es, eine dieser Stufen herauszugreifen und gesondert zu betrachten. Wenn Sie über Mitschnitte aus Telefon- oder Videokonferenzen verfügen, lässt sich dies noch viel besser herausarbeiten. Aber auch eine E-Mail lässt sich ein zweites oder ein drittes Mal lesen.

Stellen Sie sich hierbei immer die Frage: Ist das, was ich im ersten Moment vermutet habe, auch tatsächlich in der Botschaft des Gegenübers »versteckt« oder habe ich dies aufgrund einer Vorinformation, einer Vorahnung oder einer Vermutung oder Mutmaßung in irgendeiner Form »hineininterpretiert«.

Tipp vom Führungsfuchs

Wenn Sie ehrlich mit sich selbst sind, dann werden Sie feststellen, dass Sie hier oft etwas hineininterpretieren, das bei genauer Betrachtung nicht vorhanden ist. Fragen Sie andere nach deren Empfinden, das hilft bei der Aufdeckung eigener Verzerrungen.

2.5 Selbstsicherheit am Telefon ausstrahlen

Ein selbstsicheres Verhalten ist der Schlüssel für erfolgreiche Kommunikation. Verhaltensanalysen zeigen, dass Manager oft sehr viele Einzeltelefonate am Tag führen, davon die meisten nicht länger als 15 Minuten. Das bringt Bewegung in den Alltag. Was können wir hieraus lernen? Üben auch Sie sich In Selbstsicherheit und nutzen Sie auch einmal die Option, Telefonate schnell und auf den Punkt zu beenden. So werden auch Sie zum Profikommunikator. Professionelle Telefonisten vermeiden im Zweifel unsicher wirkende Formulierungen und verwenden anstelle dessen Formulierungen, die sehr deutlich Selbstvertrauen ausstrahlen. Dies ist eine Frage der Rhetorik!

In der Tabelle unten stehen beispielhafte Formulierungen. Auf der linken Seite finden sich die eher unsicher wirkenden Formulierungen, auf der rechten Seite die Formulierungen, welche Selbstvertrauen vermitteln.

Bitte ergänzen Sie in den freien Feldern konkrete Formulierungen, die Sie in einem spezifischen Telefonat einsetzen könnten.

2.6 Flexibler führen mit dem Entscheidungsbaum

Flexibel sein und agil den Kompass immer wieder neu ausrichten, das geht auch einem Entscheidungsmodell (Vroom & Jago 1988). Über einen Entscheidungsbaum (siehe S. 90) kann die eigene Situation analysiert werden.

siehe S. 90

Unsicher wirkende Formulierungen	Formulierungen mit Selbstvertrauen
»Ich kann nichts dafür, dass Sie gewartet haben.«	»Danke, dass Sie gewartet haben.«
»Ich bin nicht sicher, ob ich diese Frage beantworten kann. Ich habe erst vor Kurzem hier angefangen.«	»Das ist eine interessante Frage. Lassen Sie uns einfach einmal schauen, was ich für Sie tun kann!«
»Ich kann mir nie Namen merken. Entschuldigung für mein schlechtes Gedächtnis!«	»Ihr Name ist sehr interessant. Sagen Sie mir bitte noch einmal, wie sich Ihr Name genau schreibt?«
»Ich bin auch nur ein Mensch. Ein Fehler kann doch jedem einmal passieren, oder?«	»Falls das mein Fehler war, bitte ich um Entschuldigung. Zurück zur Sache...«
»Ich versuche, Ihnen die Unterlagen heute noch zu schicken.«	»Ich schicke Ihnen heute noch Ihre Unterlagen. Dafür möchte ich von Ihnen...«
»Wir können natürlich auch über mögliche Lösungen sprechen, wenn Sie möchten...«	»Geben Sie mir gern Bescheid, wenn Sie eine Lösung gefunden haben...«

Start-
reflexion

Telefon

E-Mail

Video

Chat

Richtungs-
check

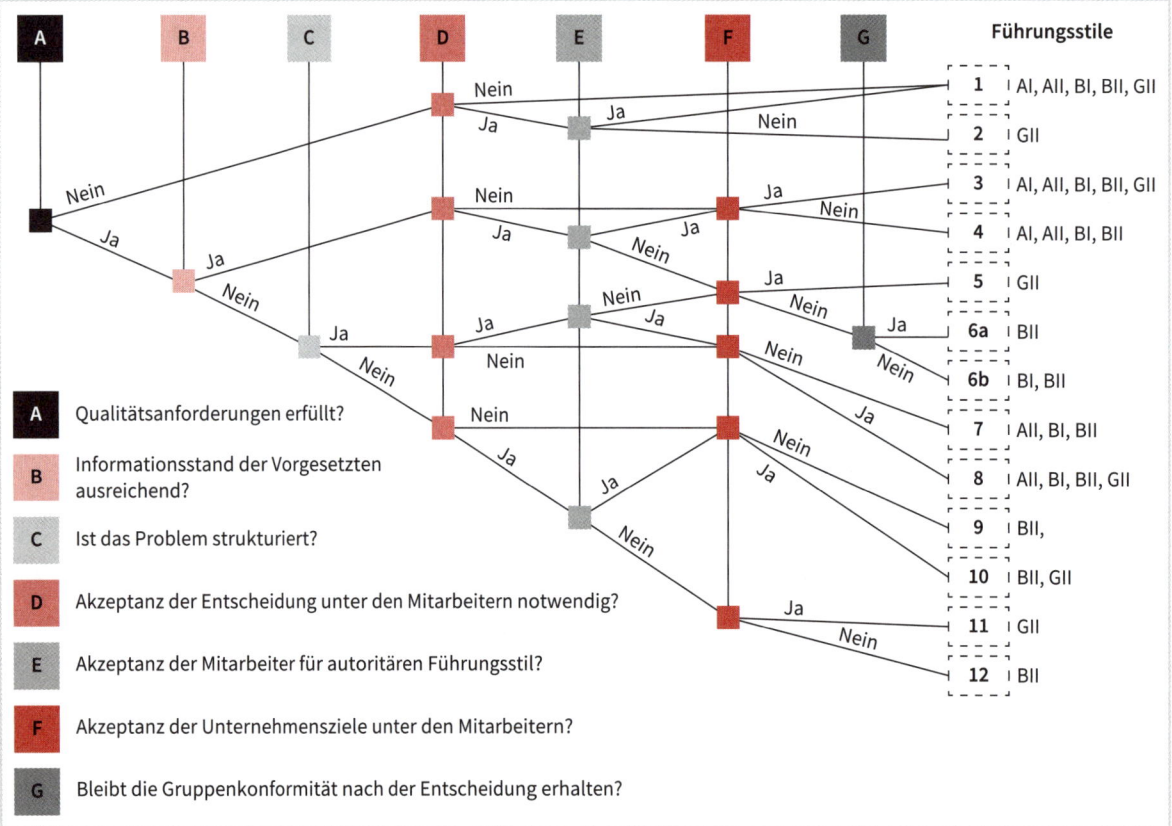

Führungsstile

1	AI, AII, BI, BII, GII
2	GII
3	AI, AII, BI, BII, GII
4	AI, AII, BI, BII
5	GII
6a	BII
6b	BI, BII
7	AII, BI, BII
8	AII, BI, BII, GII
9	BII,
10	BII, GII
11	GII
12	BII

A Qualitätsanforderungen erfüllt?

B Informationsstand der Vorgesetzten ausreichend?

C Ist das Problem strukturiert?

D Akzeptanz der Entscheidung unter den Mitarbeitern notwendig?

E Akzeptanz der Mitarbeiter für autoritären Führungsstil?

F Akzeptanz der Unternehmensziele unter den Mitarbeitern?

G Bleibt die Gruppenkonformität nach der Entscheidung erhalten?

Das Modell gibt dann Empfehlungen, welcher Führungsstil für diese Situation der Beste ist:

a) Alleinentscheidung (AI+AII),
b) Beratungsentscheidung (BI+BII),
c) Gruppenentscheidung (GII).

In dem Modell werden **sieben Fragen** gestellt, je nach Antwort (ja/nein) landet man dann am Ende bei einem empfohlenen Führungsstil.

ARBEITSBLATT

Der Weg zum empfohlenen Führungsstil

a) **Qualitätsanforderung:** Besteht eine Qualitätsanforderung? Ist wahrscheinlich eine Lösungsalternative besser als eine andere?
b) **Informationsstand des Vorgesetzten:** Sind dem Vorgesetzten genügend Informationen zugänglich, um allein eine qualitativ hochwertige Entscheidung zu treffen?
c) **Strukturiertheit des Problems:** Ist das Problem strukturiert? Ist die Auswahl vorhandener Alternativen bereits reduziert?
d) **Handlungsspielraum der Mitarbeitenden:** Ist die Akzeptanz der Mitarbeitenden für eine erfolgreiche Umsetzung der Entscheidung notwendig?

e) **Einstellung der Mitarbeitenden zur Führung:** Akzeptieren die Mitarbeitenden eine autokratische Entscheidung ihrer Vorgesetzten?
f) **Akzeptanz der Ziele durch die Mitarbeitenden:** Werden die Unternehmensziele, die durch die Problemlösung erreicht werden sollen, von den Mitarbeitenden akzeptiert?
g) **Gruppenkonformität:** Führt die gewählte Lösungsalternative zu Konflikten unter den Mitarbeitenden?

Digital-agil führen bedeutet auch bei der Nutzung unseres Entscheidungsmodells der Führung, in sehr viel kürzeren Abständen als im klassischen Denken kurz innezuhalten und den Kurs zu überprüfen: Wie kann ich den Führungskompass so ausrichten, dass neue Möglichkeiten entstehen, um die Partizipation entweder zu erhöhen oder schneller zu werden und somit die Effizienz zu steigern?

Keiner hat gesagt, dass Führung einfach ist, aber das hier beschriebene Modell gibt Ihnen die Möglichkeit, Ihre Führungssituationen immer wieder neu zu reflektieren und zu neuen Einsichten zu kommen. Eine Reflexionsfrage könnte lauten: Welche Kursänderungen sind in meinem Führungsalltag möglich, um die Dramaturgie für mich vorteilhaft zu gestalten?

Start-reflexion

Telefon

E-Mail

Video

Chat

Richtungs-check

2.7 Die besten Taktiken für überlegte Entscheidungen

Manchmal geht es nicht darum, eine Entscheidung möglichst schnell, sondern sie richtig zu treffen. Hierbei sollten Sie auch in der Distanzkommunikation über Taktiken verfügen, die Ihnen die notwendige Zeit zum Überlegen verschaffen.

Hier einige Beispiele, wie Sie solche Situationen gestalten können.

»Meine große Erwartung ist...« – Hängen Sie die süßen Früchte ganz nach oben!

Diese Taktik ist geeignet, wenn Sie in einer sehr dynamischen Unternehmenssituation sind und Ihre Mitarbeitenden hohe Ansprüche an die eigene Arbeit haben. Mit der »großen Erwartung« laden Sie eine Aufgabe oder ein Projekt emotional auf. Sie machen klar, dass Sie sehr ambitionierte Ziele haben, und geben den Mitarbeitenden die Chance, an der neuen Aufgabe zu wachsen.

»Da muss ich noch mal drüber nachdenken...« – Entscheiden Sie nicht unter Druck!

Signalisieren Sie Ihren Mitarbeitenden, dass Sie derzeit nicht willens oder in der Lage sind, eine eindeutige Entscheidung zu treffen. Diese Formulierung erlaubt es Ihnen, sich ohne Gesichtsverlust zurückziehen zu können und minimiert das Risiko einer spontanen Fehlentscheidung. Jede Führungskraft tut gut daran, immer wieder neu zu entscheiden, nach welchem Modus bestimmte Sachverhalte zu entscheiden sind (siehe Abschnitt 1.17).

»Dazu fällt mir gerade nichts ein...« – Die Offenheit der Situation ansprechen!

Diese Taktik ist z. B. geeignet bei einer überraschend sehr großen Gehaltsforderungen oder wenn Sie den Eindruck haben, dass ein Verhalten im Kern nicht akzeptabel ist. Ihr Mitarbeitender hat damit die Möglichkeit, seine Forderung zu modifizieren. Bleibt er bei seiner Forderung, können Sie weiter den Überraschten spielen und die »wohlfeilen Wünsche« gezielt hinterfragen.

»Das ist Chance und Gefahr zugleich...« – Die dialektische Abwägung!

Diese Taktik eignet sich, um mit komplexen Sachverhalten dialektisch umzugehen. Mit einer balancierenden Darstellung der positiven und der negativen Seiten helfen Sie ihrem Mitarbeitenden die beiden Pole eines Sachverhalts im Detail und ohne Vorurteil zu erkennen.

»Steter Tropfen höhlt den Stein...« – Mit Hartnäckigkeit zum Erfolg!

Diese Taktik bietet sich an, wenn Sie feststellen, dass Sie nicht gehört werden. Manche Mitarbeitenden können Dinge dann besser einordnen, wenn diese häufiger wiederholt werden. Gehen Sie ruhig jedes einzelne Detail mehrmals durch und diskutieren Sie bei entsprechendem aufgabenbezogenem Reifegrad (siehe Abschnitt 6.2) darüber, um ihre Botschaft immer wieder zu platzieren.

»Was wäre wenn?« – Der Konjunktivmodus

Mit der Methode des vorsichtigen Antestens können Sie Spielräume aufseiten Ihres Mitarbeitenden erkunden oder ihn selbst dazu veranlassen, Lösungsvorschläge zu unterbreiten. Diese eher defensive Taktik ist dann geeignet, wenn es zu Konflikten oder Missverständnissen kommen kann, und ebnet den Weg hin zu einer gemeinsamen Lösungsperspektive.

2.8 Schlagfertig im Mitarbeitergespräch

Gesprächssituationen sind immer wieder geprägt von herausfordernden Momenten: In meinem Buch »Die neue Schlagfertigkeit: Schnell, überraschend und sympathisch« (Nowotny 2015) wird anhand einer umfangreichen Sammlung von Beispielen nachgewiesen, dass v.a. acht Prinzipien die neue Schlagfertigkeit ausmachen. Diese Prinzipien lassen sich in Wirtschaft, Politik, Sport und Medien tagtäglich beobachten. Schlagfertigkeit ist gerade am Telefon eine wirkliche »Support-Kompetenz«. Sie ist der Kitt zwischen den Menschen, der den Unterschied zwischen Bierernst und Lebensfreude markiert. Und es ist vielleicht einfacher als Sie denken: Diese Prinzipien können ausprobiert und dann problemlos variiert werden.

Was macht die **neue Schlagfertigkeit** aus? Humor statt Härte. Agieren statt reagieren. Kraft statt Technik. Bei guten Gesprächen entsteht häufig intuitiv durch Elemente der neuen Schlagfertigkeit eine hervorragende und auch in schwierigen Situationen belastbare Beziehung zwischen den Gesprächspartnern. Ein sehr kompetenter Trainerkollege von mir wurde kürzlich vom Kunden für ein Führungskräfteprogramm »abgewählt«, weil ihm offenbar die für das

Start-
reflexion

Telefon

E-Mail

Video

Chat

Richtungs-
check

Business notwendige Prise Humor fehlte. Ein bemerkenswertes Feedback, denn solche »weichen Faktoren« werden selten direkt ausgesprochen. Der Flow auf Witz und Behauptung, die Mischung aus Widerstand und Leichtigkeit, das ist der Stoff, der oft die Grundlage für eine schnelles und effektives »Sich-abtasten« darstellt. Und der oft eine entspannte Diskussion auch schwieriger Sachverhalte ohne Gesichtsverlust für beide Seiten erlaubt.

Wann sollten Sie am Telefon schlagfertig reagieren?

Die Situationen, in denen es sich lohnt schlagfertig zu reagieren, sind zahlreich. Oftmals sind es jedoch die folgenden Punkte, die den meisten Führungskräften Schwierigkeiten bereiten:

1. Ihr Mitarbeiter kommt mir überraschenden Forderungen, z.B. »Ich brauche sofort eine substanzielle Gehaltserhöhung, wir bauen!« → Ihre schlagfertige Antwort: _____

2. Ihr Mitarbeiter versucht Ihnen ein schlechtes Gewissen zu machen: »Also, da hätte ich jetzt schon von Ihnen erwartet, dass Sie hier ein eine konkrete Aussage machen, ich habe Ihnen ja schließlich vorgestern um 17.47 Uhr eine vorbereitende Mail hierzu geschickt!« → Ihre schlagfertige Antwort: _____

3. Ihr Mitarbeiter konfrontiert Sie mit einem überstarken Problembewusstsein: »Ja, es kann aber sein, dass das vom Kunden im Zweifel gezogen wird, und dann haben wir keine klare Verfahrensweise definiert...« → Ihre schlagfertige Antwort: _____

Mit variantenreichen Sprüchen agile Freiräume schaffen

Schlagfertigkeit ist schön, die kreative Variation davon ist – gerade was den Überraschungseffekt betrifft – noch besser. Um hier flexibler zu werden, helfen Ihnen die **acht Prinzipien der neuen Schlagfertigkeit**. Ähnlich einem Kompass können Sie jede kritische Situation sehr wirksam über acht unterschiedliche Ecken abfedern (Nowotny 2015, S. 37 ff.).

Die acht Prinzipien der neuen Schlagfertigkeit lauten: 1. Integrität wahren, 2. Wortwitz nutzen, 3. Entschiedenheit einsetzen, 4. Überraschung kreieren, 5. Selbstsicherheit zeigen, 6. Übertreibung platzieren, 7. Leichtigkeit ausstrahlen sowie 8. Eloquenz an den Tag legen.

Jedes der acht Prinzipien lässt sich am Telefon nutzen. Einige Beispiele:

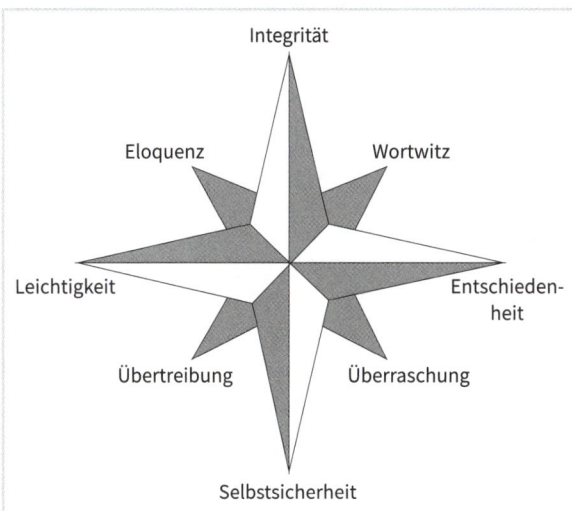

Start-
reflexion

Telefon

E-Mail

Video

Chat

Richtungs-
check

Oft werden in Gesprächen Dinge sehr negativ formuliert, z. B. »das ist kein schlechter Vorschlag«. Das klingt nicht so überzeugend wie »das ist ein guter Vorschlag«. Vor allem in schwierigen Gesprächen sind positive bzw. diplomatische Formulierungen manchmal Gold wert.

2.9 Zeit gewinnen und Telefonate professionell vertagen

Kennen Sie solche Situationen: Ausgerechnet jetzt ruft Sabrina Meyer an, gerade in dem Moment, wo Sie wieder einmal für sich noch keine Klarheit schaffen konnten. »Haben Sie schon eine Entscheidung getroffen?« »Ich muss Ihnen mitteilen, dass…«. Andere schaffen Tatsachen, bevor Sie überhaupt begriffen haben, worum es geht! Was ist die Lösung? Sie müssen sich zuweilen einfach die Freiheit nehmen, ein Telefonat unter einem Vorwand abzubrechen, um sich Zeit zum Nachdenken und Spielräume zu sichern, gerade auch als Chef!

Eine echte Kernkompetenz ist hierbei das schnelle und professionelle Beenden eines für Sie gerade unpassenden Telefonats. Und zwar bevor das Kind in den Brunnen gefallen

- »Ihr Konzept ist eines von vielen!« – »Und deswegen haben wir auch so viel Erfolg damit!« (Prinzip #2, Wortspiel mit »viel«).
- »Da fragt man sich doch, was haben Sie sich dabei gedacht?« – »Selbstverständlich gar nichts, ich habe auch Besseres zu tun!« (Prinzip #5, Selbstsicherheit).
- »Noch so etwas und ich lasse Sie hier auflaufen!« – »Da freue ich mich schon drauf: Ich liebe insbesondere Schinken-Käse-Auflauf…« (Prinzip #7, Leichtigkeit).

ist, konkret bevor der andere ganz genau gesagt hat, was er oder sie bis wann von Ihnen braucht. Warum ist das wichtig? Die Grundregel lautet: Gehe nur dann in den Dialog, wenn du souverän bist und dich gleichzeitig in einem mental guten Zustand befindest!

Welche Vorwände eignen sich besonders gut?

Einige Beispiele für Vorwände:
- Unser Geschäftsführer steht gerade vor mir.
- Die Handwerker kommen gerade und bauen hier alles ab...
- Mein Rechner ist soeben abgestützt.
- Das System funktioniert leider nicht; hier geht momentan gar nichts...
- Ich bin gerade auf dem Sprung.
- Das Gate schließt in zwei Minuten.
- Der Zug fährt ein...
- Ich muss jetzt ins Meeting…
- Ich habe gerade einen dringenden Anruf auf der anderen Leitung.
- Es tut mir leid, aber ich muss jetzt Schluss machen, habe gerade was Dringendes reinbekommen...
- Ich muss jetzt weg, das Taxi wartet.
- Ich muss jetzt weg, mein Fahrer kommt.

Manchmal ist es besser, ein Telefonat professionell zu vertagen. Sagen Sie einen Satz wie: »Wir kommen jetzt unter diesen Umständen zu keiner Klärung. Ich schlage vor, dass wir das Thema am Dienstag um 11.30 Uhr/nächste Woche/beim nächsten One-on-One/Jour fixe etc. erneut wieder aufgreifen.«

Tipp vom Führungsfuchs

 Üben Sie sich doch darin, auch einfach einmal die Wahrheit der Situation zu formulieren. Beispiel: »Ich muss da nochmal drüber nachdenken, deswegen brauche ich bei diesem Punkt noch ein wenig Zeit!« Nicht immer ist ein »Vorwand« eine gute Lösung!

2.10   Methoden der Einflussnahme

Du musst die Sahne deines Lebens selbst schlagen,
damit die Kirsche obendrauf Halt findet.
Constanze Maaß, Unternehmerin

Die Möglichkeiten der geschickten Einflussnahme – auch am Telefon – gehen gegen unendlich. Besonders wichtig sind jedoch die folgenden sechs **Prinzipien des Überzeugens** (vgl. Cialdini 2003):

Start-
reflexion

Telefon

E-Mail

Video

Chat

Richtungs-
check

2. Reziprozität

Menschen zahlen mit gleicher Münze zurück. Das passiert wechselseitig (»reziprok«). Rein taktisch gesehen kann es also durchaus vorteilhaft sein, dem Kollegen in einer Kleinigkeit entgegenzukommen oder manchmal die Dinge nicht zu eng zu sehen.

Auch Mitarbeitende fühlen sich zuweilen verpflichtet, sich zu revanchieren, wenn wir ihnen vorher einen Gefallen getan haben.

3. Gruppenzugehörigkeit

Menschen folgen Ebenbildern, d. h., sie beobachten andere Personen und richten ihr Handeln danach aus. Wie kann der Einfluss sozial Gleichgestellter in einem Gespräch für Sie arbeiten? Zum Beispiel dadurch, dass Sie danach fragen, wie ein ausgebildeter Techniker, Ingenieur etc. einen Sachverhalt vermutlich sehen würde.

4. Folgewirksamkeit

Wer A sagt, muss auch B sagen, sagt man. Menschen orientieren sich an ihren klar abgegebenen Zusagen. Menschen

1. Sympathie

Menschen mögen Leute, die sie mögen. Smalltalk kann also äußerst hilfreich sein. Sie entdecken Gemeinsamkeiten mit Ihrem Gegenüber und können dann hierauf aufbauen. Besonders bei einer kooperativen Chef-Mitarbeiter-Beziehung ist es hilfreich, auf Sympathie bauen zu können. Je mehr uns jemand mag, desto mehr will er oder sie mit unserer Meinung übereinstimmen. Das verschafft Vorteile, besonders in Situationen, die objektiv nicht besonders vorteilhaft erscheinen!

haben generell das Bedürfnis, dass ihre Handlungen mit ihren Werten und Überzeugungen übereinstimmen. Wie lautet das Selbstverständnis Ihres Mitarbeiters? Wer in der Vergangenheit gesagt hat, er oder sie möchte qualitativ hochwertige Arbeit leisten, wird Schwierigkeiten haben zu erklären, warum dies mit der aktuellen Arbeitsleistung nicht zusammenpasst.

5. Autorität

Menschen beugen sich dem Urteil von Experten und hören auf den Rat von ausgewiesenen Respektspersonen. Zeigen

Sie Ihren Sachverstand und nehmen Sie nicht an, er sei offensichtlich. Wenn die Gegenseite Sie im Expertenstatus wahrnimmt, ist es in der Regel sehr viel einfacher, sich in zentralen Punkten durchzusetzen.

6. Knappheit

Menschen möchten mehr von dem, wovon sie nur wenig bekommen können. Oder anders ausgedrückt: Je weniger eine Sache verfügbar ist, desto begehrter ist sie. Betonen Sie z. B. im Fall der Delegation, dass Sie diese eine Aufgabe nur heute zu vergeben haben, dann erscheint diese stets reizvoller (siehe Abschnitt 2.19).

Es ist also nicht egal, welche Prinzipien des Überzeugens Sie einsetzen. Gerade am Telefon ist es jedoch oftmals Ihre Absicht, eine konkrete Handlung auszulösen. Wenn Sie das richtige Überzeugungsprinzip wählen, dann können Sie sich oftmals schneller durchsetzen und müssen weniger diskutieren, ohne dabei gleich als autoritär wahrgenommen zu werden.

2.11 Wie Sie Ausflüchten und Ausreden am Telefon begegnen

Viele Mitarbeiter tun nicht das, was vereinbart war. Dabei nutzen sie Ausflüchte und Ausreden. Da man sich am Telefon nicht in die Augen schauen muss, tritt dies beim Medium Telefon leider besonders häufig auf. In der Tabelle auf S. 100 finden Sie einige gängige Ausreden und Vorschläge, was Sie diesen entgegensetzen können.

Tipp vom Führungsfuchs

Gerade weil Mitarbeitergespräche oft nicht ganz einfach sind, sollten Sie nicht zulassen, dass der gute Ton verletzt wird. Bei starken Eskalationen helfen Sätze wie: »Lassen Sie uns hier bitte xyz mit einbeziehen, so kommen wir nicht weiter« oder einfach »Ich brauche jetzt eine Pause!«.

2.12 Pausen helfen!

Alles kommt zu dem, der warten kann.
Chilenisches Sprichwort

Bewusstes Einsetzen von Pausen bringt die Wirkungskraft der Aussagen voll zur Entfaltung. Pausen suggerieren nicht

nur Sicherheit des Redners, sie gliedern Äußerungen, machen aufmerksam, erzeugen Spannung und regen zum Denken an. Pausen ermöglichen dem Gegenüber, über das Gesagte nachzudenken, kommentierende Anmerkungen zu formulieren und gegebenenfalls Fragen zu stellen. Außerdem sind Pausen ein wirksames Mittel gegen das leider sehr verbreitete Schnellsprechen.

Wenn man in einem Mitarbeitergespräch zu schnell spricht, wirkt man dadurch nicht nur unsicher und hektisch, sondern es entsteht auch der Eindruck, dass Sie als Chef das Gespräch möglichst schnell hinter sich bringen möchten. Das ist schade. Das Mitarbeitergespräch – ob medial oder

(Fortsetzung S. 101)

Start-reflexion

Telefon

E-Mail

Video

Chat

Richtungs-check

Ausrede	Schweregrad	Gegenmaßnahmen
keine Zeit gehabt	*leicht*	Gegenfrage: »Für was hatten Sie denn alles Zeit!«
nicht dazu gekommen	*leicht*	auf das Thema Zeitmanagement und Selbstorganisation eingehen, als Chef haben Sie hier Vorbildfunktion!
andere Tätigkeiten kamen dazwischen	*leicht*	über das Thema Arbeitsmethoden, Priorisierung und Disziplin sprechen
es war zu schwer	*leicht*	Überforderung thematisieren (vgl. Flow-Konzept), die Arbeitsweise im Team auf Kanban, also eine Visualisierung des Arbeitsflusses im Team, umstellen!
Aufgabe war angeblich »pillepalle« (zu einfach!)	*leicht*	über Commitment, Grundhaltungen, Überheblichkeit und Anforderungen an den Job sprechen, Leistung und Engagement in der Sache einfordern
Sinnhaftigkeit der Aufgabe wird infrage gestellt	*mittel*	Das »Warum« steht heute im Mittelpunkt, daher mit dem Mitarbeiter zusammen den Sinn neu zurückerobern!
Zuarbeit erfolgte nicht rechtzeitig	*mittel*	Wer geht auf wen zu? Ggf. Teamstrukturen ändern und regelmäßige ritualisierte Meetings ansetzen, z. B. das Daily Stand-up (vgl. Nowotny 2016 S. 105 ff.)
Angriff »unter der Gürtellinie«	*schwer*	selbstsicher reagieren, z. B. »Erstens lasse ich mich nicht provozieren und zweitens schon gar nicht von Ihnen!« → Arbeitsverhältnis überprüfen!
diverse Drohungen	*schwer*	sehr präzise nachfragen, z. B. »Was genau meinen Sie mit X?« oder »Was versprechen Sie sich von Y?« → Arbeitsverhältnis überprüfen!
Kommunikationsabbruch	*schwer*	Zur Kenntnis nehmen z. B. mit »Gut, Sie wollen also nicht mehr sprechen! Das ist sehr enttäuschend!« → Arbeitsverhältnis überprüfen!

Face-to-Face – bleibt die Königsdisziplin für Führungskräfte! Hier gilt es, den essenziellen Dingen nicht auszuweichen!

Arten von rhetorischen Pausen

- Wir unterscheiden die Pause vor dem Wort, welche die Spannung steigert (= Spannungspause), und die Pause nach dem Wort, die die Wirkung des Arguments unterstützt (= Wirkpause).
- Es gibt Pausen eines Sprechers (= Redepause) und Pausen, wenn jemand die Kommunikation verweigert und den anderen sehr bewusst auflaufen lässt (= Kommunikationspausen).
- Es gibt Pausen während einer laufenden Session, z. B. durch die Umgebung am Telefon oder in einer Videokonferenz (= Unterbrechungspause) und es gibt Pausen, die man sich als kurze Auszeit nimmt (= Denkpause).

»Pausenübung«

Kreuzen Sie die zwei bis drei Pausenarten an, die Sie in Ihrem Mitarbeitergespräch öfter nutzen möchten!

[ ] Sprechpause   [ ] Denkpause

[ ] Spannungspause   [ ] Atempause

[ ] Redepause   [ ] Wirkpause

[ ] Arbeitspause   [ ] Kommunikationspause

[ ] Biopause   [ ] Kreativpause

[ ] Entspannungspause   [ ] Gedankenpause

[ ] strategische Pause   [ ] Lila Pause ;-)

2.13 Die 3-K-Methode für schwierige Gespräche

Hindernisse und Schwierigkeiten sind Stufen,
auf denen wir in die Höhe steigen.
Friedrich Nietzsche, deutscher Philosoph

Wenn Sie Fehlverhalten ansprechen, dann gibt es drei Eskalationsstufen. Leider scheuen viele Führungskräfte gerade auch auf Distanz klärende und weiterführende Gespräche. Groth (2019) unterscheidet die folgenden drei Eskalationsstufen für ein Mitarbeitergespräch und nennt seinen Denkansatz 3-K-Methode:

1. Klärungsgespräch,
2. Kritikgespräch,
3. Konfliktgespräch.

Start-
reflexion

Telefon

E-Mail

Video

Chat

Richtungs-
check

1. Ebene: Klärungsgespräch

Emotionale Seite: eher ruhig, freundlich, ein wenig neugierig.

Inhaltliches Beispiel: Sie greifen zum Telefon: »Hallo, Herr Storch, mir ist aufgefallen, dass Sie diese Woche zweimal morgens für jeweils eine Stunde noch gar nicht an Ihrem Arbeitsplatz waren, obwohl das so im Teamkalender vermerkt ist. Gibt es dafür besondere Gründe?«

Es kann natürlich immer gute Gründe geben: Ein Familienmitglied ist krank und/oder er muss die Kinder morgens in den Kindergarten bringen und/oder der Nahverkehr ist gestört etc. Wenn Herr Storch keine akzeptablen Gründe anführt, bitten Sie ihn freundlich, in Zukunft auf die Pünktlichkeit zu achten.

Ideales Ergebnis: Herrn Storch wird klar, dass Sie als Führungskraft den späten Arbeitsbeginn wahrgenommen haben und dies nicht einfach hinnehmen möchten. Diese »Grenze« ist klar und freundlich kommuniziert und Herr Storch wird sich aller Voraussicht nach bemühen, dies in Zukunft einzuhalten. Hier kann die Eskalation enden, negative Emotionen sind praktisch noch nicht entstanden.

2. Ebene: Kritikgespräch

Emotionale Seite: eher energisch, von der Tonalität her klar und auf den Punkt.

Inhaltliches Beispiel: »Hallo, Herr Storch, Sie waren heute wieder 45 Minuten später am Arbeitsplatz als eingetragen. Wir hatten ja schon über das Thema Pünktlichkeit gesprochen und vereinbart, dass Sie pünktlich an Ihrem Arbeitsplatz sind, um die Kollegen bei den Kundenanfragen zu entlasten. Das ist so nicht akzeptabel. Achten Sie bitte darauf, in Zukunft wie abgesprochen spätestens um 8.30 Uhr am Platz zu sein. Können wir uns jetzt verbindlich hierauf einigen?«

Wichtig ist eine neutrale Verhaltensbeschreibung, so dass Herr Storch die Kritik akzeptieren kann. Vorgesetzte Führungskräfte neigen manchmal dazu, in solch einem Fall Bewertungen vorzunehmen, zumeist aufgrund einer Verärgerung: »Herr Storch, Ihnen ist ja offenbar ganz egal, dass die Kollegen jetzt massiv Mehrarbeit haben.« Bei einer solchen Formulierung geht Herr Storch natürlich sofort in eine Verteidigungshaltung und reagiert mit Widerstand. Deswegen: Verhalten klar ansprechen und deutlich machen: »So geht's nicht weiter!«

Ideales Ergebnis: Verständnis bei Herrn Storch, dass die Grenze erreicht ist.

3. Ebene: Konfliktgespräch

Emotionale Seite: tendenziell erregt, auch verärgert, die Einhaltung der Grenze wird sehr klar eingefordert.

Inhaltliches Beispiel: Sie beschreiben ohne Wertung neutral das von Ihnen wahrgenommene Verhalten und sagen, was das bei Ihnen auslöst (»ärgert mich«, »irritiert mich«, »bereitet mit Sorge« etc.). Schließen Sie mit: »Wie sehen Sie das, Herr Storch?« Dann folgt Klartext: »Herr Storch, heute waren Sie wieder nicht pünktlich da. Das geht so nicht und das ärgert mich. Wie sehen Sie das?« Nach einer Antwort fragen Sie: »Was genau werden Sie tun, um in Zukunft pünktlich zu sein? Ich möchte wegen dieses Themas nicht erneut mit Ihnen aneinandergeraten!« An diesem Punkt können auch mögliche Konsequenzen angesprochen werden: »Wenn wir hier nicht weiterkommen, dann ist für mich der Punkt erreicht, wo xyz die Folge sein könnte.«

Ideales Ergebnis: Herrn Storch ist nun klar, dass er eine Grenze überschritten hat und es am ihm liegt, sein Verhalten zu ändern, da eine Wiederholung mit ernsthaften Konsequenzen verbunden wäre.

Sie wissen ab sofort, wie es geht. Nutzen Sie die Chance, wirklich zu führen! Sollten die ersten drei Stufen nicht ausreichend sein, folgen dann nach Groths 3-K-Methode zunächst das Abmahnungsgespräch sowie final unter Umständen auch ein Kündigungsgespräch. Diese beiden letzten Gesprächsformen sollten aufgrund der formalen Erfordernisse des Kündigungsrechts übrigens nicht medial sondern klassisch Face-to-Face, zudem aufgrund der Nachweispflichten auch immer zu zweit geführt werden.

Der unterhaltsame Film »Up in the Air«, eine Tragikkomödie mit George Clooney als Vielflieger aus dem Jahre 2009, in dem das Kündigen per Videoschalte durch einen beauftragten externen Dienstleister zum zynischen Geschäftsmodell erhoben wurde, hat also mit der (deutschen) Realität nichts zu tun.

Tipp vom Führungsfuchs

Nichts ist so überzeugend wie radikale Subjektivität, wie es Reinhard K. Sprenger einmal ausdrückte. Bleiben Sie also bei Ihrer Wahrnehmung und bleiben Sie dennoch immer auch offen für andere Sichtweisen, insbesondere im Klärungsgespräch!

Start-reflexion

Telefon

E-Mail

Video

Chat

Richtungs-check

2.14 Das KOALA-Modell – für gute 1:1-Mitarbeitergespräche

Das Führen eines klassischen Mitarbeitergesprächs besteht nach dem bekannten KOALA-Modell gemeinhin aus fünf Phasen (http://www.insidetrade.de/mitarbeitergespraeche-fuehren-mit-dem-koala-prinzip/):

1. **K**ontakt (Zuhören und Aufbau einer Beziehung),
2. **O**rientierung (Aufklärung über Sinn und Zweck),
3. **A**nalyse (Sache auf den Grund gehen und Ursache finden),
4. **L**ösung (Optionen herausarbeiten und Entscheidung treffen) und
5. **A**bschluss (Zusammenfassung und Dokumentation).

Die direkte Formung des Gesprächsergebnisses erfolgt in der Kernphase, bestehend aus Orientierung, Analyse und Lösung. Die Kontaktphase (Zuhören) wird eher zur Auslotung der Stimmung und der Kontextgegebenheiten des Gesprächspartners genutzt, während die Vereinbarungsphase (Abschluss) der Dokumentation der erreichten Ergebnisse und/oder einem positiven Impuls dient.

In jeder dieser Phasen ist jedoch die Beherrschung aller Kommunikationsebenen wichtig, um das Ergebnis im eigenen Sinne zu optimieren. Bei Mitarbeitergesprächen im »Remote«-Modus müssen alle psychologischen Mechanismen über Medien dargestellt werden, sonst wird es nicht zu einem tragfähigen Dialog kommen.

Auch müssen nicht immer alle Phasen über dasselbe Medium realisiert werden. Stellen Sie sich einmal die folgende Situation vor: Sie starten in ein One-on-One etwa mit einer E-Mail. Hier wäre die entscheidende Frage, ob die initiale E-Mail überhaupt genau gelesen und im Kern verstanden wurde (»Zuhören«). Am Telefon ist es dann mit den richtigen Fragen möglich, ein Gefühl für die Stimmungslage des Gegenübers »rüberzubringen« (»Orientierung«). In einer Videokonferenz kann dann die Sicht der Gegenseite umfassend nachvollzogen werden (»Analyse«). Im Chat bzw. über Onlinemedien können danach weitere Details ausgetauscht werden (»Analyse«). Vereinbarungen lassen sich als Gesprächsprotokoll wieder gut per E-Mail austauschen bzw. in das unternehmenseigene System einspeisen (»Abschluss«).

Fazit: Auch ein Medienwechsel ist für ein herkömmliches Format wie ein »Mitarbeitergespräch« in einer digitalisierten Welt nicht zwingend abträglich, wenn – psychologisch gesehen – alles vorhanden ist, was gesprächsnotwendig und dialogförderlich ist.

2.15 Per Fragetrichter immer fokussierter werden

Start-reflexion

Telefon

E-Mail

Video

Chat

Richtungs-check

Alles Reden ist sinnlos, wenn das Vertrauen fehlt.
Franz Kafka, Dichter

Mit dem Fragetrichter ist eine Vorgehensweise gemeint, nach der bestimmte Fragetypen am Anfang, andere jedoch am Ende eines Gesprächs bzw. ganz allgemein auch einer Kommunikationssituation wie einem Telefonat oder einer 1:1-Videosession genutzt werden können. Generell ist die Idee des Fragetrichters, zunächst mit offenen Fragen zu beginnen und mit geschlossenen Fragen zu enden. Die nebenstehende Grafik macht dies deutlich:

Beispiele für allgemeine, öffnende Fragen

Allgemeine Fragen beginnen häufig mit »w«, z. B. wann, wie viel, was, warum, weshalb, wohin. Eine öffnende Frage heißt so, weil sich der Gesprächspartner auf eine solche Frage öffnet, er erzählt und berichtet. Öffnende Fragen sind etwa:

- Wie geht es Ihnen?
- Was gefällt Ihnen an ihrer Aufgabe?
- In welcher Form haben Sie mit der Frage Y zu tun?

Diese Fragen können *einleitend* (was, wie, welche, wer/wo), *quantifizierend* (wie viel, wie oft, wie groß/klein, wann) oder auch *ergründend* (warum, wieso, weshalb, woher/wohin) ausgelegt werden:

- Wo können Sie noch mehr machen?
- Wie viel 1:1-Sessions mit mir brauchen Sie im Jahr?
- Weshalb kommt X für Sie nicht infrage?

Beispiele für konkretere Fragen

Diese Fragen können *alternativ* oder auch *schließend* formuliert werden:
- Haben Sie sich schon über Ihre konkreten Aufgaben Gedanken gemacht oder wollen wir noch einmal alle möglichen Tätigkeitsbereiche durchgehen?
- Nehmen Sie die kleine Lösung oder lieber das komplette Paket?
- Machen wir das Meeting am Dienstag um 10 Uhr oder am Donnertag um 14 Uhr?
- Habe ich Sie überzeugen können?
- Welche Lösungen haben Sie sich überlegt?
- Haben Sie sich etwas zu dem Thema X überlegt?

Beispiele für präzise Fragen
- Warum genau sind Sie mit meinem Vorschlag nicht einverstanden?
- Was im Detail ist noch notwendig, damit Sie dem Vorgehen zustimmen können?
- Auf den Punkt gebracht: Bei welchen Punkten würden Sie mir denn zustimmen?

Vorteile des Fragetrichters
- Sie wissen *jederzeit,* welche Arten von Fragen sich in welchen Situationen einsetzen lassen.
- Je *mehr* Fragen Sie stellen, desto größer wird die Wahrscheinlichkeit, dass Sie erfolgreich etwas bei ihren Mitarbeitenden bewegen, denn das aktiviert das Denken sehr viel mehr als eine »Dauerberieselung«.
- Mit der Wahl der Frageart und der jeweiligen Frageformulierung werden beim Befragten unterschiedliche Reaktionen ausgelöst. Wenn die Frageart falsch eingesetzt wird, kann das zu negativen Reaktionen beim Gesprächspartner führen. Wählen Sie Worte mit Bedacht, denn diese haben echte Macht!

Tipp vom Führungsfuchs

Hängen Sie sich Ihren ganz konkreten Fragetrichter als Poster z. B. als beschreibbares Flipchart-Blatt direkt über Ihren Schreibtisch und sammeln Sie dort alle Fragen, die Sie z. B. in einem Telefonat oder während einer Videokonferenz anbringen wollen.

2.16 Die Fragetypen – mit richtigen Fragen fängt man gute Fische

Es genügt nicht, an den Fluss zu kommen, nur mit
dem Wunsch, Fische zu fangen.
Man muss auch das Netz mitbringen.
Chinesisches Sprichwort

Wer richtig fragt, der führt. Wer zu viel fragt, nervt. Und wer falsch fragt, erfährt gar nichts. Das heißt für Sie: In einer Kommunikationssituation sollten Sie *immer* gezielt *eine* Frage stellen, dann konsequent den **Mund schließen und die Ohren weit öffnen**! Wer klar und präzise fragt, statt sich um Kopf und Kragen zu reden, der reduziert seinen Redeanteil und schafft für sich eine Art »Wahrnehmungsraum« und für den Gegenüber eine »Handlungsaktivierung«.

Anders als beim Monolog, der irgendwann einmal erlahmt, bringen **gut gestellte Fragen** ein Gespräch produktiv in Fahrt. Klug gewählte Frageformulierungen und eine echte Fokussierung auf die Person, mit der Sie es zu tun haben, geben ihrem Gegenüber das Gefühl, vertrauensvoll zu sein und sympathisch zu wirken. Fragen sind – entgegen Behauptungen, die zum Widerspruch reizen – geeignet, um

zielsicher in die richtige Richtung zu steuern. Gute Fragen im Mitarbeitergespräch **leiten und inspirieren gleichzeitig**.

Fragen navigieren Sie auf **agile Art und Weise** genau dorthin, wo Sie sein möchten. Fragen sind daher **wertvolle Werkzeuge** für jede Form der 1:1- oder Teamkommunikation. Mit ihnen können wichtige Prozesse angestoßen werden, das Gegenüber kann gezielt zum Nachdenken gebracht werden, Missverständnisse können aufgeklärt und Interessenswidersprüche herausgearbeitet werden.

Start-reflexion

Telefon

E-Mail

Video

Chat

Richtungscheck

Offene und geschlossene Fragen

Wie Sie bereits erfahren haben (siehe Abschnitt 2.15) kann man grundsätzlich zwischen **offenen** und **geschlossenen** Fragen unterscheiden.

Mit **offenen Fragen** sollte hier das Mitarbeitergespräch eröffnet werden. Offene Fragen sind die Fragen, die mit einem W beginnen (was, warum, wodurch, welche, wie etc.). Mit offenen Fragen werden Ihre Mitarbeitenden ermutigt, sich zu öffnen und somit Ihre **Gedanken, Sichtweisen und Vorschläge frei zu äußern**. Ebenso können Sie sich mit offenen Fragen ein Bild von einer Situation machen oder ein Problem klären. Nur wenige Führungskräfte setzen offene Fragen z. B. auch gezielt in E-Mails ein, dabei gibt es gerade hier ein recht großes Potenzial.

Geschlossene Fragen sind Fragen, die die Antwortmöglichkeit sehr einschränken. Sie fragen nach einem bestimmten Wort. Geschlossene Fragen sind oft nur kurz mit »Ja« oder »Nein« zu beantworten. Wenn Sie eine gezielte, verbindliche Information zu einem präzise eingegrenzten Punkt erhalten oder ein Problem fokussieren, ist es sinnvoll, geschlossene Fragen zu stellen. Auf diese Fragen erhalten Sie **kurze, prägnante Antworten**, die Ihnen helfen, ein Problem zu analysieren und eine Entscheidung vorzubereiten.

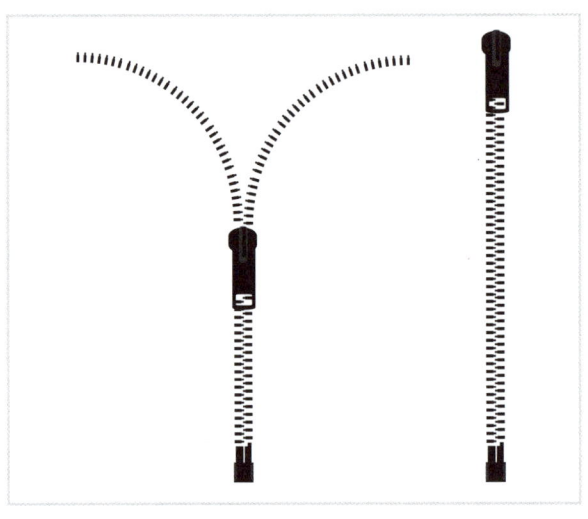

Die Power der kraftvoll-magischen Fragen

Darüber hinaus gibt es noch das weite Feld der kraftvoll-magischen Fragen, im Englischen »Powerfull Questions« genannt (Vogt, Brown & Isaacs 2003). Kraftvoll-magische Fragen sind provokante (Nach-)Fragen, die ein Ausweichen verhindern und in der Lage sind, mitunter unklare und verworrene Sachverhalte effektiv zu entflechten.

Durch das Stellen einer oder mehrerer kraftvoll-magischer Frage befördert die Führungskraft den Mitarbeitenden

2

oder das Team in puncto Handlungsklarheit und Erkenntnisgewinn auf eine neue Ebene. Wie Sie den folgenden Beispielen entnehmen können, gibt es prinzipiell eine unlimitierte Anzahl von Fragen, die Möglichkeiten für eine erweiterte Lernerfahrung sowie eine frische und neue Perspektive schaffen:

- Welche Frage könnte, wenn sie beantwortet wird, den größten Unterschied machen in Bezug auf die weitere Entwicklung unserer konkreten Situation?
- Was ist Ihnen wichtig in Bezug auf die konkrete Situation und warum interessiert Sie das?
- Was reizt Sie bzw. uns an dieser Fragestellung?
- Was ist die Absicht, der tiefere Zweck, das große »Warum«, das eine maximale Anstrengung rechtfertigt?
- Welche zusätzlichen Chancen sehen Sie in Ihrer konkreten Situation?
- Was wissen wir bisher bzw. was müssen wir noch über die konkrete Situation herausfinden?
- Was sind die Dilemmata, aber auch neue Chancen, die sich aus der konkreten Situation ergeben?
- Welche Annahmen müssen wir testen oder hinterfragen, wenn wir über diese konkrete Situation nachdenken?
- Was würde jemand zu dieser konkreten Situation sagen, der eine Überzeugung mitbringt, die wir derzeit nicht haben?

2.17 Führungsinstrument »Stimme«

Stimme ist Ausdruck einer lebenslang gewachsenen Persönlichkeit.
Isa Alvermann, Stimmtrainerin

Die Stimme ist das Instrument, das am Telefon den Ton erzeugt. Ob Sie nun eher als Oboe oder eher als Klarinette unterwegs sind, ist nicht entscheidend. Viel wichtiger als die Frage, welches Instrument Sie spielen, ist die Frage, wie gut und professionell Sie ihr Instrument einsetzen. Die Stimme kann laut sein oder eher leise, tief oder eher hoch, rau oder eher sanft. Sie darf jedoch nicht schrill oder piepsend, quäkig oder flatternd sein. Bestimmte Berufe wie Managementtrainer, Stewardess, Radiomoderator oder Zugbegleiter (im schlechtesten Fall »Sänk ju vor träwelling wis Deutsche Bahn« ;-) zwingen die Personen mehr oder weniger, professionell zu sprechen.

In einem guten Telefonat sind insbesondere die ersten Worte inhaltlich wohl überlegt und stimmlich wohl gesetzt. Es ist der erste Fußabdruck, das erste Statement, das schon sehr schnell signalisiert, womit der Gegenüber zu rechnen hat: mit einer selbstbewussten Führungskraft, die

Start-
reflexion

Telefon

E-Mail

Video

Chat

Richtungs-
check

Mut macht, oder einem ängstlichen Typen, der nicht wirklich an die schwierigen Themen heran will!

Verlegenheitslaute und -worte vermeiden

Stimmt die Stimme, geht's dann ebenfalls darum, dass Sie Ihren Redefluss nicht durch Füllworte unterbrechen. Manch einer glaubt, seinen Redeanspruch zu verlieren, wenn er oder sie nicht »irgendetwas« dazwischenschiebt. Das Gegenteil ist der Fall: Füllworte wirken unprofessionell, und es entsteht schnell der Eindruck, dass Sie nicht genau wissen, wo Sie eigentlich hinwollen. Das ist auch bei einem professionellen Telefonat nicht gut!

Ein stockender Redefluss ist in einer Gesprächssituation – speziell am Telefon – sehr ungünstig. Wird das Gesagte übermäßig in die Länge gezogen, so kostet dies Zeit und Geduld. Verlegenheitsworte wie »eigentlich« oder »sozusagen« sollten vermieden werden. Was wollen Sie bewirken? Was ist wirklich wichtig? Weichmacher schwächen Ihre Aussagen ab und wirken unsicher und wenig verbindlich.

Sie brauchen nicht die stimmliche Präsenz einer Opernsängerin. Und nicht jeder hat den Stimmumfang einer Maria Callas, aber eine souveräne Ausstrahlung (siehe Abschnitt

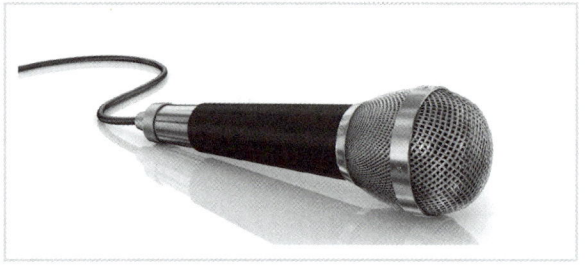

5.7) und eine agile Wachheit und Präsenz helfen Ihnen, Ihre Ziele durchzusetzen.

Mir persönlich hilft bei Telefonaten die Vorstellung, eine Radiosendung zu moderieren. Mit professioneller Gelassenheit und fokussierter Selbstsicherheit lassen sich so die notwendigen Schritte setzen und die offenen Fäden zusammenführen. In der realen Welt beeindrucken manche Menschen durch Köpergröße (oder Körperfülle). Während diese jedoch weitgehend unveränderbar ist, können Sie Ihre Stimme optimieren!

Wichtig ist, dass Sie nie aus der Puste kommen. Manchmal ist Führung eben auch Schwerstarbeit! Was Ihnen dabei sehr gut helfen kann, ist die sogenannte ökonomische Sprachatmung.

Start-
reflexion

Telefon

E-Mail

Video

Chat

Richtungs-
check

Tipp vom Führungsfuchs

Eher introvertierte Menschen sprechen von Natur aus eher leise. Gehen Sie bei einem Telefonat oder bei einer Videokonferenz direkt ans Mikrofon. Sie kommen so in der Regel sehr viel besser herüber, wenn Sie diese einfache Art der »Verstärkung« nutzen.

(das geht hier so) **tagein und tagaus**	(das hat für mich weder) **Hand noch Fuß**
(es ist ein ewiges) **Auf und Ab**	(da sind ja) **Kind und Kegel** (mit dabei)
(das Ganze ist) **Jacke wie Hose**	(das ist für mich weder) **Fisch noch Fleisch**

Die Technik der ökonomischen Sprechatmung einsetzen

Die ökonomische Sprechatmung trainieren Sie besonders gut und effektiv durch kurze Ausrufe, Silben und Worte. Besonders wichtig dabei ist: Ausrufe und Ausdrucksübungen werden mit »innerer Beteiligung« gesprochen. Stellen Sie sich die jeweilige Situation ganz plastisch vor und probieren Sie diese auch mit verschiedenen Lautstärken. Dadurch gewinnen Sie Sicherheit in der Anwendung der ökonomischen Sprechatmung auch später im Telefonat. In der folgenden Tabelle finden Sie zehn Beispiele, die Sie für regelmäßige Sprechübungen sehr gut einsetzen können:

(ein) **Hin und Her**	(dann wären) **Tor und Tür** (geöffnet)
(muss man Angst haben um) **Haus und Hof**	(für mich wäre das) **Himmel und Hölle** (zugleich)

Emotionale Ausrufe für das Telefon üben

Emotionale Ausrufe sind bei ansonsten sehr sachlichen Gesprächsinhalten gerade am Telefon besonders wirksam. Trainieren Sie an dieser Stelle auch Ihre Sprechatmung, indem Sie diese und ähnliche Sätze laut intonieren:

Zuneigung und Abwehr	*Empörung und Zweifel*
»Ja, super ...«	»Was kann ich nicht nachvollziehen!«
»Das gefällt mir!«	»Denken Sie da bitte in Ruhe drüber nach!«
»Das ist keine gute Idee!«	»Ich beginne gerade, an XYZ zu zweifeln...«
»Da muss ich noch mal drüber nachdenken!«	»Ist das wirklich Ihr Ernst?«

2.18 Kommunikationsetikette am Telefon

Manchmal liegen die Misserfolge in Gesprächen nicht daran, dass Sie falsch vorbereitet sind oder die falschen Dinge sagen oder kommunizieren, sondern daran, dass andere Anstoß nehmen an der Art und Weise, wie Sie kommunizieren. Beim Telefon sind die folgenden **Umgangsformen** wichtig. Und es spricht vieles dafür, sich normalerweise auch an diese Etikette zu halten.

1. Seien Sie sich über die Lautstärke bewusst: Wer ins Telefon brüllt, der wird normalerweise als Rüpel wahrgenommen. Zu Recht!

2. Gehen Sie nicht ans Telefon, wenn Sie sich gerade in einem Meeting mit anderen befinden: Zwischen Tür und Angel zu telefonieren, stresst Sie selbst und schränkt Ihre Möglichkeiten ein. Unbedingt vermeiden!

3. Lassen Sie andere wissen, wenn es Zuhörer gibt: Wenn es Menschen gibt, die mithören, dann empfinden wir es als anständig, das auch zu kommunizieren! Vermeiden Sie Doppelbödigkeiten und lassen Sie sich nicht auf das Spiel eines stillen Mithörers ein. Das kann in der Folge auch zu einem sehr schweren Vertrauensverlust führen!

4. Sorgen Sie für eine gute (Funk-)Verbindung: Die technische Qualität speziell bei schlechtem Handyempfang ist manchmal bescheiden. Dann verschieben Sie besser das Telefonat! Das Festnetz bzw. eine gute VoIP-Verbindung haben ohne Zweifel große Vorteile, da sowohl Sie als auch Ihr Gegenüber einfach besser »rüberkommen«!

2.19 Erfolgreiche Delegation am Telefon

Delegation bezeichnet die Übertragung von Aufgaben, Verantwortung und Kompetenz. Leider wird häufig nicht klar kommuniziert, was genau übertragen wurde. Häufig wird auch in den Führungsstilen vom »Dirigieren« zum «Delegieren» gesprungen, so dass die Mitarbeitenden nicht ausreichend vorbereitet sind. Daraus folgen unweigerlich Fehler, welche die Führungskraft zu Kritik anregen und zu erneutem Dirigieren. Delegieren hat etwas mit Verantwortungsabgabe zu tun, ein gewisses Risiko einzugehen mit der großen Chance, mehr zu erreichen.

Delegation ist vergleichbar mit einer Kapitalanlage. Die Investition ist Zeit. Der Ertrag (Zeitgewinn) stellt sich erst später ein. Jede Investition muss begleitet und entwickelt werden. Jede Investition trägt ein Risiko.

Was delegieren Sie? Routinearbeiten bzw. Normalfälle wie:
• Spezialistentätigkeiten,
• echte Detailfragen,
• Aufgaben zur Mitarbeiterförderung.

Nicht delegierbar sind hingegen:
• disziplinarische Führungsaufgaben,
• Aufgaben von großer Tragweite,
• außergewöhnliche Sonderfälle.

Eine Reihe von Fragen müssen beantwortet werden, wenn delegiert wird. Je eindeutiger am Anfang Absprachen getroffen werden, desto klarer und genauer sind die Ergebnisse. Auch hier gilt: Nur was am Anfang investiert wird, kann am Ende geerntet werden. Nehmen Sie sich Zeit für diese folgenden sieben Fragen:

#1 Was? Ist die Aufgabenstellung eindeutig definiert? Ist die Zielsetzung klar und verständlich? Ist die Aufgabe für eine Delegation wirklich geeignet?

#2 Wer? Hat der Betroffene Zeit, Kompetenz und Engagement? Werden Personen des Kontextes seine Rolle akzeptieren (System)?

#3 Warum? Entlastung des Vorgesetzten oder Ausbildung, Motivation?

#4 Wie? Welche Verantwortung wird delegiert? Muss die Aufgabe genau umrissen sein oder hat der Betroffene bereits Erfahrung und es genügt ein weniger detaillierter Auftrag? Wie muss der Betroffene begleitet werden? Welches Controlling bzw. welche Qualitätssicherung wird es geben? Gemeinsames Festlegen der Zwischenschritte und ggf. Akzeptanz von unterschiedlichen Teilzielen, die zum gemeinsamen Ziel führen. Ergebnisse sichern, Eingreifmöglichkeiten vereinbaren!

Start-
reflexion

Telefon

E-Mail

Video

Chat

Richtungs-
check

#5 Womit? Welche Informationen sind notwendig? Welche Ressourcen stehen zur Verfügung?

#6 Wann? So früh wie möglich, um zusätzlichen Zeitdruck zu vermeiden. Zu welchen Terminen (Meilensteinen) sollen welche Ergebnisse präsentiert werden? Bis wann ist welches Ergebnis vorzulegen (auch planerische Ergebnisse)?

#7 Wofür? Was ist der Kontext der delegierten Aufgabe? Was passiert mit dem Ergebnis? Feedback für die Person! Hier geht es um die Sinnfrage. »Start with Why«, lautet der Titel eines amerikanischen Bestsellers des Journalisten Simon Sinek von 2011 (auf Deutsch 2014 erschienen unter dem Titel »Frag immer erst: warum«). Diese Frage sollte eigentlich ganz am Anfang stehen.

Tipp vom Führungsfuchs

Delegation ist an einen hohen aufgabenbezogenen Reifegrad des Mitarbeitenden geknüpft, wie das situative Führen zeigt (siehe Abschnitt 1.4). Delegieren Sie nicht blind, wenn der Reifegrad beim aktuell Mitarbeitenden fehlt, sondern entwickeln sie diesen längerfristig dorthin.

2.20 Ehrlichkeit siegt!

Wo das Vertrauen fehlt, spricht der Verdacht.
Laotse, chinesischer Philosoph

Haben Sie das auch schon erlebt? Manche Mitarbeitende sind nicht ehrlich. Und sie bluffen. Das tun sie nicht immer, aber sie tun es gelegentlich. Und zwar besonders dann, wenn Sie sich unter Druck fühlen. Was können Sie hier tun?

Wie Sie Lügen entlarven können
Lügen sind in der Regel von vier Kennzeichen begleitet (vgl. Nasher 2015):

a) Stress, weil es etwas zu verbergen gibt,
b) Angst, dass der Lügner aufgedeckt wird,
c) Schuld oder (je nach Typ) Freude, dass man im Begriff ist, den anderen über den Tisch zu ziehen,
d) hölzernes Verhalten, da jede Äußerung dahingehend kontrolliert wird, sich nicht zu verraten.

Generell ist es sinnvoll festzustellen, wie die Stimme ihres Gegenübers klingt, solange diese entspannt ist. Sie gewinnen daraus eine Art »Prüfstein« für Gesprächssituationen, in denen Stress, Ärger, Lügen etc. die Stimme des Gesprächspartners verändern.

Während Sie in einem klassischen Face-to-Face-Gespräch die Abweichung von Gesagtem und einer davon abweichenden Körpersprache sehr schnell erkennen, ist dies am Telefon schon schwieriger. Hier gibt es weniger Hinweise. Genaues Hinhören, aber auch gezieltes Nachfragen sind deshalb wichtig. Manche Menschen sind am Telefon zudem hemmungsloser und dreister, weil sie den Gesprächspartner nicht sehen.

Es lassen sich zudem drei wichtige Themenfelder ableiten, auf die Sie insbesondere bei Telefonaten achten können:

1. **Stimmlage**: Ein wichtiges Indiz ist die Stimmlage. Wenn sich die Stimmlage bei bestimmten Themen stark verändert, dann sollten Sie schnell hellhörig werden. Eine Stimme, die plötzlich erheblich höher ist, kann ein Hinweis auf einen hohen Stresslevel sein. Wenn dies auffällig ist, sollten Sie dies weiterverfolgen. Eine lethargische Stimme kann ein Zeichen für Erschöpfung Ihres Gegenübers sein. Auch hier sollten Sie hellhörig werden: Manch einer tut mehr, als für ihn bzw. sie gut ist. Als Führungskraft haben Sie eine Fürsorgepflicht – und sollten daher in einem solchen Fall den Dingen auf den Grund gehen und entsprechend gegensteuern.

2. **Verzögern**: Die kleinen Wörtchen »ähäm« oder »mhh« können ein Anzeichen dafür sein, dass sich Ihr Gesprächspartner unsicher ist. Wenn es dann noch mehrfach länger dauert, bis eine Frage konkret beantwortet wurde, dann stimmt in der Regel etwas nicht. Reine Unsicherheit von einer bewussten Verzögerung zu unterscheiden, ist nicht immer einfach. Allerdings würde ein Lügner nicht zugeben, dass er unsicher ist. Alles in allem gilt: Genau hinhören und Vorbehalte äußern, sonst kommen Sie zu keinen Erkenntnissen!

3. **Übertreibungen**: Wenn Ihr Gegenüber am laufenden Band übertreibt, kann es sein, dass er Ihnen falsche Tatsachen vorspielen will. Können die Behauptungen des Gesprächspartners wirklich richtig sein? Nutzen Sie Ihren gesunden Menschenverstand und machen Sie einen Plausibilitätscheck. Konfrontieren Sie Ihren Mitarbeiter dann damit. Das bringt oft viel Erstaunliches zum Vorschein!

Tipp vom Führungsfuchs

Bleiben Sie hartnäckig und fragen Sie gezielt nach, wenn Ihnen etwas komisch vorkommt. Sprechen Sie es an, z. B. mit der Formulierung: »Mein Eindruck ist…«. Wenn Ihr Mitarbeiter nicht darauf eingeht, dann stimmt wohl etwas wirklich nicht.

Start-
reflexion

Telefon

E-Mail

Video

Chat

Richtungs-
check

2.21 Klare Sprache – klare Gedanken

Wer es nicht einfach und klar sagen kann,
der soll schweigen und weiterarbeiten,
bis er es klar sagen kann.
Karl Raimund Popper, englischer Philosoph

Um erfolgreich digital-agil kommunizieren zu können, müssen Sie Ihre Ideen und Vorschläge überzeugend vorgetragen. Das gilt mehr als sonst auch bei Telefonaten und Telefonkonferenzen.

Eine gute Idee reicht nicht aus, um andere zu überzeugen. Gute Ideen müssen auch gut verkauft werden!

Eine klare Sprache folgt dabei klaren Gedanken. Die verständliche und klare Darlegung des eigenen Standpunkts ist dabei eine wichtige Voraussetzung für die eigene Überzeugungskraft.

Jeder noch so komplizierte Sachverhalt wird verständlich, wenn er in einfachen, kurzen, prägnanten Sätzen, bekannten Worten und nachvollziehbaren Bildern und Vergleichen dargestellt wird.

Füllworte vermeiden

Der Redefluss sollte nicht durch Floskeln und überflüssige Füllworte unterbrochen werden. Ein stockender Redefluss ist in einem Mitarbeitergespräch ungünstig. Wird das Gesagte übermäßig in die Länge gezogen, kostet dies Zeit und Geduld.
Floskeln wie »eigentlich« oder »sozusagen« oder »wie Sie sicher schon gehört haben« sollten vermieden werden. Diese schwächen die Aussage und wirken wenig verbindlich.

2.22 Professionelle Formulierungen: geschickt und kompakt

Gerade am Telefon sind geschickte, professionelle und kompakte Formulierungen das A und O Ihres Kommunikationserfolgs. Die Kunst besteht darin, selbst das Gespräch zu führen, den Mitarbeitenden zwar grundsätzlich Vertrauen zu schenken (siehe Abschnitt 2.3), ihnen jedoch vielleicht trotzdem nicht alles »abzukaufen«.

Professionell ist es auch, sich wirklich die Zeit zu nehmen, die man benötigt, z. B.: »Ich glaube, wir sollten für das Thema erst einmal eine volle Stunde einplanen« oder »Das ist ein interessanter Gedanke, geben Sie mir bitte noch ein paar Hinweise, wie ich das noch besser einordnen kann«.

Agil und inkrementell – aus einem Telefonat werden viele Minitelefonate

Einen gut durchdachten Plan zu haben, ist das eine. Die gekonnte Improvisation in der Umsetzung ist oft eine zweite Sache, die ganz anderen Gesetzlichkeiten folgt. Machen Sie aus einer geplanten »großen« Telefonkonferenz lieber eine Abfolge von drei oder fünf Minikonferenzen. Inkrementell, d. h. schrittweise erfolgend und aufeinander aufbauend. Wichtig ist: Planen Sie schon vorab, wie

Sie die Pause, die Sie zum Nachdenken oder für Rückfragen benötigen, begründen wollen. Und legen Sie »Abbruchzeiten« fest, z. B. nach fünf oder zehn Minuten. Damit verhindern Sie, dass sich das Team an einzelnen Themen »festbeißt«.

Wenn eine Telefonkonferenz in viele kleine Einzelsessions zerfällt, so ist dies generell ein gutes Zeichen, denn Sie machen Gebrauch von kleinen Stopps und Pausen. Telefon- und Videokonferenzen gehören neben Eisstockschießen und Schlittenhundefahren zu den anstrengendsten Sportarten, die es so gibt. Immer kommt etwas Unvorhergesehenes dazwischen, Wind und Wetter (»Technik und Kommunikation«) sind nicht immer so, wie Sie es erwarten, und alles in allem haben nur wenige Menschen sehr umfassende Erfahrungen sowohl mit nordischen Sportarten als auch mit den neuen Kommunikationsmedien.

Aktiv zuhören kann nicht jeder

Selbst einmal den Mund halten und zuhören ist etwas, das Sie – gerade, wenn Sie etwas dominant veranlagt sind – sehr intensiv üben sollten! Ich empfehle Ihnen, das auch immer wieder explizit zu machen: »Ich bin jetzt einfach einmal ein oder zwei Minuten ruhig, um Ihnen die Chance zu geben, Ihre Sicht darzulegen!« Das macht Sie souverän.

Start-
reflexion

Telefon

E-Mail

Video

Chat

Richtungs-
check

Es hilft übrigens, tatsächlich auf die Uhr zu schauen! Mit Technik und Selbstdisziplin können Sie hier schon recht weit kommen. Denken Sie an den Felsen in der Brandung und achten Sie neben den Inhalten auch auf Zeichen für Begeisterung, Unwahrheiten oder Stresssymptome. Hier können Sie später ansetzen.

Gezieltes Unterbrechen von Dampfplauderern

Viele Menschen hören sich gerne sprechen, und zwar unabhängig davon, wieviel Sie zur Sache zu sagen haben. Und solche Dampfplauderer hören auch am Telefon oftmals nicht auf zu sprechen. Üben Sie sich darin, das Gegenüber und auch das einzelne Telefonat immer wieder zu unterbrechen. Zum Beispiel:

- Mit dem Namen: »Herr/Frau Kollege, ich finde/meine/ glaube...«
- Mit den Wörtchen »Stop!« oder »Moment mal…«

Was nicht besonders gut funktioniert, sind Sätze wie »Dürfte ich Sie vielleicht mal unterbrechen?« Das ist oft einfach zu zaghaft und dann kommt schnell mal ein »Nein, dürfen Sie nicht, jetzt rede ich!«

Tipp vom Führungsfuchs

Nur in kleinen Stücken isst man einen Elefanten. Genauso verhält es sich mit einem komplexen Themenfeld. Versuchen Sie nie, alles in einem Telefonat »abzufrühstücken«. Besser ist es immer, sich Stück für Stück zum Ziel vorzuarbeiten!

2.23 Fünf Tipps für ein gelungenes One-on-One am Telefon

Speziell für ein One-on-One am Telefon gibt es fünf Punkte, auf die Sie insbesondere achten sollten:

1. Aktiv zuhören und wirklich gute Fragen stellen (am besten die kraftvoll-magischen!)

Hören Sie zu und fragen Sie viel. Je weniger Sie selbst sprechen, umso stärker unterstützen Sie die Selbststeuerungsfähigkeit Ihrer Mitarbeitenden. »Listening is power on the phone«, sagen die Engländer. Und es ist wahr, es gibt sie wirklich: die »Kraft des Zuhörens«: Ein guter Chef ist immer auch ein guter Zuhörer! Allerdings: Die Mehrzahl der deutschen Arbeitnehmer hält ihren Chef übrigens für einen schlechten Zuhörer, wie Studien zeigen (vgl. Bast 2019). Hier gibt es also noch ein riesiges Potenzial!

2. Ein Thema für jedes Telefonat!

Fokussieren Sie auf ein Thema pro Telefonat: Was ist Ihr Kommunikationsziel? Was sind Merkmale für einen guten Dialog? Wie lautet Ihr Plan B, wenn sich die Dinge doch ganz anders darstellen, als Sie ursprünglich vermutet haben?

Falls Sie sich selbst dabei ertappen, vom hundertste ins tausendste zu kommen (»Da fällt mir gerade ganz etwas anderes ein…«), nutzen Sie das als Spannungsbogen: »Ich hätte da noch ein zweites Thema, aber da sprechen wir vielleicht heute Nachmittag/morgen/nächste Woche drüber…«. Denken Sie immer an die Rheinschifffahrt: Wenn ein Frachtschiff überladen und erst einmal auf Grund gelaufen ist, ist es gar nicht so einfach, das Schiff wieder flott zu bekommen. Und Telefonate sollte man eben auch nicht »überfrachten«!

3. Smalltalk als Einstieg – Sharing is caring!

Beginnen Sie eine längere telefonische Session immer mit etwas Smalltalk, um ein Mindestmaß an »Kalibrierung« zu ermöglichen. Auch beim Telefonieren sollten Sie die »paraverbalen Signale«, insbesondere die Stimme, beachten. Stellen Sie fest, wie die Stimme des Gegenübers klingt, solange diese entspannt ist. Sie gewinnen daraus eine Art »Prüfstein« für Gesprächssituationen, in denen Stress, Ärger, Lügen etc. die Stimme des Gesprächspartners verändern.

Und erzählen Sie von sich selbst und dem, was aus ihrer Sicht wichtig ist: »Sharing is caring« sagen die Amerikaner (auf Deutsch in etwa »wer (mit-)teilt, der kümmert sich«).

Start-reflexion

Telefon

E-Mail

Video

Chat

Richtungs-check

Und ein großes Problem des Remote Working ist ja bekanntlich die Isolation. Holen Sie ihre Leute zurück ins Geschehen. Je lebendiger Sie erzählen, desto leichter vergisst der Gesprächspartner, dass zwischen Ihnen beiden physikalisch hunderte oder tausende von Kilometern liegen. Nur wenn sich emotional etwas in den Köpfen bewegt, ist es auch leichter möglich, wirksame motivationale Impulse zu geben!

4. Lächeln – auch beim Telefonat!

Ihr Gesprächspartner erkennt ein Lächeln unbewusst am Klang der Stimme. Lächeln entspannt wie herzhaftes Gähnen die untere Gesichtshälfte und verbessert so Ihre Aussprache. Sie helfen sich selbst, noch freundlicher zu sein. Auch wenig erfreuliche Botschaften lassen sich so manchmal elegant transportieren! Eine positive Grundstimmung ist ansteckend, und das Lächeln ist auch am Telefon ein super Stimmungsaufheller! Stimmen Sie sich also ein. Diese Übung geht übrigens immer und sorgt auch in herausfordernden Situationen sofort dafür, dass es Ihnen ein wenig besser geht. Lächeln Sie einfach! Das verbessert Ihre Ausstrahlung und bewirkt automatisch, dass unzählige Glückshormone durch den Körper fluten.

5. Notieren Sie Diskussionspunkte und Vereinbarungen!

Machen sich Notizen zu den diskutierten Punkten und zu den vereinbarten Dingen, wenn Sie diese mit Ihrem Gegenüber besprechen. Das bedeutet beispielsweise bei fünf Diskussionspunkten und zwei Vereinbarungen in der Regel, dass sie genau sieben Spiegelstriche festhalten, am besten gleich digital in ihrem PC oder Notebook. Das hilft Ihnen, das Telefonat am Ende zusammenzufassen und auch das nächste Mal nachzuhalten, ob die vereinbarten Punkte erledigt werden konnten.

Ein letzter Tipp vom Führungsfuchs

Die Kunst des »Zuhörens« muss erlernt werden. Bei Führungskräften, die das Ego als einzigen Bezugspunkt haben, ist dies besonders schwer. Je dominanter ein Mensch ist, desto weniger ist er oder sie zunächst geneigt, wirklich zuzuhören.

2.24   Reflexionswolke für ein Telefonat

Impulswolke für die Reflexion während eines Telefonats:

Start-
reflexion

Telefon

E-Mail

Video

Chat

Richtungs-
check

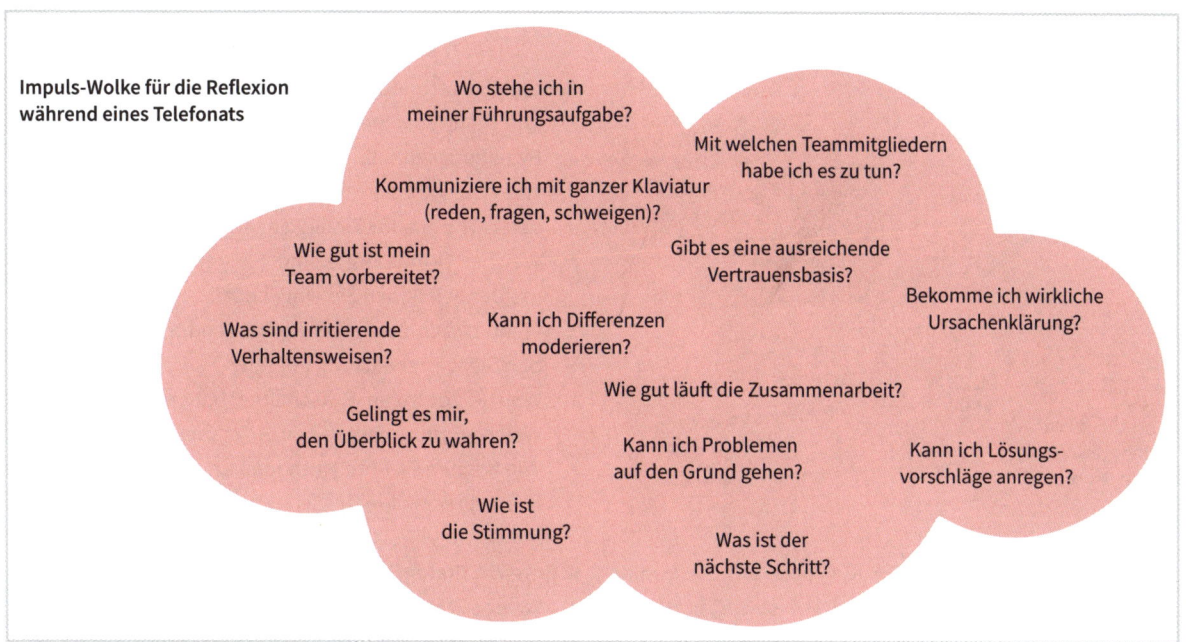

Impuls-Wolke für die Reflexion während eines Telefonats

Wo stehe ich in meiner Führungsaufgabe?

Mit welchen Teammitgliedern habe ich es zu tun?

Kommuniziere ich mit ganzer Klaviatur (reden, fragen, schweigen)?

Wie gut ist mein Team vorbereitet?

Gibt es eine ausreichende Vertrauensbasis?

Bekomme ich wirkliche Ursachenklärung?

Was sind irritierende Verhaltensweisen?

Kann ich Differenzen moderieren?

Wie gut läuft die Zusammenarbeit?

Gelingt es mir, den Überblick zu wahren?

Kann ich Problemen auf den Grund gehen?

Kann ich Lösungsvorschläge anregen?

Wie ist die Stimmung?

Was ist der nächste Schritt?

2.25 Das 360-Grad-Führungsradar für das Telefon

Im Leadership-Radar für das Medium Telefon sehen Sie, dass hier naturgemäß nur drei von vier Bereichen relevant sind:

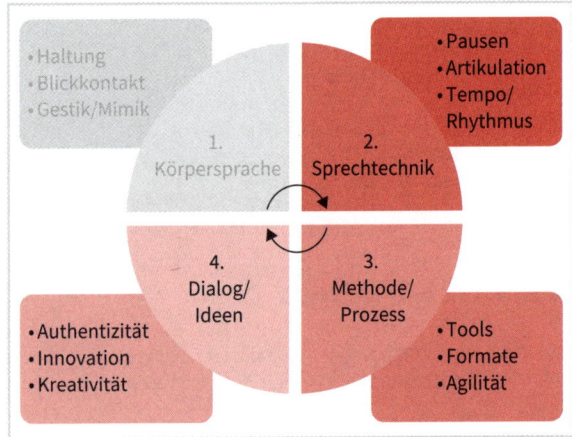

Konzentrieren Sie sich hier im Rückblick auf die Punkte 2. Sprechtechnik, 3. Methode/Prozess sowie 4. Dialog/Ideen. Nicht beobachtbar ist hingegen Punkt 1. Körpersprache, der deshalb im Folgenden nicht aufgeführt ist.

2. Bereich: Sprechtechnik

- Wer hat in welchem Umfang Pausen, Wiederholungen, Betonung sowie bildhafte Sprache eingesetzt?
- Welche Partei wirkte souverän, überzeugend, sicher und selbstbewusst?

3. Bereich: Methode/Prozess

- Wie genau sind Sie eingestiegen? Was haben Sie für den Beziehungsaufbau getan?
- Wie viele »Kommunikationssessions« haben Sie eingesetzt? Wie war Ihr Timing angelegt?
- Welcher Dramaturgie sind Sie gefolgt? Welche Rückmeldungen haben Sie eingebaut?
- Wann haben Sie Ihre Erwartungen formuliert? Wie haben Sie Wertschätzung gezeigt?
- Welche zentralen Botschaften haben Sie formuliert? Welche Bedürfnisse haben Sie erkannt?
- Wie können Sie Ihre Methoden und Prozesse noch agiler machen?

4. Bereich: Dialog/Ideen

- Welche Fragen und Argumente haben Sie eingesetzt?
- Welche Impulse haben Sie gegeben und empfangen? Wie gut hat das funktioniert?

2

- Welche Themen haben Sie angeschnitten? Welche Fragetypen haben Sie benutzt?
- Welche Argumente haben Sie angebracht? In welcher Reihenfolge?
- Welche neuen Ideen sind entstanden? Was hat sich dadurch verändert?

Fazit: Um dem Medium Telefon – oder auch Audiokonferenz – gerecht zu werden, bedarf es eines guten Zuhörers und Formulierungsgeschick. Das Telefon ist wie ein Musikinstrument: Schlecht gestimmt, wird's nahezu unerträglich!

2.26 Die zehn Erfolgsparameter für Telefonate

Worauf kommt es nun am Telefon wirklich an? Die folgenden Punkte geben Ihnen Orientierung:

1. Kurze Sätze, deutlich sprechen, Lautstärke und Betonung variieren, Fremdwörter vermeiden!
2. Ihre Stimme klingt sympathischer, wenn Sie lächeln und die Geschwindigkeit an den/die Gesprächspartner anpassen.
3. Ersetzen Sie im Regelfall negative Formulierungen (z. B. »Ein Problem«, »Sie müssen dies und das tun…«) durch positive Formulierungen (»Toll wäre es, wenn…«), es sei denn, Sie möchten Druck ausüben.
4. Auf das Telefonat konzentrieren, gezielt Pausen einsetzen: Agieren Sie überlegt, aber bleiben Sie wirksam!
5. Machen Sie konkrete Aussagen und setze Sie gezielt Signale in die für Sie richtige Richtung!
6. Vermeiden Sie Weichmacher und Unsicherheiten, das Telefon ist ein emotionales Medium. Telefonieren Sie generell nicht, wenn Sie sich in der Defensive fühlen oder von Selbstzweifel geplagt werden!
7. Nicht auf provozierende Bemerkungen hereinfallen, lieber schlagfertig kontern und dann den Nutzen einer Einigung für die Gegenseite hervorheben.
8. Strahlen Sie Souveränität aus, vermeiden Sie passive Formulierungen und nutzen Sie die namentliche Ansprache für Ihr Gegenüber!
9. Kooperative Gesprächspartner ausreden lassen, aktiv zuhören, Notizen machen, Feedback geben. Dominante wirksam unterbrechen! Eigene Impulse und Anregungen glasklar vorbringen und keinesfalls einschüchtern lassen!
10. Seien Sie kreativ und visualisieren Sie Ihren Gesprächsfortschritt. Mit einem gut getimten zusätzlichen Ass im Ärmel nutzen Sie außerdem weitere Vorteile des Medium Telefons.

Start-
reflexion

Telefon

E-Mail

Video

Chat

Richtungs-
check

TEIL 3

E-MAIL:
FORMULIERUNG, INTERAKTIVITÄT, MOTIVATION

3 GESTALTUNGSCHANCE E-MAIL-KOMMUNIKATION

Start-
reflexion

Telefon

E-Mail

Video

Chat

Richtungs-
check

*Jede Zusammenarbeit ist schwierig,
solange den Menschen das Glück
ihrer Mitmenschen gleichgültig ist.*
Dalai Lama

Die E-Mail ist mittlerweile in nahezu jedem Büro das Kommunikationsmittel Nummer 1 und hat sogar das Telefon vom obersten Podestplatz verdrängt. Egal, ob intern oder extern, täglich werden unzählige digitale Nachrichten an Kollegen, Vorgesetzte, Kunden, Lieferanten und Geschäftspartner verschickt. Damit hat die E-Mail Brief und Fax eindeutig den Rang abgelaufen.

Aber was war davor? War da alles einfacher? Zu Zeiten der Briefkommunikation oder gar des Boten dauerte alles sehr viel länger und oft war unklar, ob ein Brief auch wirklich beim Empfänger ankommt oder nicht.

Da hat die »elektronische Post« von heute doch einiges an Funktionalität gut gemacht: Realtime, direkte Antwortmöglichkeit, Empfangsbestätigung auf Wunsch etc. Doch damit ist die E-Mail noch nicht wirklich interaktiv, für reine Information jedoch natürlich sehr gut geeignet! Dennoch verlassen sich viel zu viele Führungskräfte auf den »Klassiker« E-Mail-Kommunikation und unterschätzen das Potenzial von Videokonferenzen, Chat-Optionen sowie Kollaborationstools.

Die Beschränkung auf Mailverkehr führt auch zur Aufblähung dieser Art der Kommunikation. Manches lässt sich durch ein Telefonat viel schneller regeln als durch zig »Hin-und-Her-Mails«.

Fazit: Ein spontanes Telefonat kann Brücken bauen und Dinge in Bewegung setzen, was eine nackte E-Mail niemals zu bewerkstelligen in der Lage wäre!

Reflexionsfrage vom Führungsfuchs

Gehen Sie einmal Ihren E-Mail-Ausgang der letzten sieben Tage durch: Welche Mails hätten Sie durch ein Telefonat, eine Videokonferenz, eine Chat-Nachricht oder über eine Kollaborationsplattform darstellen können. Wie hätte das Ergebnisse und Beziehungen verändert?

3.1 Die zehn E-Mail-Fettnäpfchen für Digital Leader

Der Ton macht die Musik, auch und gerade bei E-Mails. Hier finden Sie zehn Fettnäpfchen für den digitalen Leader von Morgen, die es zu vermeiden gilt:

1. Fettnäpfchen: sofort zur Sache

Sie kommen gerne zum Punkt? Klasse, aber geht das Ihren Mitarbeitenden genauso? Viele wünschen sich in E-Mails auch etwas Persönliches. Überlegen Sie also, wie Sie den ersten Satz, die Verabschiedung oder ein PS einsetzen können, um der Mail ein wenig »personal touch« zu geben!

2. Fettnäpfchen: Name falsch geschrieben

Kann passieren! Grundsätzlich gilt: Einen Namen schreibt man meist dann richtig, wenn man sich intensiver mit seinem Gegenüber auseinandergesetzt hat. Bei neuen Mitarbeitenden fragen Sie im Zweifel, wie diese angesprochen werden wollen.

3. Fettnäpfchen: Anhang vergessen

Der Klassiker: Angang angekündigt, aber nicht abgeschickt. Ein kurzes »sorry« und den Anhang zeitnah hinterherschicken reicht, um Verwirrung zu vermeiden.

4. Fettnäpfchen: falscher Adressat

Kann passieren, allerdings sollten Sie bei E-Mails immer auch checken, ob Sie diese auch tatsächlich verschickt haben, wenn eine Reaktion ausbleibt. Die meisten Menschen beantworten E-Mails zeitnah, auch wenn mancher Mitarbeitende manchmal ein wenig länger braucht, z. B. um über etwas nachzudenken oder etwas abzustimmen.

5. Fettnäpfchen: interne Absprachen

Eine interne Mail auf gleicher Hierarchieebene, die an die Mitarbeitenden geht, kann sehr unangenehm sein. Der einzige Weg, die Schäden gering zu halten: Immer auch in vertraulichen Mails respektvoll von Kunden, Lieferanten oder Mitarbeitenden sprechen!

6. Fettnäpfchen: Signatur vergessen

Keine Signatur ist zwar kein Beinbruch, macht Sie jedoch »nackt«, gerade gegenüber den Mitarbeitenden, die Ihre Kontaktdaten noch nicht so gut kennen. Suchen Sie gerade am Anfang die individuelle Ansprache, das schafft Respekt!

7. Fettnäpfchen: fehlerhafte Rechtschreibung und Grammatik

Vielfach werden Mails mehrfach umgestellt. Das Ergebnis: Sätze, die vorne und hinten nicht mehr passen und damit genau das Dilemma verraten, das der Schreibende hatte. Gegenmittel: Einmal ausdrucken und gegenlesen (lassen).

8. Fettnäpfchen: »Antworten« und »Weiterleiten« verwechseln

Auch hier gilt: Immer respektvolle Formulierungen wählen, denn Missgeschicke, die passieren können, passieren erfahrungsgemäß auch irgendwann.

9. Fettnäpfchen: ständig alle in CC setzen

Manche Menschen, manchmal auch ganz besonders Führungskräfte, verspüren den Drang sich abzusichern. Daher werden oft viele Kolleginnen und Kollegen zur Information oder Kenntnisnahme in CC (»Carbon Copy«, auf Deutsch »Durchschlagskopie«) genommen. Genau das aber trägt zur Verantwortungsdiffusion und zu einem Gefühl des »Zumüllens« bzw. »Zugemülltwerdens« bei. Solche Mails werden oft gar nicht mehr gelesen, sondern über die Mail-Clients aussortiert.

Auch die »BCC-Mail« (»Blind Carbon Copy«, auf Deutsch »Blindkopie«) ist nicht ohne, da hier das heimliche Mitlesen intendiert ist und der Empfänger der Blindkopie auch allen antworten kann.

Start-
reflexion

Telefon

E-Mail

Video

Chat

Richtungs-
check

10. Fettnäpfchen: Bei größeren Mailverteilern können einzelne Adressen ausgelesen werden

Und wenn es sich denn nicht umgehen lässt, einmal auch eine Massenmail zu produzieren, dann können Sie ebenfalls das BCC-Feld nutzen, denn so bleibt der Verteiler unsichtbar. Das ist nicht nur gut für den Datenschutz, sondern zeigt auch, dass Sie Ihr E-Mail-Programm beherrschen!

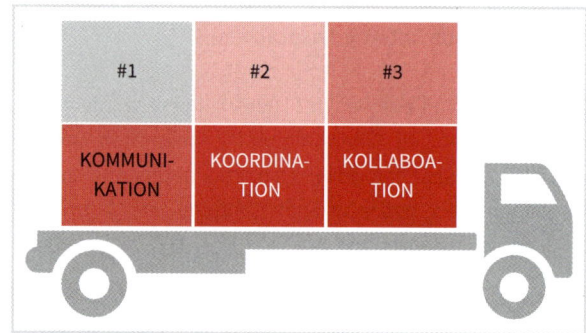

Tipp vom Führungsfuchs

Beim E-Mail-Verkehr stets Sorgfalt walten lassen! Wie an einem steilen Berghang kommt es darauf an, die Schritte mit Bedacht zu setzen und Ruhe zu bewahren! Größere Katastrophen sind oft stressinduziert oder schiere Unbedachtheit.

3.2 Kommunikation, Koordinierung und Kollaboration

Führung ist eine komplexe Angelegenheit, insbesondere auf Distanz. Wichtig ist es daher zu wissen, welche Aktionsfelder Sie bespielen müssen. In einer virtuellen Führungssituation gibt es grundsätzlich die folgenden drei Aktionsfelder:

Kommunikation: Informationsaustausch, einschließlich Erklärungen zu Informationen, Meinungen, Ansichten usw. Führungskräfte fühlen sich oft wie die Spinne im Netz. Aber verstehen Sie das bitte positiv: Sie sind Kommunikationsmotor, auch Vorbild, Inspirator und »Ermöglicher«. Wenn Sie nicht schnörkellos und offen kommunizieren, dann werden Ihre Teams das auch nicht tun. In der agilen Welt ist die Bedeutung von direkter persönlicher Kommunikation generell höher als in klassischen Arbeitskontexten, ein Trend, der momentan noch eher stärker als schwächer wird.

Koordination: Dieses Aktionsfeld meint Absprachen über den Tellerrand hinaus, Strategisches und Operatives will eingefädelt werden. Der Begriff Koordination (abgeleitet von dem lateinischen Wort »ordinare« bedeutet ursprünglich so viel wie in Reih und Glied stellen, regeln, ordnen, in eine bestimmte Folge bringen) beinhaltet demnach das Aufeinanderabstimmen und die Zuordnung menschlicher, sozialer, wirtschaftlicher oder auch technischer Vorgänge. Koordinationserfordernisse gab es für Führungskräfte schon immer, allerdings ist die Komplexität durch die eingesetzten Technologien und die Aktualisierung der organisationalen Betriebssysteme heute in vielen Unternehmen noch einmal deutlich gestiegen.

Kollaboration: Dies bedeutet im ursprünglichen Wortsinn »Zusammen-Arbeit« (abgeleitet vom lateinischen »labore« = arbeiten). Wie werden also gemeinsame Aufgaben angegangen und welche Werte, Prinzipien, Vorgehensweisen und Methoden eignen sich für eine erfolgreiche Teamarbeit. In den meisten Unternehmen gibt es praktisch keine Zusammenarbeit, jeder folgt oft einem eigenen Zielsystem. Kollaboration zu ermöglichen und zu fördern, ist eine neue Dimension von Führung, die in den letzten Jahren mit dem Aufkommen der agilen Methodenwelten sehr stark an Bedeutung gewonnen hat.

Und jetzt ist es an der Zeit, einmal genauer hinzuschauen und die eigenen Stärken, aber auch die Potenziale eingehender zu beleuchten. Machen Sie den Selbstcheck mit Blick auf die letzten vier Wochen: Was waren Ihre wichtigsten kommunikative Aktivitäten und an welchen Stellen haben Sie dafür gesorgt, dass Information fließen kann? Was waren die entscheidenden kommunikativen Tätigkeiten und welche Weichenstellungen haben die Organisation nach vorn gebracht? Welche kollaborativen Initiativen und Impulse haben Sie in diesem Zeitraum gestartet bzw. gegeben?

ARBEITSBLATT

Wo sehen Sie Ihre Stärken?

Nehmen Sie sich eine Minute Zeit, um über Ihre Schwerpunkte der letzten vier Wochen zu reflektieren. Spalten mit weniger als drei Eintragungen stellen Ihr Potenzial dar. Ist eine Spalte hingegen nach einer Minute gut gefüllt, so dürfen Sie in diesem Bereich eine Stärke vermuten.

kommunikative Aktivitäten	koordinative Tätigkeiten	kollaborative Initiativen

Start-reflexion

Telefon

E-Mail

Video

Chat

Richtungs-check

3.3 Konzept der medialen Reichhaltigkeit

Das Konzept der medialen Reichhaltigkeit bringt Medieneigenschaften und die Komplexität einer Kommunikationsaufgabe in eine sinnhafte Verbindung. Reichhaltigkeit ist hierbei wie folgt definiert: *Je besser ein Medium die Bearbeitung und den Umgang mit mehrdeutigen Informationen unterstützt, desto reichhaltiger ist es* (vgl. Daft & Lengel 1986).

Die **Reichhaltigkeit eines Mediums** hängt demnach im Kern letztlich von vier Aspekten ab:

(1) Anzahl der zur Verfügung stehenden Kommunikationskanäle,
(2) Schnelligkeit, mit der Rückmeldungen möglich sind,
(3) Vielfalt der vermittelten Sprache sowie
(4) Möglichkeit zur Entstehung »sozialer Präsenz«.

Der Terminus »soziale Präsenz« bezieht sich dabei auf das Ausmaß, in dem die an der medienbasierten Kommunikation beteiligten Individuen als natürliche Personen wahrgenommen werden (Wirtz 2017).

Wenn es sich um reine Informationsdefizite handelt, die empfängerseitig behoben werden sollen, dann kann erfolgreich mit medial armen Medien, beispielsweise einer Rund-E-Mail mit einer Benachrichtigung über eine Terminverschiebung, gearbeitet werden. Das ist jedoch seltener der Fall, als man allgemein annimmt. Denn oft handelt es sich um kompliziertere Kommunikationsinhalte, bei denen nicht klar ist, was genau relevant ist und wie die einzelnen Inhalte zu bewerten sind. Hier ist dann ein medial reichhaltiges Medium erforderlich.

Dringend zu empfehlen ist, zu Beginn eines Projekts ein reales Treffen der Teilnehmenden abzuhalten. Eine solche Besprechung hat zumeist das Ziel, alle Unklarheiten zu beseitigen und auch Vorschläge für die Umsetzung von den Teilnehmenden aufzunehmen. Und genau hier versagt ein medial armes Medium wie E-Mail oder – bleiben wir im Wording des Modells – die E-Mail ist wenig effizient. Für eine lapidare Terminänderung einen Conference Call oder gar eine Videokonferenz anzusetzen, wäre hingegen auch nicht effizient. Hier ist die E-Mail das perfekte Medium. Genau diesen Zusammenhang verdeutlicht die Abbildung auf S. 133.

Ein weiterer zentraler Aspekt ist das sogenannte »Backchannel-Feedback«. Dieses Feedback fällt umso stärker aus, je mehr Optionen ein Medium bereitstellt, um zeitnah Reaktionen zu erhalten oder selbst zu reagieren. Beispielsweise sind ein Videostream oder eine klassische Fernseh-

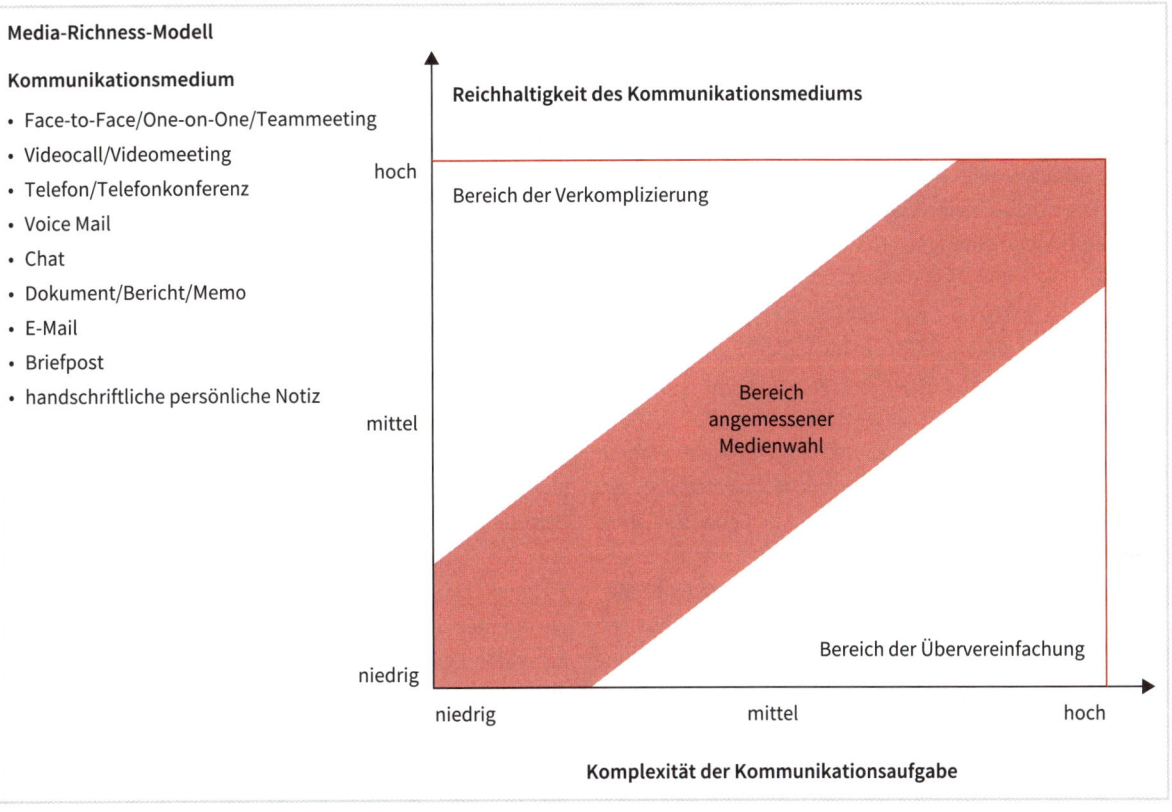

3

Media-Richness-Modell

Kommunikationsmedium

- Face-to-Face/One-on-One/Teammeeting
- Videocall/Videomeeting
- Telefon/Telefonkonferenz
- Voice Mail
- Chat
- Dokument/Bericht/Memo
- E-Mail
- Briefpost
- handschriftliche persönliche Notiz

Reichhaltigkeit des Kommunikationsmediums

hoch

Bereich der Verkomplizierung

mittel

Bereich
angemessener
Medienwahl

niedrig

Bereich der Übervereinfachung

niedrig   mittel   hoch

Komplexität der Kommunikationsaufgabe

Start-
reflexion

Telefon

E-Mail

Video

Chat

Richtungs-
check

übertragung das perfekte Medium für visuelle, akustische und nonverbale Informationsübermittlung. Dabei ist eine wechselseitige Kommunikation im Regelfall nicht vorgesehen. Eine Reaktion auf das Gesehene kann nur vergleichsweise zeitaufwendig produziert werden. Im Gegensatz hierzu können bei einer Videokonferenz die Teilnehmenden sofort Rückmeldungen erhalten.

3.4 Vertrauensformel und Kommunikationsmatrix

Wenn ein Mensch mit dir über seine Probleme spricht, dann jammert er nicht, dann vertraut er dir.
Lebensweisheit

Vertrauen und Verlässlichkeit sind zwei Seiten einer Medaille. Sie können jemandem vertrauen, dass er die Absicht hat, das Richtige zu tun. Zudem vertrauen wir auch Menschen, die wir schätzen, denn von diesen erwarten wir ein Verhalten, das unser Verhalten unterstützt. Sympathie ist somit die zweite wichtige Komponente für Vertrauen. Die psychologische Formel für Vertrauen lautet demnach:

Vertrauen = Verlässlichkeit + Sympathie

Was müssen Sie also tun, um das Level an Verlässlichkeit anzuheben? Sie sollten die Fähigkeiten ausbauen, Dinge explizit anzusprechen, Vorbild zu sein und sich demonstrativ auf die anderen zu verlassen. Um das Level an Sympathie anzuheben, empfiehlt es sich, eine persönliche Ebene zu kreieren, Mitarbeitende zur sozialen Interaktion zu ermutigen, im Zweifel mehr und öfter zu kommunizieren, sich persönlich zu treffen und eine positive Grundstimmung auszustrahlen (Osman 2016).

Das ist bei einer reinen E-Mail-Kommunikation nur sehr schwer möglich, denn Vertrauen gedeiht hier rar und eher selten. Warum? Sympathie transportiert sich selten über E-Mails. Und auch die Frage, ob jemand wirklich verlässlich ist, lässt sich nicht wirklich gut aus einer E-Mail herauslesen!

Sich auf Eckpunkte in der Kommunikation einigen

Wie können Sie dies in Mitarbeitergesprächen nutzen? Wie im realen Leben auch entlarven sich Menschen dadurch, was sie tun, und nicht dadurch, was sie sagen. Allerdings sind diese Handlungen häufig in der Zukunft angesiedelt. Daher bietet es sich an, neben vertrauensbildenden Maßnahmen auch eine wechselseitige Selbstbindung vorzunehmen. Das bedeutet, dass Sie sich mit Ihrem Gesprächspartner auf bestimmte Eckpunkte verständigen, diese sich dann aufschreiben und gegebenenfalls auch gemeinsam abzeichnen, bevor Sie sich z. B. um die Umsetzung kümmern. Das kann eine Mail mit einem »ok« sein, oder auch ein elektronisches Dokument, das von beiden Seiten signiert bzw. kommentiert wurde.

Wenn ich für einen Kunden ein Seminar durchführe, dann ist es nicht selten so, dass ich mit diesem Kunden zunächst schriftlich korrespondiere, mich dann zu einem Telefonat verabrede, um vielleicht noch einige wichtige Punkte zu klären. Danach folgt ein Angebot (Ort, Zeit, Inhalt, Honorar) und nur wenn dies schriftlich akzeptiert ist, werde ich dazu übergehen, das Seminar im Detail vorzubereiten. Wichtig bei dem Telefonat ist, dass wirklich alle wichtigen Fragen geklärt werden können. Wenn Vorbehalte offenbleiben, dann ist eine schriftliche Beauftragung eher unwahrscheinlich. So kommen Sie auch in scheinbar unübersichtlichen Distanzsituationen Schritt für Schritt zum Ziel!

Die Kommunikationsmatrix

Viele Führungskräfte verlassen sich in der Distanzsituation zu sehr auf E-Mail, insbesondere aber nicht nur in »technischen Kulturen«. Vielleicht fehlt manchmal auch der Blick für die Vielfalt. In solchen Fällen hilft die Idee der »Kommunikationsmatrix«.

Wer spricht wann mit wem über was? Das ist eine Struktur, über die Sie mit Ihrem Team Einigkeit herstellen sollten. Alle wichtigen Kommunikationsflüsse benötigen »Gefäße«. Wir sprechen heute oft von »Formaten«, über die die Regelkommunikation zuverlässig stattfinden kann. Bedenken Sie allerdings, dass der Trend weg geht von den großen Formaten (»Jahresmitarbeitergespräch«) zu den kleinen, schnellen Formaten wie z. B. der Team-Chat einer Kollaborationsplattform wie »Chatter« oder »Slack«. Ähnlich dem Polizeifunk hören alle angeschlossenen Einheiten die aktuellen Dinge stets mit, egal, wo diese sich physikalisch gerade befinden.

Wer spricht wann über welches Medium mit wem? Mit diesen Elementen lässt sich auf einfache und nachvollziehbare Weise eine Kommunikationsmatrix bilden:

Wer?	Spricht wann?	Wie (Medium)?	Mit wem?	Über was?

Start-reflexion

Telefon

E-Mail

Video

Chat

Richtungs-check

3.5 Eine Nasenlänge voraus – Fingerspitzengefühl für das Timing

Spontan telefonieren und eben mal eine E-Mail raushauen, das kann doch jeder, oder? Klar, denkt man so. Aber wann ist der richtige Zeitpunkt, um z. B. nach dem Modell des transformativen Führens (siehe Abschnitt 1.3) eine passende intellektuelle Anregung zu übermitteln oder als sichtbares Vorbild wichtige Impulse zu geben?

Und hier kommt nun unsere Medienmatrix ins Spiel. Was können Sie jeweils tun, um die vier Dimensionen des transformationalen Führens in den unterschiedlichen Medienwelten zu realisieren? Die Frage ist übrigens nicht, ob Sie etwas tun können, sondern was genau, wie genau und wann bzw. in welchen Momenten? Kreieren Sie sich hier selbst ein Bild für neue Handlungsoptionen. Auf diese Palette können Sie dann jederzeit zurückgreifen.

In der Tabelle auf S. 137 haben Sie die Möglichkeit, die nächsten kommunikativen Steps ganz konkret zu planen: In der Horizontalen finden Sie die Mediengattungen, in der Vertikalen den Zweck. So erhalten Sie einen gut strukturierten Plan für die eigenen Kommunikationsaufgaben.

3.6 Einen feinen Kommunikationsteppich weben

Es gibt eine fast unendliche Zahl an Kommunikationsmöglichkeiten auf Distanz, die sich im Idealfall zu einem fein gewebten Kommunikationsteppich zusammenfügen. Ähnlich einem Klangteppich bei Ambient- oder Lounge-Musik. Überlegen Sie zuerst, welche Kommunikationsstrategie die richtige ist und weben Sie dann die entsprechenden Kommunikationsinhalte ein. Im Regelfall werden Sie dann nicht nur auf ein Instrument, z. B. die E-Mail, zurückgreifen, sondern auch weitere Kanäle mit einbeziehen.

Weiche bzw. defensive Kommunikation

- Komplimente zu Beginn oder am Ende einer E-Mail, aber überlegen Sie gut, wie Sie es formulieren, nicht jedes Kompliment wird auch als solches wahrgenommen.
- Stimmungselemente aufnehmen, z. B. Wetter, Jahreszeit, Besonderheiten in der eigenen Stadt, Persönliches.
- Nur ganz leichten Druck ausüben, etwa mit dem Hinweis, dass Sie in einem gewissen Zeitrahmen gerne zu einem Ergebnis kommen möchten, da es für Sie auch noch andere Themen gibt.

	als Rollenvorbild dienen	herausfordern und Sinn vermitteln	zur Kreativität anregen	persönliches Wachstum fördern
Telefonie Was genau? Wie genau? Wann?/Welche Momente?				
E-Mail Was genau? Wie genau? Wann?/Welche Momente?				
Video Was genau? Wie genau? Wann?/Welche Momente?				
Chat & Co. Was genau? Wie genau? Wann?/Welche Momente				

Partnerschaftliche bzw. win-win-orientierte Kommunikation

- Gemeinsamkeiten betonen und gemeinsam nach guten und intelligenten Lösungen suchen!
- Was ist Ihre Vision? Wieso soll das Team mitziehen?
- Vision in den Mittelpunkt stellen und mit Optimismus und Zuversicht verbinden!
- Bisweilen auch einmal moderaten Druck ausüben, falls die Gefahr besteht, dass eine große Chance ungenutzt vorbeiziehen könnte.

Start-reflexion

Telefon

E-Mail

Video

Chat

Richtungs-check

Kompromissorientierte Kommunikation

- Mit dem Mittelwertgedanken arbeiten: »Ich schlage vor, dass wir uns bei der Frage X in der Mitte treffen. Das würde bedeuten, dass…«
- Bewusst Anker in eine Richtung werfen, z. B. einen Absatz mit einer Zahl überschreiben: »Wir brauchen die 100 in der kommenden Woche!«
- Leichten Druck ausüben mit Argumentationen, dem Rahmen, Unterscheidung von verhandelbaren und nicht verhandelbaren Punkten.

Harte oder kompromisslose Kommunikation

- Einige kurze und knappe Statements formulieren!
- Klar die Anforderungen umreißen!
- Deutlichen Druck ausüben, z. B. Zielvorgaben, Deadlines.

Tipp vom Führungsfuchs

Versuchen Sie niemals, eine komplexe Angelegenheit in nur eine E-Mail zu packen. Planen Sie lieber mehrere Interaktionen, ggf. mit ein oder zwei kurzen Telefonaten.

Eine Schwalbe macht noch keinen Sommer, und eine einzelne E-Mail hat noch selten überzeugt!

3.7 Kommunikationsetikette bei E-Mails

Auch im Bereich der E-Mail-Kommunikation gibt es eine Etikette, die zu kennen zunächst einmal wichtig ist. Die folgenden fünf Punkte sind dabei zentral:

1. Setzen Sie Ausrufezeichen nur mit Augenmaß ein!

Jemanden, der hinter jeden Satz ein Ausrufezeichen setzt, kann man nicht ernst nehmen. Also seien Sie sparsam damit. Ein Punkt oder ein Fragezeichen machen sich auch gut in einem Text und führen dazu, dass Ihre Botschaft grundsätzlich dialogischer angelegt ist, als wenn Sie ausschließlich die Bedeutung der eigenen Aussage unterstreichen.

2. Denken Sie zweimal nach, bevor Sie auf die Antworten-Taste drücken!

Fehler schleichen sich schneller ein, als man denkt: die Schreibweise des Namens, Kommata, die für die Sinnhaftigkeit des Textes wichtig sind, und Dinge, die sich in eine E-Mail hineinmogeln, ohne dass sie dort etwas verloren hätten. Überlegen Sie immer sehr genau: Will ich das wirklich kommunizieren, was mein Adressat aus meiner E-Mail herauslesen kann?

3. Seien Sie vorsichtig mit Humor!

Humor ist eine schöne Sache. Doch gerade in der Schriftkommunikation ist Humor äußerst schwierig. Keiner erwartet einen Witz in einer E-Mail. Und so wird das, was Sie vielleicht als Witz angelegt haben, von der Gegenseite als unpassend, vielleicht sogar als deplatziert und fragwürdig empfunden.

4. Achtung bei Abkürzungen!

Abkürzungen sind je nach Branche, oft auch für jedes Unternehmen und mitunter sogar für einzelne Abteilungen völlig spezifisch. Auch Konzernunternehmen, die hierfür genügend Ressourcen aufbringen könnten, scheitern regelmäßig daran, ein unternehmensweites Abkürzungsverzeichnis zu erstellen. Je weniger Sie voraussetzen, desto besser!

5. Emoticons sind wichtig!

Emoticons bringen oft den entscheidenden Motivationskick, seien Sie trotzdem vorsichtig in der Auswahl. Das Emoticon 😉 (»Augenzwinkern«) ist nicht für jeden sofort von 😊 (»positives Lächeln«) zu unterscheiden. Missverständnisse sind in einem solchen Fall vorprogrammiert.

Tipp vom Führungsfuchs

Die E-Mail ist immer auch Ausdruck Ihrer Persönlichkeit: Wenn Sie als detailverliebt wahrgenommen werden, empfehlen wir Ihnen, jede E-Mail in Romanform mit hohem Detaillierungsgrad abzufassen, denn zum Lesen von E-Mails sind Mitarbeitende immerhin verpflichtet. 😊

3.8 Wie Sie in Ihrer Argumentation überzeugen

Die Behauptung ist ein Argument
ohne Hände und Füße.
Daniel Mühlemann, Fotograf und Übersetzer

Um erfolgreich zu kommunizieren, sollten Sie in der Lage sein, sachlich nachvollziehbare Argumente einzusetzen. Es bietet sich an, diese vorab nach ihrer jeweils vermuteten Relevanz und Überzeugungskraft zu sortieren. Am besten sammeln Sie mehrere Argumente und priorisieren diese nach der mutmaßlich stärksten Überzeugungswirkung beim Zuhörer. Hilfreich ist der Einsatz einer ABC-Kategorisierung:

Start-
reflexion

Telefon

E-Mail

Video

Chat

Richtungs-
check

A – Muss-Inhalte: Das sind Aussagen, die auf jeden Fall präsentiert werden müssen und die vermutlich eine hohe Überzeugungskraft für den Mitarbeiter haben.

B – Soll-Inhalte: Diese Zusatzinformationen in Form von Beispielen, Vergleichen und Fällen sollen gebracht werden, um die Kernargumente motivierender, verständlicher und überzeugender darzustellen.

C – Kann-Inhalte: Hiermit sind die Hintergrundinformationen gemeint, die – falls die Zeit bleibt – in die E-Mail eingearbeitet werden können. Das können etwa technische Detailinformationen oder persönliche Erfahrungen sein.

Tipp vom Führungsfuchs

 Eine E-Mail sollte überschaubar bleiben, daher diese in der Regel auf das Volumen einer ausgedruckten DIN-A4-Seite beschränken und für Hintergrundinformationen auch Anhänge, Links etc. nutzen.

Um für eine These einen Rechtfertigungsgrund oder einen Beweis anzuführen, gibt es zudem verschiedene Argumentationstechniken:

1. Faktische Argumentation: Begründung der Aussage durch

- Fakten, Zahlen, Statistiken, Belege und Quellenangaben,
- Hinweise auf Gesetze, Paragrafen und Vorschriften,
- logische Schlüsse.

2. Plausibilitätsargumentation: Sprachmuster, die durch subjektive Erfahrungsweisheiten oder einleuchtend Selbstverständliches Überzeugung hervorrufen wie

- »Niemand kann bestreiten…«
- »Jeder hat schon die Erfahrung gemacht…«

3. Emotionale Argumentation: Argumente, die sich auf das innere Erleben beziehen; damit werden

- Emotionen und Ängste direkt angesprochen wie
- »Mein Empfinden ist...« oder »Für mein Gefühl ist das zu viel/zu wenig/fehlerhaft/unvollständig«.

Tipp vom Führungsfuchs

Wichtig ist nicht so sehr, wie Sie ein Argument begründen, sondern dass Sie es überhaupt begründen, sei es faktisch, über einen Plausibilitätsargumentation oder über die emotionale Schiene. Nicht »Ich will« sondern »Ich will, weil...«!

»Entschuldigung, ich habe 5 Seiten, können Sie mich bitte vorlassen?«

60 % Erfolgsquote

»Entschuldigung, ich habe 5 Seiten, können Sie mich bitte vorlassen, weil ich es eilig habe?«

94 % Erfolgsquote

»Entschuldigung, ich habe 5 Seiten, können Sie mich bitte vorlassen, weil ich Kopien machen muss?«

93 % Erfolgsquote

(nach Cialdini, 2001, S. 24)

3.9 Mit ambitionierten Zielen agil zum Ziel

Damit die Argumentation überzeugend beim Mitarbeitenden ankommt, sollten die Ziele so formuliert sein, dass sich die Zielerreichung später konkret überprüfen lässt. Derart konkretisierte Ziele motivieren und geben einen Rahmen vor. Sie kennen dies sicherlich von Ihren guten Vorsätzen zu Beginn jeden Jahres: Viele Ziele sind schnell benannt. Die Kunst besteht dann allerdings darin, nicht aufzugeben! Das gilt für weite Strecken unseres beruflichen wie privaten Alltags: Zielvereinbarungen im Job, Ziele eines Meetings, die Ziele auf der täglichen Aufgabenliste, das Wunschgewicht, der Fitnesszustand, die Ferienwochen im Jahr oder die Zahl der den Stress so wunderbar abfedernden Kurzurlaube.

Überall gibt es »Zielvorstellungen«, die immer wieder in Erscheinung treten. Und genauso ist das auch bei den Mitarbeiterzielen. Man kann der immer wieder neu aufflammenden Zielplanung zwar kaum entkommen, aber es gibt zum Teil sehr raffinierte Strategien, diese zu umgehen und sich selbst auszutricksen! Umso wichtiger ist es zu wissen, wie sich Ziele schlüssig formulieren und umsetzen lassen. Der emeritierte Professor Edwin Locke, der an der School of Business der University of Maryland lehrte, und Gary

Start-
reflexion

Telefon

E-Mail

Video

Chat

Richtungs-
check

Faktor 2: Schwierigkeit: Zu besseren Ergebnissen führen in der Regel herausfordernde, »sportliche« Ziele, nicht die wenig herausfordernden.

Faktor 3: Akzeptanz: Ein Mitarbeiter, der seine Ziele als die eigenen ansieht, ist bekanntlich motivierter, als wenn diese ihm vorgegeben wurden. Mehr eigene Motivation führt in der Regel zu deutlich mehr Leistung.

Faktor 4: Commitment: Das Zielcommitment, also der Einsatz und die Selbstverpflichtung, bezieht sich darauf, inwieweit z. B. ein Mitarbeitender persönlich am Ziel interessiert ist und wie stark das Ziel verinnerlicht wurde.

Ein Programmierer, der sich selbst gerne mit neuen Programmiersprachen beschäftigt, wird sich stärker für die Umstellung auf eine neue Softwarearchitektur einsetzen als jemand, für den das eine große Bürde darstellen würde.

Eine Arbeitsgruppe um Ayelet Fishbach von der University of Chicago hat in diesem Zusammenhang vor Kurzem herausgefunden, dass selbst einfach zu erreichende Ziele oft nur dann wirklich umgesetzt werden, wenn ein tatsächliches Zielcommitment vorliegt (vgl. Fishbach 2016).

Latham, ein Professor für Organisationspsychologie an der University of Toronto, haben hierfür die sogenannte »Zielsetzungstheorie« entwickelt (Locke & Latham 1984). Hiermit lässt sich die Zielumsetzung im Arbeitsprozess optimieren. Vier Faktoren bestimmen in diesem Modell den Zielerreichungsgrad :

Faktor 1: Exaktheit: Ein konkretes Ziel ist besser als ein schwammiges. Besser ist also »Umsatzausweitung von 20 Prozent« als »im Vertrieb besser werden«.

Der Zielerreichungsgrad wird zudem von zwei Kontextfaktoren bestimmt: 1) die Komplexität der Aufgabe und 2) die Regelmäßigkeit des Feedbacks .

Bei komplexen Aufgaben, z. B. im agilen Management, ist es angebracht, dass man den oft sehr stark motivierten und gut ausgebildeten Teammitgliedern den Freiraum gibt, »ihre PS auf die Straße zu bringen«.

Herausfordernde Ziele sind grundsätzlich gut. Das Team muss jedoch sicherstellen, dass es zu keiner systematischen Überforderung kommt. Wenn zudem regelmäßig Rückmeldungen gegeben werden, kann das Ziel besser in den Blick genommen werden, als dies ohne Feedback wäre. Die möglichen Korrekturen sind zudem effektiver, da hier früher und wirksamer gegengesteuert werden kann.

Start-
reflexion

Telefon

E-Mail

Video

Chat

Richtungs-
check

3.10 Dokumentation: Intelligente Ablage ist Trumpf!

Der Vorteil von E-Mail ist nun einmal, dass es sich um eine Schriftkommunikation handelt. Gut, wenn Sie diese immer dann zur Hand haben, wenn es erforderlich ist.

Viele verlassen sich dabei auf die Suchfunktion ihres E-Mail-Programms. Das ist oft nicht ausreichend, z. B. deshalb, weil die meisten Mailprogramme irgendwann Mails automatisch löschen. Oft sind auch die Suchfunktionalitäten nicht wirklich gut, das Programm stürzt ab, wenn es zu viele E-Mails werden, Dateien verschwinden etc.

Eine schnelle und gleichzeitig nachhaltige Dokumentation der wesentlichen Inhalte, seien es Inhalte von Telefonaten, Videosessions, Chats oder E-Mails, sind das A und O bei digital-agilen Teams, die auf Distanz zusammenarbeiten müssen.

Einmal eingerichtet und konsequent gepflegt, können Sie Tage, Wochen und Monate später sehr genau nachvollziehen, welche Sachverhalte Sie und ihre Mitarbeitenden bzw. das Team zu welchem Zeitpunkt ausgetauscht haben. Es kommt nicht darauf an, ob Sie ein gutes Gedächtnis haben, sondern es geht einzig und allein darum, ob Sie über eine intelligente Ablageform verfügen, die Sie in jeder Kommunikationssituation – unabhängig vom gerade eingesetzten Medium – optimal unterstützt.

Meine Erfahrung: je digitaler, umso besser. Und wenn Sie dann auch noch zu jedem Zeitpunkt über die unterschiedlichen »Devices« wie PC, Notebook, Tablet und Handy darauf zurückgreifen können, desto informierter und freier sind Sie bei der Wahl der optimalen Kommunikationszeitpunkte. Aber auch Papier und Stift sind nicht zu verachten, immer vorausgesetzt, Sie können später lesen, was Sie notiert haben. Mein Tipp hier: BLOCKBUCHSTABEN sind später immer besser zu lesen, außerdem reduzieren Sie so Ihre Notizen auf das wirklich Wesentliche. Und: Gescannt lassen sich die wesentlichen Informationen ebenfalls besser auffinden, wenn sie hervorgehoben worden sind.

Die psychologische Wirkung regelmäßiger Notizen

Beim Thema Notizen gibt es noch einen weiteren, psychologischen Aspekt: Wenn Sie selbst Ihre Kommunikation immer wieder in den wesentlichen Punkten zusammengefasst und verschriftlicht haben, dann haben Sie viele Dinge, z. B. Zahlen oder Argumente, oft so gut präsent, dass Sie hier ebenfalls genau den richtigen Zeitpunkt abwarten können, um diese einzusetzen. Sie werden so fast automatisch zum kompetenten Hausmeister Ihres eigenen »Informationsuniversums«. Brillanz hat viel mit der Bereitschaft zu tun, sich sehr intensiv mit der Materie zu beschäftigen. Brillanz kommt also nicht von ungefähr!

Um immer die Übersicht zu behalten, sollten Sie nicht nur die E-Mails als solche in Ihrem System ablegen, sondern immer auch eine Notiz hinzufügen. Hierfür empfehle ich die folgende Struktur:

- Wer hat die Gesprächsnotiz verfasst? Wer ist also ggf. Ansprechpartner für Rückfragen (eventuell mit Kürzel) und für wen ist die Notiz relevant?
- Was war der Kern des Gesprächs bzw. des Meetings?
- Welches Medium wurde genutzt: Telefon, E-Mail, Videokonferenz, Chat & Co, Face-to-Face?
- Was ist noch zu tun? Wer soll es tun? Bis wann?

Start-
reflexion

Telefon

E-Mail

Video

Chat

Richtungs-
check

Tipp vom Führungsfuchs

Reflektieren Sie bei jeder persönlichen Notiz auch die Persönlichkeit Ihrer Mitarbeitenden. Ich empfehle: Nutzen Sie ein einheitliches Persönlichkeitsmodell, das für Sie gut verständlich ist. Ein solches ist z. B. das D-I-S-G-Modell (siehe Abschnitt 1.6).

3.11 Reflexionswolke für das Verfassen einer E-Mail

Die Impulswolke für das Verfertigen einer E-Mail hat folgende Gestalt:

Wie nah bin
ich meinem Ziel?

Wo stehe ich in meiner
persönlichen Reflexion?

Mit welchen Medienpräferenzen sind
meine Mitarbeitenden derzeit unterwegs?

Bedarf es noch weiterer
vertrauensbildender Maßnahmen?

Kommt meine
Botschaft klar rüber?

Gebe ich ausreichend
Begründungen?

Welche Register kann ich noch ziehen?
Wann lassen sich neue Ideen und Methoden einführen?

Was wäre
jetzt ein guter Impuls?

Habe ich die richtigen Fragen gestellt?

Reagiere ich optimal auf Feedback?

Gab es Zeichen von Missbehagen oder von Orientierungslosigkeit?

Was ist der beste
Zeitpunkt für die Versendung?

Wo kann ich
agiler werden?

3.12 Das 360-Grad-Leadership-Radar für E-Mails

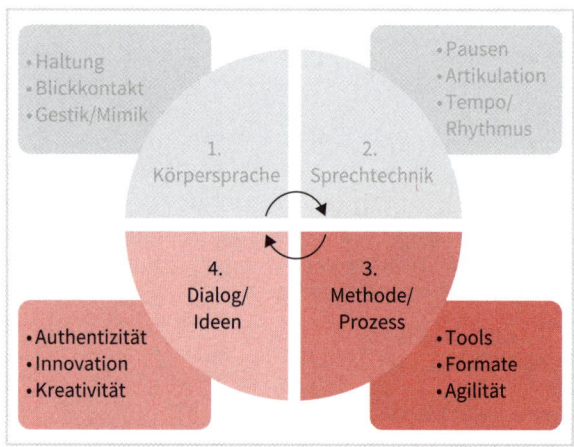

Wir fokussieren bei der E-Mail-Kommunikation auf die beiden letzten Punkte 3. Methode/Prozess sowie 4. Dialog/Ideen, da sowohl 1. Körpersprache als auch 2. Sprechtechnik für die E-Mail-Kommunikation irrelevant sind:

3. Bereich: Methode/Prozess

- Wie genau sind Sie in die Konversation eingestiegen?
- Wie viele E-Mails haben Sie geschrieben? Wie viele Ihre Mitarbeitenden?
- Welche weiteren Zusatzmedien waren im Einsatz: Telefon, Videokonferenz oder Chat & Co?
- Wie und wann haben Sie Ihre Erwartungen formuliert? Welche Anker haben Sie gesetzt?
- Waren Sie in Ihrer E-Mail-Kommunikation klar und überzeugend? Was fehlte vielleicht noch?
- Wo sind Sie hinter Ihren Möglichkeiten geblieben? Was haben Sie sich nicht zu formulieren getraut?

4. Bereich: Dialog/Ideen:

- Welche der vier großen Kommunikationsstrategien haben Sie eingesetzt?
- Auf welche Überzeugungstechniken haben Sie zurückgegriffen?
- Welche Fragen haben Sie gestellt? Welche Fragetypen haben Sie benutzt?
- Welche Argumente haben Sie angebracht? In welcher Reihenfolge?
- An welchen Punkten hat es bei Ihnen klick gemacht? Wo sind neue Ideen entstanden?

3.13 Die zehn Erfolgsparameter für Führungskommunikation per E-Mail

Unter den Menschen gibt es
viel mehr Kopien als Originale.
Pablo Picasso, spanischer Maler und Bildhauer

Worauf kommt es beim Medium E-Mail wirklich an? Die folgenden Punkte geben Ihnen Orientierung:

1. *Bleiben Sie übersichtlich – z. B. mit klar abgesetzten Sätzen:*
   Klare Absätze, jeweils mit einer Leerzeile dazwischen. Machen Sie sehr klar, was Sie sagen möchten. Eine E-Mail ist keine Bleiwüste, sondern eine Botschaft!

2. *Schreiben Sie nie eine Mail im Zorn – erst einmal an sich selbst adressieren:*
   »Schreibe nie einen Brief im Zorn«, sagt man. Richtig ist, dass Sie auch bei einer emotionaleren Botschaft immer auch einen Abstand brauchen. Sonst werden Sie schnell ungerecht. Mein Tipp: Wenn Sie sich wirklich ärgern in einer E-Mail-Konversation, dann senden Sie die E-Mail erst einmal an sich selbst. Und erst dann, wenn Sie wieder klar denken können, überlegen Sie, was davon Sie weiter benutzen möchten.

3. *Erst der Überblick, dann alles andere – erst einmal klären, wo Sie hinwollen:*
   Solange Sie Ihre Absichten, Methoden und Dialogideen noch nicht durchdacht haben, halten Sie sich mit E-Mails zurück. Wie in Face-to-Face-Situationen auch, kann ein falscher Satz oder ein unglückliches Wort viel Mitarbeitermotivation zunichtemachen und Ihnen somit viel zusätzliche Arbeit abverlangen.

4. *Das Timing ist wichtiger als viele glauben – überlegen Sie, wieviel Zeit Ihr Team oder auch einzelne Mitarbeitende benötigen, um Ihre Botschaft richtig einzuordnen:*
   Wieviel Zeit brauchen ihre Leute, um die neuen Informationen zu verarbeiten? Speziell Gründer und CEOs sind oft sehr viel schneller unterwegs als die »einfachen Mitarbeiter«. Daher: Gute Dinge brauchen Zeit und Geduld führt hier zum Erfolg. Jeder Mensch hat seine Geschwindigkeit und Betriebstemperatur. Speziell, wenn Sie Veränderungen herbeiführen möchten, gilt immer noch: Ein Grashalm wächst nicht schneller dadurch, dass man an ihm zieht.

5. *Eine gute Mail hat eine klare Struktur – gute Distant Leader sehen das auf den ersten Blick:*
   Bei keinem anderen Medium sieht man die Struktur so gut (bzw. ist so klar, dass sie fehlt) wie bei einer E-Mail. Nutzen Sie klassische Gliederungsschemata wie 1., 2.,

Start-reflexion

Telefon

E-Mail

Video

Chat

Richtungs-check

3. oder a), b), c). Sie machen so einen sehr gut strukturierten und im Zweifel auch kompetenten Eindruck. Allerdings könnte es sein, dass Sie sich so auch schnell im Detail verlieren. Eine einfache Nummerierung wie 1, 2 und 3 reicht meistens völlig! Lernen Sie jedoch auch den Charakter Ihrer Mitarbeitenden zu lesen. Die Struktur und die Formulierungen einer E-Mail sind wie ein Fingerabdruck: einzigartig und am Ende unverwechselbar. Arbeiten Sie daran!

6. *In der Kürze liegt die Würze – Romane wird niemand lesen:*
Schreiben Sie nie eine Mail, die länger ist als eine ausgedruckte DIN-A4-Seite, mehr liest sowieso niemand.

Details sind in Anhängen wie PDF-Dokumenten besser aufgehoben. Wenn Sie Ihre Botschaft nicht auf einer Seite unterbringen können, dann denken Sie noch einmal ganz genau darüber nach, was eigentlich Ihr Ziel ist!

7. *Nervosität ist auch in E-Mails sichtbar – jedoch anders als viele denken:*
Manche Menschen ziehen die Schriftform vor, da hier Unsicherheiten oder auch Nervosität leichter verborgen werden können. Stimmt, eine zitternde Stimme gibt es in einer E-Mail nicht! Aber wenn Sie stattdessen detailversessen und mit langen Satzkonstruktionen verschraubt formulieren und sich z. B. mit Nachfragen permanent absichern, dann bekommt die Gegenseite sehr schnell mit, dass sie es vermutlich nicht mit dem stärksten Chef zu tun hat!

8. *Emoticons machen Dinge greifbar – der gezielte Einsatz von Metaphern ebenfalls:*
Wenn Sie eine emotionale Botschaft haben, dann können Sie dies auch mit Emoticons unterstützen! Bildhafte Sprache ist im gesprochenen Deutsch dann von Nutzen, wenn Sie die Vorstellungswelt Ihres Gegenübers beeinflussen oder mitbestimmen möchten. Wir sprechen dann von bewusst eingesetzten Metaphern, die – wenn sie gut gewählt sind – ihre Wirkung oftmals nicht verfehlen.

9. *Eine gute Dokumentation ist das halbe Leben – auch hier gilt: Vorsprung durch Technik!*
Dokumentieren Sie Ihre externe Kommunikation? Viele Unternehmen verfügen über ein CRM-System, um die Kundeninteraktionen festzuhalten. Nutzen Sie für jede Berührung im »Customer-Touchpoint« immer die gleiche Struktur, so dass sich auch Kollegen in Ihren Notizen gut zurechtfinden.

10. *Wichtige Mails vor dem Absenden zweimal lesen!*
»Better double check!«, sagen die Briten und meinen damit eine bessere Überprüfung bei Dingen von besonderer Wichtigkeit. Ich lese wichtige oder sensible Mails daher immer kurz einer Vertrauensperson vor, bevor ich sie versende. Meistens erkenne ich dabei kleinere Fehler oder Ungeschicklichkeiten selbst. Wenn die ganze Richtung nicht stimmt, bekomme ich so schnell ein verwertbares Feedback.

Start-reflexion

Telefon

E-Mail

Video

Chat

Richtungs-check

TEIL 4

VIDEO:
BILD, TON, TECHNIK

4 HERAUFORDERUNG VIDEOKONFERENZ

Start-
reflexion

Telefon

E-Mail

Video

Chat

Richtungs-
check

Abstimmungen per »Livestream« sind aus der Geschäftswelt nicht mehr wegzudenken. Und sie haben ihre Eigenarten, Tücken und Gestaltungsmöglichkeiten. Nicht ganz untypisch scheint es für Videomeetings zu sein, dass hinterher häufig unklar ist, was tatsächlich genau gesprochen wurde. Aufzeichnungsfunktionen sind zwar oft verfügbar, werden jedoch selten genutzt.

Die Alternative ist, mit einer klaren Agenda zu arbeiten. Besser als die technische Aufzeichnung sind in der Realität oftmals die präzise Mitschrift sowie zeitnah erstellte und versandte Protokolle. Eine Abstimmung im Team ist ein Prozess. Wurde jemand missverstanden, so kann er oder sie dies dann zum Protokoll ergänzen. Eine »Aufzeichnung« hingegen würde im Regelfall niemand mehr »sichten«. Und da auch der Umstand, dass aufgezeichnet wird, den Verlauf einer Session durchaus beeinflusst, rate ich hiervon ab.

Videokonferenzen mit vielen Beteiligten gleichen einem Spießrutenlauf

Videokonferenzen mit sehr vielen Beteiligten sind für viele auch sehr erfahrene Digital Leader daher oft die wirklich harten Nüsse. Warum? Heute gibt es zwar eine Vielzahl von technischen Lösungen, und dennoch gibt es in Videokonferenzen immer wieder technische Probleme. Die Reaktionszeiten liegen zudem praktisch bei null. Vieles wie z. B. die Mimik lässt sich nicht kaschieren und wenn man Pech hat, dann spielt Ihnen auch noch die Technik einen Streich.

Bei den heutigen Konferenzsystemen gibt es ein weiteres Problem: Sie sehen zwar Ihr Gegenüber, wissen aber oft nicht, wohin er oder sie gerade genau schaut. Manche sind hiervon irritiert. Von der Persönlichkeit her sind dies insbesondere die gewissenhaften und stetigen Typen. Wir werden dies in Zusammenhang mit dem D-I-S-G-Modell noch einmal aufgreifen (siehe Abschnitt 4.9).

Was können Sie konkret tun, wenn Sie durch Technikfehler irritiert werden?

Wenn Bilder rucken, kann man durch das Abstellen der Bildfunktion eine Verbesserung erreichen. Das sowie kulturelle Aspekte führen dazu, dass in manchen Unternehmen eine als Videokonferenz aufgesetzte Abstimmung doch sehr schnell zu einer Audiokonferenzschalte mutiert. Das ist eine Möglichkeit, sich stärker auf das »Gesagte« zu konzentrieren. Ähnlich wie bei einem Telefonat oder einer Telefonkonferenz konzentriert sich dann vieles wieder auf die Stimme, die Rhetorik sowie die verbale Ausgestaltung. Auch über Audiokanäle kann eine Diskussion sehr emotional werden. Je nach Situation sollen Sie hier mit jeder der angeschlagenen »Tonalitäten« sinnvoll umgehen können. Bei Meetings mit mehr als zehn Personen braucht es zudem mehr Methodik, um zu einem gewünschten Ziel zu kommen. Immer gut für ein Kick-off: eine Vorstellungsrunde und eine Agenda. Bei Unklarheiten gerade in Audiokonferenzen sollten Sie nochmal nachfragen, wer welche Aussagen getätigt hat, da oft Stimmen in einer Telefonkonferenz zum Verwechseln ähnlich klingen.

Möglichkeiten zur Arbeitsteilung im Team: das Kanban-Board

Nicht jeder, der mit an einem Strang zieht,
zieht in die gleiche Richtung.
Oliver Tietze, deutscher Aphoristiker

Projekte – auch in Business-to-Business-Märkten – werden zunehmend komplexer und internationaler. Beim Verkauf von kundenspezifischen Gesamtlösungen z. B. ist immer häufiger Wissen aus völlig unterschiedlichen Unternehmensbereichen gefragt und Kenntnisse spezifischer lokaler Gegebenheiten sind vonnöten. Dieser Herausforderung ist eine Einzelperson oft kaum gewachsen. Die Einzelperformance wird zur Teamleistung, in der alle Beteiligten ihre Expertise etwa für Technik, Logistik, Quality Assurance usw. einbringen. Das ist nicht ohne, denn Spezialisten verhalten sich häufig genauso: nämlich als Spezialisten. Dabei tun sie scheinbar ja auch nichts Falsches, sondern bringen nur ihr Wissen ein.

Als Digital Leader ist es Ihre Aufgabe, die Kollegen »ins Bild zu setzten«, so dass diese genauso flexibel und geschickt agieren können wie Sie selbst. Als Team maximal agil und zielorientiert handeln zu können, das ist das Ziel.
Gerade im Zusammenspiel von Digital Leader und Spezialisten liegt ein Riesenpotenzial. Die Probleme der Spezialisten: Sie sind oft nicht ausreichend orientiert und können daher manche strategische und taktische Überlegung nicht nachvollziehen.

Mangels Erfahrung und auch mangels Projektwissen können sie manche Schritte nicht einordnen und reagieren dann »intuitiv« und damit oft falsch. Spezialisten sind zudem von ihrer Persönlichkeit eher harmonieorientiert und verstehen sich als Fachleute für die reinen Fakten. Wenn es emotional wird, sind sie daher oft überfordert. Besonders kritisch sind Stresssituationen, da dann der kritische Menschenverstand häufig aussetzt.

Was ist dann die Lösung?
Wollen Sie vielleicht gar nicht immer den großen Zampano spielen und alles selbst steuern? Dann sollten Sie sich ein-

mal etwas intensiver mit dem agilen Framework »Kanban« auseinandersetzen und sich mit den Hintergründen vertraut machen: Kanban visualisiert den Arbeitsfluss und ermöglich es einem Team, den Arbeitsfluss über ein Pull-System selbst zu organisieren (Nowotny 2016). So lässt sich der Arbeitsfluss visualisieren und wichtige Voraussetzungen für eine stärkere Selbstorganisation des Teams werden geschaffen.

4.1 Authentische Kommunikation

Nicht jeder Gesprächspartner agiert sicher. Neben einem kompetent-sicheren Verhalten (Level 1) fallen manche Gesprächspartner in Videokonferenzen in aggressive (Level 2), zuweilen auch in unsichere Verhaltensweisen (siehe Tabelle Seite 156).

Anders als in Face-to-Face-Gesprächen ist hier die Gefahr für Feindseligkeiten (Level 2) jedoch grundsätzlich größer, da die Nähe fehlt. Humor hilft übrigens in vielfältiger Weise, hoffentlich haben Sie genug davon! Auch das Potenzial für Unsicherheit ist bei Videokonferenzen höher, da sowohl die Technik als auch die Distanz bei vielen Menschen die Unsicherheit verstärkt. Versuchen Sie daher, erst einmal

Start-
reflexion

Telefon

E-Mail

Video

Chat

Richtungs-
check

	sicher – Level 1 –	aggressiv – Level 2 –	unsicher – Level 3 –
Formulierungen	laut, klar, deutlich	brüllend, schreiend	leise, zaghaft
Tonalität	eindeutig	drohend, beleidigend	unklar, vage
Inhalt	präzise Begründung, Ausdrücken eigener Bedürfnisse, Benutzung von »ich«, Gefühle werden direkt ausgedrückt	keine Erklärung und Begründung, Drohungen, Beleidigungen, Kompromisslosigkeit, Rechte anderer werden ignoriert	überflüssige Erklärungen, Verleugnung eigener Bedürfnisse, Benutzung von »man«, Gefühle werden indirekt ausgedrückt
Emotionalität	unterstreichend, lebhaftes Vokabular, Ansprache mit Namen	unkontrolliert, drohend, keine Ansprache mit Namen	kaum vorhanden oder verkrampft, keine Ansprache mit Namen

eine menschliche Ebene zu finden, und nutzen Sie Smalltalk (siehe Abschnitt 3.3) als sozialen Kitt, um auf diese Weise besser mit den beschriebenen Störungen umgehen zu können.

Tipp vom Führungsfuchs

 Immer dann, wenn sich nicht beide Parteien auf Level 1 befinden, wird das Gespräch automatisch weniger angenehmer, weniger konstruktiv und streckenweise auch schwierig. Begegnen Sie allen Eventualitäten agil und schlagfertig und meistern Sie neue Herausforderungen mit Humor.

4.2 Affektive Signale: Körpersprache neu interpretiert

Warum macht es Sinn, Muster zu beobachten? Köpersprache hat viele Gesichter. In den meisten Fällen gilt jedoch: Die Körpersprache ist in der Regel schwerer zu kontrollieren als das gesprochene Wort. Daher verraten sich übrigens viele Lügner durch nonverbale Hinweisreize. Je mehr Zeit Sie mit Ihrem Gegenüber in Videokonferenzen verbringen, desto präziser wird ihre Einschätzung.

Lernen Sie die Asymmetrien zwischen Verhalten und gesprochenem Wort auszulesen. Wann wackelt z. B. die

Stimme? Oder wann steigt die Tonhöhe an, während die Körperhaltung oder die gewählten Formulierungen scheinbare Überzeugtheit in der Sache signalisieren. Oder aber die Stimme klingt fest und selbstsicher, gleichzeitig können Sie Verlegenheitsgesten (z. B. an die Nase fassen, das Ohr berühren) beobachten. Oder aber der Blick wandert unruhig umher, Sie beobachten eine Rücknahme der natürlichen Gestik oder die Augenlieder zucken.

Es lohnt sich in jedem Fall, Vorsicht walten zu lassen. Lassen Sie sich durch den Schein bloßer Rhetorik nicht blenden. Es ist jederzeit legitim, konsequent Fakten zu checken, also auch Zahlen und Argumente einschließlich der zugrundeliegenden Informationsquellen auf ihre Tragfähigkeit und Seriosität zu überprüfen.

Tipp vom Führungsfuchs

Mit dem Köper zu lügen, ist fünfmal so schwer wie mit Worten! Das bedeutet, dass es durchaus Sinn macht, auf die kleinen Signale zu achten, z. B. Anspannung. Diese erkennen Sie etwa an der nervös-wippenden Bewegung der Beine oder an feinen Zuckungen im Gesicht.

4.3 Persönliche Ausstrahlung in einer Videokonferenz

Sie kennen vielleicht auch Menschen, die eine starke Ausstrahlung haben? Wenn diese den Raum betreten, sind plötzlich alle ruhig und schauen interessiert oder fasziniert auf diese Person. Bei anderen ist das nicht so, mehr noch, keiner bemerkt diese, wenn sie eintreten.

Die persönliche Ausstrahlung kann also in einer Gesprächssituation ein Vorteil darstellen. Auch in Videokonferenzen können Sie viel dazu beitragen, dass andere Sie als ausstrahlungsstark wahrnehmen.

Die folgende Checkliste hilft Ihnen, sich in puncto Ausstrahlung in einer Videokonferenz zu verbessern:
1. Achten Sie auf eine klare und artikulierte Aussprache! Betonen Sie insbesondere die Vokale!
2. Zeigen Sie eine sichere und aufrechte Körpersprache! Drücken Sie Ihren Brustkorb nach vorne!
3. Signalisieren Sie Sicherheit bei allen relevanten Details! Notieren Sie wichtige Zahlen beispielsweise vorab!

Start-reflexion

Telefon

E-Mail

Video

Chat

Richtungs-check

4. Spezifizieren Sie, was genau Sie von Ihren Mitarbeitenden erwarten! Reden Sie Klartext!
5. Sorgen Sie dafür, dass Sie alle Ihre Themen auch tatsächlich anbringen! Zeigen Sie Themenpräsenz!

Mit einer persönlichen Ausstrahlung zu arbeiten, bedeutet auch, die Gegenseite mit Ideen zu begeistern. So können Sie z. B. mit einer neuen Idee oder Vision nach vorne gehen und Ihre Gesprächspartner zu begeistern versuchen. Gerade bei Distanzmedien ist es jedoch wichtig, dass Sie Ihr Gegenüber hierauf vorbreiten, z. B. indem Sie sich das folgende Einverständnis »abholen«: »Geben Sie mir zwei Minuten und ich skizziere Ihnen einen Lösungsweg, der aus meiner Sicht für uns alle große Vorteile hätte, einverstanden?«

Beobachten Sie in einer Videokonferenz dann sehr genau Ihr Gegenüber und packen Sie das Gesehene dann wieder in Worte. Im positiven Fall: »Ok, ich sehe Sie sind bereit. Gut, dann werden ich jetzt mein Bestes geben, Ihnen meine Ideen nahezubringen.« Im negativen Fall können Ihre Formulierung wie folgt lauten: »Ok, ich sehe, Sie sind noch nicht bereit. Was genau fehlt Ihnen denn, um sich auf eine neue Idee einlassen zu können?«

4.4 Die passende Haltung bei Videokonferenzen

In der Haltung des Körpers verrät sich der Zustand des Geistes. Durch die Körperbewegung spricht gleichsam des Geistes Stimme.
Ambrosius, römischer Politiker und Bischof

Die Wahl der passenden Haltung ist neben dem digital-agilen Medienmix das wichtigste Mittel zum Erfolg für einen Remote Leader! Das Kommunikationsziel, die Agenda etc. überlegen Sie sich in der Regel vor einem Videodialog. Aber was ist mit der Haltung? Sind Sie in der Lage, diese im Laufe der Videokonferenz agil-flexibel anzupassen? Nach einer Pause und bei jeder neuen relevanten Information oder Situationsveränderung macht es Sinn, sehr bewusst über die eigene Haltung nachzudenken. Was soll rüberkommen? Wie möchte ich gehört, verstanden, wahrgenommen werden?

Schauen wir uns die Situation einmal genauer an: Eine Videokonferenz ist in großem Maße zum einen durch die **Beziehung der Gesprächspartner** und zum andern durch die unterschiedliche **Ergebnisorientierung** geprägt.

Ist beiden Gesprächspartnern v.a. **die Beziehung wichtig,** nicht jedoch die einseitige Interessensdurchsetzung in einem spezifischen Fall, so entwickelt sich oft eine umfassende Kooperationsbereitschaft und die Karten werden offen auf den Tisch gelegt. In diesem Fall ist es grundsätzlich möglich, alternative Handlungsstrategien zu suchen und gleichzeitig eine Win-win-Situation herbeizuführen. Bei dem Muster »Beziehung wichtig« und »Ergebnis unwichtig« wird sich in der Regel ein Muster abzeichnen, bei dem beide Seiten häufiger bereit sind, nachzugeben und der Gegenseite einen Vertrauensvorschuss einzuräumen. Zwei Edelmänner oder Edelfrauen wollen also für die Gegenseite stets zunächst nur das Beste, die Gegenseite will für einen selbst jedoch auch das Beste. Fazit: Solche Gespräche werden selten als problematisch erlebt. Allerdings gibt es hier natürlich auch eine Gefahr: Sie als Chef werden als schwach wahrgenommen und Mitarbeitende machen in Zukunft, was sie wollen. Wenn das so gewollt ist im Sinne einer guten Selbstorganisation: Bingo! Falls nicht, dann lesen Sie weiter!

Ist die **Beziehung genauso wichtig wie das Ergebnis**, so wird das Gespräch etwas komplizierter. Durch den Austausch von Ideen und Interessen sowie der Suche nach alternativen Lösungswegen kann eine Ausgleichslösung, die beide Parteien gleichermaßen zufriedenstellt, gefunden werden.

Jedes Mitarbeitergespräch ist ein Kommunikationsprozess: Klare Gedanken verbunden mit einer verständlichen Sprache sind eine Grundvoraussetzung für den Erfolg. Der gezielte Einsatz rhetorischer Mittel, insbesondere die eingesetzte Fragetechnik, Pausen, Betonungen sowie Wiederholungen stärken die eigene Präsenz und Wirksamkeit.

Ist den beiden jedoch das **Ergebnis des Gesprächs wichtiger als die Beziehung**, so beginnt eine eher konfrontative Auseinandersetzung. Hier gilt das alte lateinische Sprichwort: »Per aspera ad astra«, will sagen: »Der Weg zu den Sternen ist hart«. Mit einer schnellen und überraschenden Form der Schlagfertigkeit kann der Gegenüber durchaus »bezwungen« werden. Allerdings sollten diese Mitarbeitergespräche eher die Ausnahme sein, es könnte sich sonst um eine äußerst kraftraubende Angelegenheit handeln!

Ein gutes Verständnis der zentralen Persönlichkeitsmerkmale Ihrer Mitarbeitenden erlaubt hier auch die Betrachtung der D-I-S-G-Ausprägung (siehe Abschnitt 4.9). Wahre Remote Leader wissen, dass die Reflexion der eigenen Per-

Start-
reflexion

Telefon

E-Mail

Video

Chat

Richtungs-
check

sönlichkeit und die des Gegenübers der wahre Schlüssel zum Verständnis des anderen sind.

4.5 Agendasetting – speziell für die Videokonferenz

Unter Agendasetting versteht man gemeinhin, die Themen zu bestimmen, die diskutiert werden, z. B. in der Politik oder in der PR-getriebenen Lancierung von Produkten oder Dienstleistungen im wirtschaftlichen Kontext. In einem Gespräch oder Teammeeting ist das Agendasetting sehr konkret der Versuch, die Tagesordnung aktiv zu gestalten, die dann die zu besprechenden Inhalte bestimmt.

Wenn Sie Ihre Leute begeistern möchten, dann macht es Sinn, mit einer Präsentation oder einem gut strukturierten Intro einzusteigen. Bei einem professionellen Agendaset-ting-Prozess geschieht dies nicht spontan, auch nicht überraschend, sondern wird im Vorfeld angekündigt, und zwar am besten so, dass Ihr Gegenüber schon ganz »heiß« auf die neuen Informationen oder die neue Diskussionsperspektive ist. Die Aufgabe des Agendasettings besteht also im gezielten Abstecken des Diskussionsrahmens. Das gilt natürlich auch für Meinungsbildungsprozesse über Medien.

Ein professioneller Agendasetting-Prozess lässt sich in drei Abschnitte unterteilen: zum einen in die Vorbereitungsphase vor der eigentlichen Onlinesession, zum anderen in die Gestaltungsphase in der laufenden Session und zum dritten in eine Auswertungsphase.

1. **Vorbereitungsphase:**
   In der Vorbereitung der Kommunikation legen Sie fest, über welche Themenfelder Sie fokussiert sprechen möchten. Eine gute Agenda sollte mindestens drei und nicht mehr als sieben Punkte umfassen. Es sollte alles abdecken bzw. beinhalten, was für Sie wichtig ist, um die Diskussion in Ihrem Sinne voranzutreiben. Wenn Sie die Agenda setzen, dann bestimmen Sie auch die Reihenfolge: Was ist ein guter Einstieg? Welche inhaltlichen Bereiche müssen besprochen werden? Was brauchen Sie am Ende, um zum Ziel zu kommen?

2. **Gestaltungsphase:**

Während des Gesprächs oder Meetings kommt es darauf an, immer wieder zur Agenda zurückzukommen, falls die andere Partei oder auch man selbst in Nebensächlichkeiten abschweift. Natürlich kann auch mitten in einem Meeting ein ganz wichtiges Thema auftauchen, das sofort behandelt werden muss. Aber das sollte die Ausnahme sein und passiert auch nicht wirklich oft, wenn man in der Vorbereitungsphase gut gearbeitet hat. Es sei denn, Sie wählen von vornherein ein agiles Vorgehen und organisieren das Meeting z. B. nach dem Lean-Coffee-Prinzip: Sie listen erst einmal alle möglichen Themen auf und lassen dann darüber abstimmen, in welcher Reihenfolge diese besprochen werden. Nach einem festgesetzten Zeitraum (z. B. nach zehn Minuten) wird erneut abgestimmt, ob das Thema als abgeschlossen betrachtet werden kann.

3. **Auswertungsphase:**

Nach dem Gespräch bzw. Meeting macht es Sinn zu reflektieren: Wo ist es mir gelungen, die Themen zu bestimmen? Wo hat das Team eigene Themen eingebracht? Was ist neu? Was sollte ich weiterverfolgen? Wo gilt es, neue Türen für meine Mitarbeitenden bzw. mein Team zu öffnen? Halten Sie die wichtigen Punkte in einem kurzen Memo fest und verschicken Sie dieses zeitnah.

Tipp vom Führungsfuchs

 Gerade in Videokonferenzen hat es sich bewährt, die wichtigen Dinge in einem elektronischen Dokument festzuhalten. So sind alle dabei und hören und sehen, was Sie tippen. Und so haben alle sowohl die Essenz des Meetings als auch die To-dos direkt vor Augen und im Ohr. Besser geht's nicht!

4.6 Jedes Teammitglied ist anders – die Stufen der Intensität variieren

Viele Führungskräfte bleiben wirkungslos, weil sie in schwierigen Führungssituationen zu zaghaft oder weil sie in sensiblen Momenten nicht differenziert und mit Fingerspitzengefühl agieren.

Die Abbildung auf S. 162 soll Ihnen helfen, die unterschiedlichen Stufen der Intensität digital-agil an die jeweilige Kommunikationssituation anzupassen.

Start-reflexion

Telefon

E-Mail

Video

Chat

Richtungs-check

Die fünf für uns hier relevanten **Stufen der Intensität** sind:

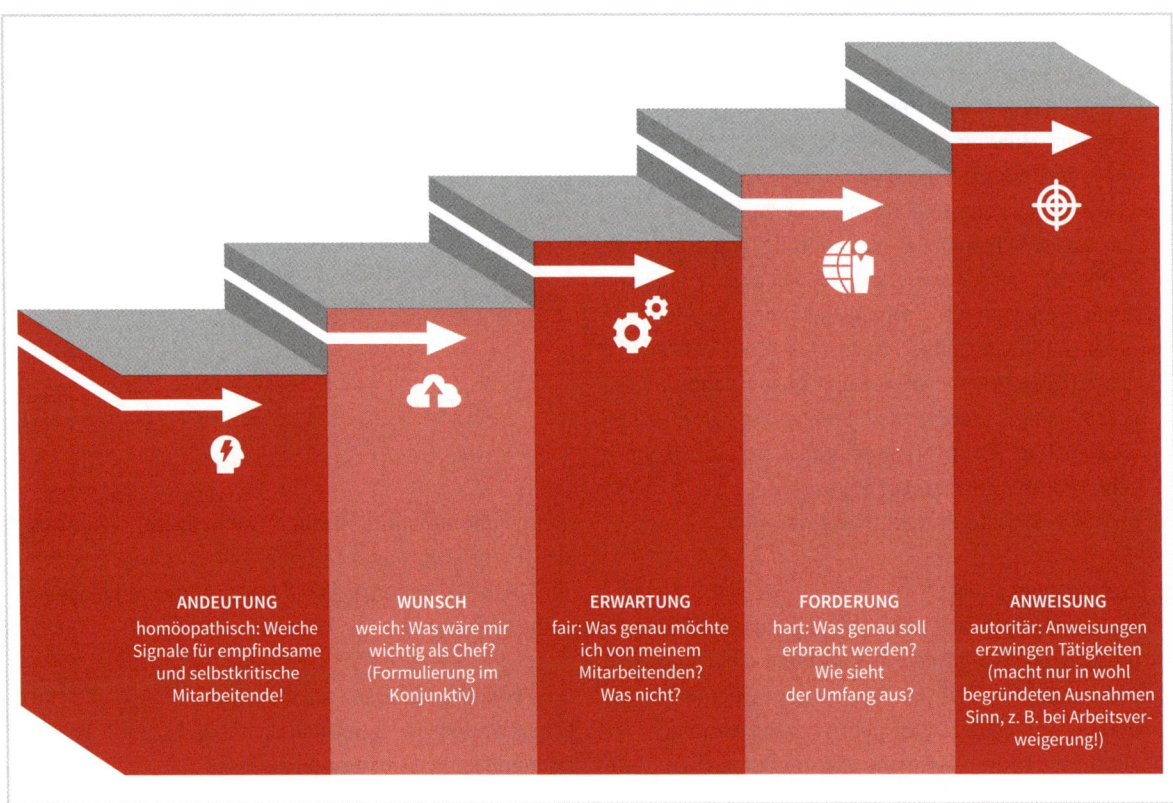

ANDEUTUNG
homöopathisch: Weiche Signale für empfindsame und selbstkritische Mitarbeitende!

WUNSCH
weich: Was wäre mir wichtig als Chef? (Formulierung im Konjunktiv)

ERWARTUNG
fair: Was genau möchte ich von meinem Mitarbeitenden? Was nicht?

FORDERUNG
hart: Was genau soll erbracht werden? Wie sieht der Umfang aus?

ANWEISUNG
autoritär: Anweisungen erzwingen Tätigkeiten (macht nur in wohl begründeten Ausnahmen Sinn, z. B. bei Arbeitsverweigerung!)

Die Stufen im Einzelnen:

1. **Andeutung**

   Die Andeutung ist etwas, was die Beziehung in der Regel nicht belastet. Das kann man einfach anbringen, z.B. auch dann, wenn Sie inhaltlich alles Wichtige besprochen haben und Sie eben nur noch »einen kleinen Hinweis« gegen möchten.

2. **Wunsch**

   Um eine Agenda einzuführen, eignet sich hingegen eher der Wunsch: »Ich würde mich sehr freuen, wenn wir uns im Weiteren an unsere Agenda halten könnten.«

3. **Erwartung**

   Die Erwartung macht deutlich, welche konkreten Tätigkeiten oder Arbeitsergebnisse Sie sich vorstellen. Werden Erwartungen nicht klar ausgesprochen, entsteht Erfolg oft eher durch »glückliche Umstände« als durch Ihre konkrete Führungsarbeit.

4. **Forderung**

   Die Forderung hingegen adressiert in der Regel substanziellere Punkte wie: »Wenn wir erfolgreich sein wollen, dann muss jeder Kundenkontakt komplett dokumentiert werden, nur so können alle aus dem Team darauf aufsetzen!«

5. **Anweisung**

   Einen Schritt weiter geht die Anweisung, z.B.: »Ich brauche die Arbeitsleistung X bis zum Zeitpunkt Y!«

Das besondere bei den Stufen der Intensität ist, dass manche Menschen unterschiedlich empfänglich sind. Oftmals wird z.B. bei einem selbstgerechten Gegenüber eine Andeutung oder ein Wunsch formuliert, dieser überhört das dann jedoch gezielt oder drückt es zur Seite, da es ihm nicht wichtig erscheint. Bei sehr sensiblen Menschen hingegen kann eine klare Erwartung oder gar eine Anweisung zu heftigen Abwehrreaktionen führen. Diese fühlen sich dann oft ungerecht behandelt. Hier gilt es, die »Dosierung« immer wieder neu flexibel-agil an die Psyche Ihres Gegenübers anzupassen!

4.7 Persönliche Souveränität ausstrahlen

Don't just swim with the sharks. Make waves.
Lebensweisheit

In sehr wichtigen Gesprächssituationen reicht es nicht, sich an die Bedingungen anzupassen. Vielmehr geht es darum, diese wirksam zu gestalten. Die folgenden fünf Faktoren, die ursprünglich einmal für überzeugende Gespräche im

Start-reflexion

Telefon

E-Mail

Video

Chat

Richtungs-check

Verkauf entwickelt wurden (Etrillard 2014), verhelfen Ihnen – in leicht abgewandelter Form – auch in einem Onlinesetting zu mehr Souveränität. Am Telefon lassen sich übrigens ähnliche Faktoren finden, diese müssen jedoch etwas anders formuliert werden.

1. Positive Einstellung

Die eigene Ausstrahlung ist ausschlaggebend für das Verhalten der anderen. Mit kreativen, positiven Äußerungen lässt sich gezielt auf das Gegenüber antworten, und dies eröffnet neue Handlungsmöglichkeiten. Die eigenen Gedanken in der Planung des Gespräches sowie die eigene Körpersprache können zu einer positiven Einstellung beitragen. Nehmen Sie eine aufrechte Haltung ein und heben Sie den Blick nach oben. Was in der Videokonferenz eine unmittelbare Wirkung auf Ihr Gegenüber hat, das hat am Telefon eine direkte Wirkung auf Sie, und wirkt so mittelbar auch auf Ihr Gegenüber.

2. Blickkontakt

Blickkontakt unterstreicht die eigene Botschaft, zeigt physische Präsenz und strahlt Sicherheit aus. Beim Zuhören

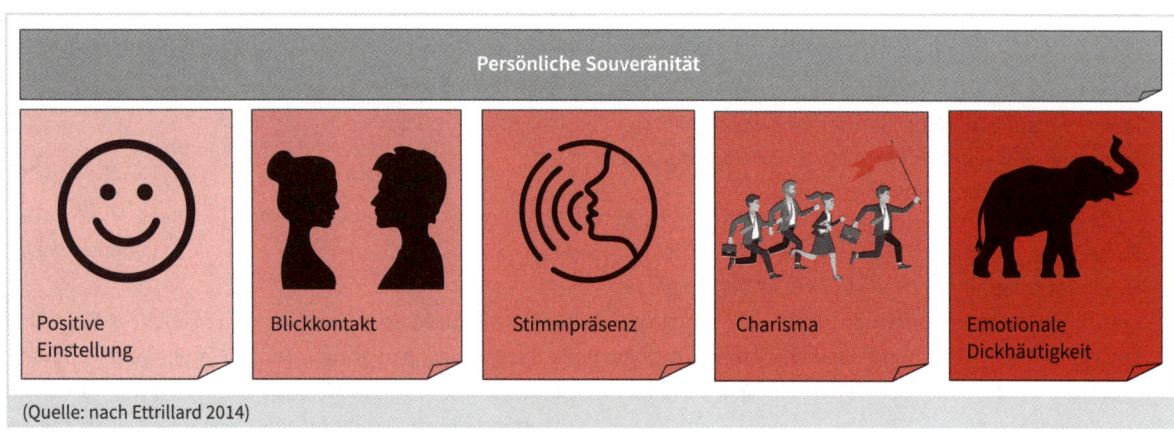

Persönliche Souveränität

Positive Einstellung | Blickkontakt | Stimmpräsenz | Charisma | Emotionale Dickhäutigkeit

(Quelle: nach Ettrillard 2014)

vermittelt es Interesse an den Ausführungen des Mitarbeitenden. Im Unterschied zur Videokonferenz besteht beim Telefon die besondere Herausforderung darin, Präsenz und Interesse ohne einen tatsächlichen Blickkontakt herzustellen. Die Stimmpräsenz muss diese wichtige Komponente persönlicher Präsenz ausgleichen. Zudem empfiehlt es sich, das Gegenüber direkt mit Namen anzusprechen. Da in Videokonferenzen die Kamerastellung oft einen direkten Blickkontakt erschwert, ist auch hier eine verstärkte Namensansprache sinnvoll.

3. Stimmpräsenz

Die Stimme ist das A und O in der persönlichen Kommunikation und daher auch in Videokonferenzen ein wichtiges Bindungsinstrument für den Long Distant Leader. Über sie vermittelt man dem Team Präsenz, Interesse, Charisma und die persönliche Gefühlslage. Nicht die Lautstärke der Stimme ist entscheidend, sondern die Stimmlage und das Tempo. Wirkungsvoll ist es, langsam zu sprechen und am Ende des Satzes mit der Stimme nach unten zu gehen. Hohe Töne wirken gewinnend, freundlich, höflich und unsicher, tiefe wirken dagegen ernst, seriös, kraftvoll, sicher und durchsetzungsfähig. Gute Mikrofone sind übrigens Gold wert!

4. Charisma

Charisma ist die Fähigkeit, andere Menschen für sich und seine Interessen zu begeistern. Es ist auch die physische Wärme, die jemand ausstrahlt und auf andere überträgt. Dies lässt sich durch die Aneignung eines eigenen, selbstbewussten und souveränen Stils lernen. Die Körperhaltung kann definitiv in einer Videokonferenz, aber auch indirekt über das Telefon den Eindruck beim Gesprächspartner positiv unterstützen. Für einen sicheren, kraftvollen Eindruck bei Videokonferenzen ist es manchmal hilfreich zu stehen. Atmen Sie stets aus dem Bauch heraus. Für eine agil-flexiblere Grundhaltung ist es sinnvoller, in Bewegung zu bleiben und durch den Raum zu schreiten. In der Videokonferenz sollten Sie wissen, wenn Sie dabei aus dem Bild gehen. Auch dies kann Wirkungen entfalten!

5. Emotionale Dickhäutigkeit

Der Umgang mit eigenen Emotionen in emotional aufgeladenen Situationen ist erlernbar. Die einfachste Methode ist die Änderung des Fokus: Ich konzentriere mich z.B. auf die Sprechweise meines Gegenübers, nicht auf den Inhalt dessen, was er sagt. Dann konzentriere ich mich auf das, was ich erreichen möchte, und mache den nächsten Schritt. Ich

Start-reflexion

Telefon

E-Mail

Video

Chat

Richtungs-check

stelle z.B. eine Frage oder Forderung. So sind Sie ähnlich einem Imprägnierspray durch »unautorisierte Zugriffe« von außen geschützt.

4.8 Die Navigation im Gespräch: Rhetorik adäquat einsetzen

Ein angeknurrter Hund knurrt wieder,
ein geschmeichelter schmeichelt zurück.
Arthur Schopenhauer, deutscher Philosoph

»Muss ich tatsächlich um zehn Uhr schon ins Bett?«, fragt Pauline ihre Eltern. Nach längerem Hin und Her darf die Tochter eine halbe Stunde länger aufbleiben. Vorher hat sich aber ein interessanter Dialog zugetragen: »Immer muss ich so früh ins Bett!« – »Aber das stimmt doch gar nicht, letzte

Woche haben wir sogar zwei Ausnahmen gemacht!« – »Also kann ich doch länger aufbleiben?« – »Nein kannst Du nicht!« – »Aber es war so schön letztes Mal. Und außerdem seid Ihr sowieso die besten Eltern!« – »Naja gut, ausnahmsweise...!«

Über den Fragetrichter haben wir bereits gesprochen (siehe Abschnitt 2.15). Welche Möglichkeiten gibt es noch, auch in schwierigen Gesprächssituationen wie z.B. einer sehr emotionalen Videokonferenz flexibel-agil durch die passenden Formulierungen zu »navigieren« und Ihr Gespräch so voranbringen?

Vier unterschiedlichen Navigationsmöglichkeiten speziell in Videokonferenzen

1. Navigation mittels Logik

Die Logik ist die Lehre vom exakten und folgerichtigen Denken. Das kann sehr kraftvoll sein: »Lassen Sie uns das Themenfeld einmal ordnen...«

2. Navigation mittels Feedback

Mit konstruktivem Feedback die Effizienz steigern: »Ich möchte Ihnen an dieser Stelle einmal ein ganz konkretes Feedback geben...«

Klares und konstruktives Feedback macht deutlich, was der Kern Ihrer Wahrnehmung ist und gibt dem Gegenüber zugleich die Möglichkeit, neue Verhaltensweisen auszuprobieren. Dies setzt voraus, dass das Feedback auch tatsächlich so aufgebaut ist, dass der Gegenüber es auch annehmen kann. Ich empfehle hierzu die WWW-Formel: **W**ahrnehmen (Was ist mir konkret aufgefallen?) – **W**irkung (Wie hat das auf mich gewirkt?) – **W**unsch (Welche konkrete Handlung oder Verhaltensweise würde ich mir demnach wünschen?).

3. Navigation mittels Szenarien

Mit Formulierungen, die mit »Was wäre, wenn...« starten, können Sie eine festgefahrene Diskussion in unterschiedliche Richtungen bewegen. »Was wäre, wenn wir nur 24 Stunden Zeit hätten, das Problem zu lösen?«

Navigieren mittels Szenarien dient der Ausweitung des Lösungsraums und führt in der Regel zu einer agil-kreativen Lösung, auch dann, wenn Ihr Mitarbeiter von sich aus vielleicht nicht ganz so viele Ideen mitgebracht hat. Im Übrigen können Sie auch einen Vorschlag für das für die Gegenseite akzeptable Medienmix machen: »Was wäre, wenn wir die Details zu X dann einfach noch einmal unter vier Ohren in einem persönlichen Telefonat vertiefen?«

4. Navigation mittels Zwischentöne

Nutzen Sie Ihr zwischenmenschliches Verständnis und hören Sie genau zu. Menschenkenntnis, diplomatisches Geschick, Fingerspitzengefühl und Takt erlauben Ihnen dann, agil nachzufragen und das Gespräch in eine für Sie passende Richtung zu bewegen.

Zwischentöne gibt es auch in Videokonferenzen. Viele machen den Fehler, diese einfach zu überhören. Die Gefahr ist, dass aus einer prinzipiellen Dialogsituation nur allzu oft zwei Einbahnstraßen werden. Oder noch schlimmer: Jeder bewegt sich in einer Art faradayschem Käfig und alles, was nicht in die Sachlogik passt, wird abgeschirmt.

Tipp vom Führungsfuchs

Ein »Nein« über Distanzmedien ist oft leichter als Face-to-Face! Wenn Sie also z.B. aus taktischen Gründen einmal »Nein« sagen müssen, dann ist die Videokonferenz manchmal nicht das beste Medium. Zuweilen sind Telefonate zwischen zwei Personen weniger konfrontativ als eine Videokonferenz mit vielen Teilnehmenden. Auch ein solcher Medienwechsel kann Teil einer klugen und ressourcenschonenden Medienwahl sein!

Start-
reflexion

Telefon

E-Mail

Video

Chat

Richtungs-
check

4.9 Umgang mit schwierigen Charakteren in einer Videokonferenz

Man erkennt den Charakter eines Menschen an den Späßen, über die er lacht.
Alfred Biolek, deutsche Talkmaster-Legende

Die Vermutung, dass Sie Ihre Mitarbeitenden bereits zu kennen glauben, ist eine sehr trügerische. Die Frage ist also: Was können Sie über das hinaus, was sie bereits zu wissen glauben, über Ihren Mitarbeitenden herausfinden? Schwierige Persönlichkeiten sind vielleicht deswegen für Sie »schwierig«, weil Sie von Ihrer Persönlichkeit stärker abweichen, für Sie also »ungewohnt« sind. Und so wird die Persönlichkeit des Gegenübers für die eine oder andere Führungskraft durchaus zu einer großen Herausforderung. Nicht jeder lacht über die gleiche Sache, und gerade beim Humor sind Menschen oft Lichtjahre voneinander entfernt!

Mit dem D-I-S-G-Modell bauen Sie Brücken, auch in unwegsames Terrain!

D-I-S-G ist die Bezeichnung von vier beobachtbaren Verhaltensmustern: **d**ominant, **i**nitiativ, **s**tetig und **g**ewissenhaft. Das Modell ist aus der Beobachtung heraus entstanden und beschreibt typische Verhaltensweisen von Menschen,

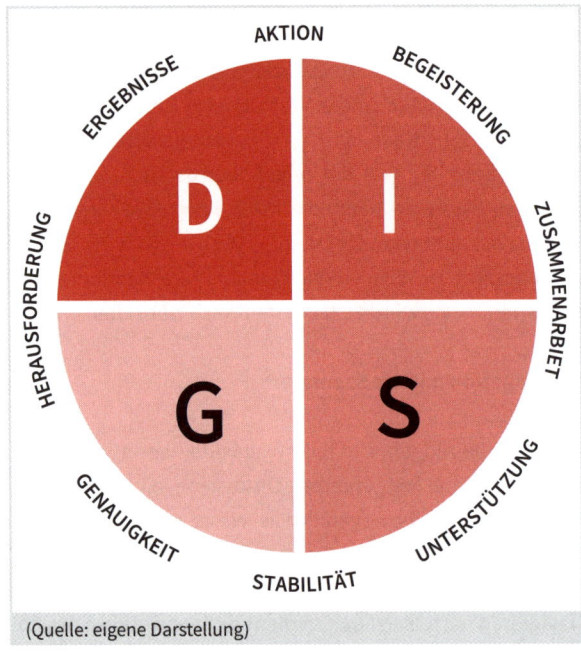

(Quelle: eigene Darstellung)

auf die sie auch im Normalfall, in besonderer Weise jedoch auch in stressigen Situationen zurückgreifen.

Das D-I-S-G-Modell basiert auf den Arbeiten eines amerikanischen Psychologen (Marston 1928) und wurde dann in der Folge von unterschiedlichen Akteuren weiterentwickelt. Das Modell bietet gerade für die Führungskommunikation ein einfaches und nützliches Instrument (Dauth 2012). Das D-I-S-G-Modell unterscheidet vier Grundtypen.

Die vier Mitarbeitertypen im Überblick

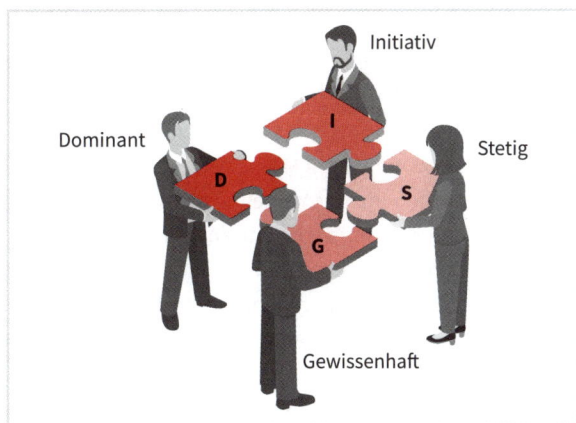

Dominante Mitarbeitende mögen eine kurze, prägnante und zielführende Kommunikation. Sie fokussieren auf das Thema bzw. die Sache. **Initiative Mitarbeitende** lieben die Kommunikation an sich und reden gerne. Sie bauen schnell Kontakt zu anderen Menschen auf, zeigen Begeisterung und Optimismus. **Stetige Mitarbeitende** haben eine ruhigere

Natur, sind freundlich und angenehm. Sie versuchen, mit anderen Menschen eine Beziehung aufzubauen und können gut zuhören. **Gewissenhafte Mitarbeitende** lieben eine exakte Arbeit. Sie setzen sich lieber mit Dingen und Sachen auseinander und sind eher reserviert und zurückhaltend.

ARBEITSBLATT

Persönliche Reflexionsaufgabe

a) *Mit welchen der vier Dimensionen können Sie sich am ehesten identifizieren? Wo sehen Sie sich? Welche Verhaltensweisen und Wertewelten stehen Ihnen am nächsten?*

b) *Welche Mitarbeitertypen sind für Sie eine Herausforderung? Wo liegen Ihre persönlichen Lernfelder?*

Bedürfniswelten im digital-agilen Führungskontext reflektieren

Mit dem Wissen, welche Bedürfnisse Menschen haben, lässt sich vorhersehen, was die andere Seite erreichen möchte. Konflikte gefallen beispielsweise dem stetigen Typen nicht, so dass er versuchen wird, den Konflikt auf eine gute Art und Weise zu lösen. Im Vorfeld einer Videokonferenz macht es oftmals Sinn, die Verhaltenstendenzen und die damit einhergehenden Bedürfnisse der einzelnen Akteure zu reflektieren.

Start-
reflexion

Telefon

E-Mail

Video

Chat

Richtungs-
check

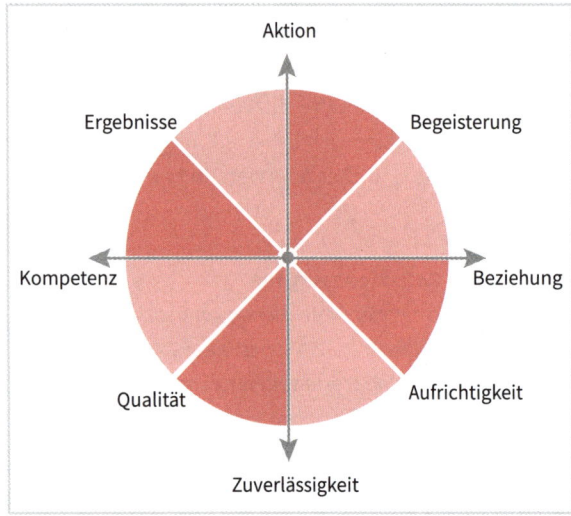

Wenn zu viel Druck aufgebaut wird, kann diese Vorgehensweise jedoch ins Gegenteil umschlagen und der stetige Typ kann dann auch aggressiv reagieren.

Die einen sind von einer starken **Ergebnisorientierung** geprägt (D-Typ). Der I-Typ ist hingegen durch eine hohe **Begeisterungsfähigkeit** gekennzeichnet. S-Typen lieben die **Aufrichtigkeit** und G-Typen verfügen über eine sehr **hohe Qualitätsorientierung**.

Spricht ein D-Typ mit einem G-Typ, dann könnte der gemeinsame Nenner die **Kompetenz** sein, die I- und S-Typen verbinden sich über die **Beziehung**. Die S- und G-Typen vereint die Idee der **Zuverlässigkeit** und D- und I-Typ finden über die **Aktion**, also auf der Handlungsebene, optimal zusammen.

Eine weiterführende und sehr differenzierte Betrachtung dieses Modells findet sich bei Dauth (2012).

Steckbrief zum dominanten Mitarbeiter

Menschen mit dominanter Verhaltenstendenz betrachten das Umfeld als herausfordernd und anstrengend (stressig). Sie wollen andere besiegen. Sie versuchen, Hindernisse durch Zielstrebigkeit zu überwinden. Oft arbeiten sie unabhängig von anderen Menschen.

Grundbedürfnis: Unabhängig sein.

Motivation: Sie suchen nach Möglichkeiten, sich zu behaupten, sich mit anderen zu messen, zu zeigen, was man kann, sich Respekt zu verschaffen, sich durchzusetzen, gefürchtet zu sein, um die Überlegenheit zu kämpfen, erfolgreich zu sein. Und gleichzeitig verlieren sie schnell das Interesse, wenn die Aufgaben zur Routine werden. Der D-Typ wird ärgerlich bei Ineffizienz, Entscheidungsschwäche, Langsamkeit. Sein Verhalten unter Druck ist fordernd, ungeduldig, unbeherrscht.

Ziel: Das Umfeld formen, Widerstand überwinden, um Ergebnisse zu erzielen.

Entscheidungsfindung: schnell, eindeutig.

Medienpräferenz: Chat & Co.

Steckbrief zum initiativen Mitarbeiter

Menschen mit initiativer Verhaltenstendenz betrachten das Umfeld als angenehm (nicht stressig). In ihren Augen besteht es hauptsächlich aus Menschen, die ermutigt und angespornt werden müssen. Sie sind aufgeschlossen, freundlich und überzeugend.

Grundbedürfnis: Akzeptiert sein.

Motivation: Der I-Typ sucht nach Möglichkeiten, Spaß zu haben, die Gefühle anderer zu verstehen, mit Menschen umzugehen, Angst zu unterdrücken, indem man in Bewegung bleibt sowie Zeit und Mühe nicht aufrechnet. Der I-Typ wird ärgerlich durch Formalitäten, Routine, Ausgrenzung. Das

Verhalten unter Druck ist angreifend, unausgeglichen, unstrukturiert.

Ziel: Das Umfeld formen, andere einbinden, um Ergebnisse zu erzielen.

Entscheidungsfindung: spontan.

Start-reflexion

Telefon

E-Mail

Video

Chat

Richtungs-check

Medienpräferenz: Videokonferenz.

Steckbrief zum stetigen Mitarbeiter

Menschen mit stetiger Verhaltensweise betrachten ihr Umfeld als angenehm (nicht stressig), wenn alle zusammenarbeiten, um Ziele zu erreichen. Sie sind berechenbar, verlässlich und kooperativ.

Grundbedürfnis: Sicherheit haben.

Motivation: Der S-Typ sucht nach Möglichkeiten, die wahren Gefühle auszudrücken, abzulehnen, was seinen eigenen Vorstellungen widerspricht, von anderen wichtig genommen zu werden; Forderungen gegenüber anderen zu rechtfertigen. Er wird verärgert durch Überraschungen, Unvorhergesehenes. Sein Verhalten unter Druck ist zögerlich, bremsend, entscheidungsverhindernd.

Ziel: Mit anderen zusammenarbeiten, um Ergebnisse zu erzielen.

Entscheidungsfindung: rücksichtsvoll.

Medienpräferenz: Telefon.

Steckbrief zum gewissenhaften Mitarbeiter

Menschen mit gewissenhafter Verhaltenstendenz betrachten ihr Umfeld als anstrengend (stressig). Sie versuchen, Schwierigkeiten aus dem Weg zu gehen und möglichst viel Ordnung zu bewahren. Wissen sie noch nicht, wie sie die Dinge strukturieren sollen, wirken sie häufig konfus. Was Sorgfalt und Genauigkeit betrifft, sind sie für andere beispielhaft.

Grundbedürfnis: Dinge richtig machen.

Motivation: Der G-Typ sucht nach Möglichkeiten, andere fair zu behandeln, die Welt zu verbessern, Fehler auszumerzen, die eigene Ansicht zu rechtfertigen, alles nach einer einheitlichen Vorstellung zu bewerten. Er wird ärgerlich durch Ungeduld, wenig Zeit, unstrukturierte Erklärungen. Sein Verhalten unter Druck ist ausweichend, starrsinnig, konfus.

Ziel: Mit anderen über mögliche Konsequenzen von Aktivitäten reden.

Entscheidungsfindung: wohl überlegt.

Medienpräferenz: E-Mail.

Tough Talk: Umgang mit toxischen Personen

Dominante Kollegen treiben vielen Führungskräften oft Angstschweiß ins Gesicht. Zurecht, denn dominante Menschen glauben in der Regel nicht, dass es sich um eine Partnerschaft auf Augenhöhe handelt. Wenn sie dann auch noch aggressiv und in Teilen regelrecht destruktiv agieren – ähnlich wie ein US-Präsident namens Donald Trump – dann ist guter Rat teuer. Mangels Reflexionsvermögen sind solche Personen nicht mehr in der Lage, ihre Strategie je nach Gegebenheit zu differenzieren. Insofern sind sie dann natürlich wieder berechenbar. Wenn das negative und zu-

weilen auch despotisch-dominante Element zu stark wird, dann sprechen wir von toxischen Personen.

Solche **toxischen Personen** gibt es jedoch nicht nur in der internationalen Politik. Auch in vielen Unternehmen sind sie anzutreffen. In dem bemerkenswerten Buch »Tough Talk« hat Marc-Stephan Daniel eine Systematik entwickelt, wie man mit toxischen Gesprächspartnern zurechtkommt (Daniel 2016). Machen wir es konkret: Nehmen wir an, ein dominant-toxischer Mitarbeiter, der ganz bewusst und brachial starken Zeitdruck ausübt, setzt Sie zudem unter Druck, indem er jegliche Schwäche des Unternehmens Ihnen als Führungskraft unter die Nase reibt. Ein Beispiel: »Herr Meier, die letzten zehn Minuten hätten Sie sich absolut sparen können. Zu dumm, dass wir das Band nicht zurückspulen können, sonst würden Sie sofort einsehen, wie wenig Sie von der Materie verstehen!«

Wenn Sie mit extrem dominanten Mitarbeitern zurechtkommen wollen, dann ist kooperatives oder gar defensives Verhalten zumeist kontraindiziert. Vielmehr geht es darum, sich businesskompatibel durchzusetzen. Das bedeutet, dass Sie weder ausrasten noch den anderen unnötig provozieren sollten. Stattdessen sollten Sie exakt so viel Konfrontation zeigen, wie nötig ist, um den anderen dahinzubekommen,

'Start-reflexion

Telefon

E-Mail

Video

Chat

Richtungs-check

wo Sie ihn hinhaben wollen. Marc-Stephan Daniel empfiehlt hier eine gestufte Eskalation, die wie folgt beschaffen ist:

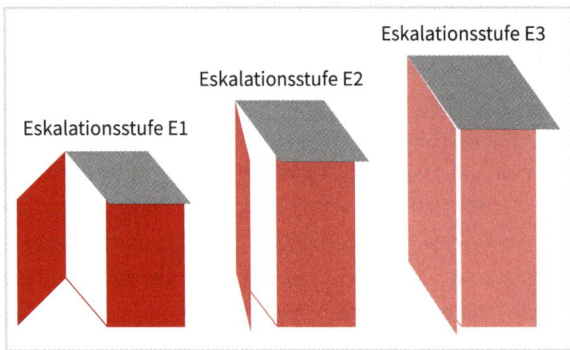

Eskalationsstufe »E1«: Wenn die Gegenseite das Gespräch dominiert und Ihnen selbst keinen Gestaltungsspielraum zugesteht, sollten Sie die Situation mit einem ersten Warnschuss eskalieren. Ihr Satz könnte z.B. lauten: »Ich habe das Gefühl, dass wir gerade eine unterschiedliche Agenda verfolgen« (vgl. Daniel 2016, S.135).

Eskalationsstufe »E2«: Hier geht es nicht mehr um Sachlösungen, sondern um ein reines Dominanz- und Machtspiel. Eine faire Gesprächsatmosphäre wird ignoriert zugunsten eines Wettbewerbsmodus, in dem es nur noch darum geht, wer der Stärkere ist. Ihr Satz auf dieser Stufe könnte lauten: »Ich habe Ihnen jetzt mehrfach gesagt, dass mir XY nicht gefällt. Ich bin nicht länger bereit, unser Gespräch unter diesen Voraussetzungen fortzusetzen« (vgl. Daniel 2016, S.139).

Eskalationsstufe »E3«: Dies ist die finale Eskalation. Ziel ist es, eine Entscheidung zu erzwingen. Letztlich wird hier die Machtprobe mittels einer konfrontativen Rhetorik entschieden: »Wir sind jetzt an einem Punkt angekommen, an dem eine Fortsetzung keinen Sinn mehr macht. Es gibt keinerlei Entgegenkommen von Ihrer Seite. Entweder Sie fügen sich jetzt vollständig meinen Vorstellungen oder das Gespräch ist für heute beendet« (vgl. Daniel 2016, S. 142).

Die drei Eskalationsstufen (E1, E2, E3) sind nach Daniel immer mit **Rückholstrategien** verbunden. Das heißt, in dem Moment, wo der andere einlenkt, nehmen auch Sie die Eskalation zurück. Das ermöglicht dem Mitarbeitenden, sein Gesicht zu wahren. Gleichzeitig setzt jedoch auf seiner Seite ein Lernprozess ein: »Verflixt, ich komme hier einfach nicht weiter. Wo ist der Rückwärtsgang?« Und Ihnen bietet es die Möglichkeit, den Widerstand eines solch überaus dominanten Mitarbeiters in Schach zu halten.

Gerade in einer Videokonferenz rechnen Sie vielleicht erst einmal nicht mit toxischen Verhaltensweisen. Dennoch fühlen sich manche Akteure zu solchen Verhaltensweisen geradezu ermutigt, da die Aggressionsschwelle durch die Distanz noch einmal gesenkt ist.

Start-
reflexion

Telefon

E-Mail

Video

Chat

Richtungs-
check

4.10 Der Win-win-Ansatz bei schwierigen Videokonferenzen

Das Harvard-Konzept stellt einen Leitfaden zur sachbezogenen Lösung von Konflikten dar. Ziel dieser Methode ist es, Win-win-Situationen für alle Konfliktbeteiligten zu schaffen. Entwickelt wurde dieser Leitfaden von den Rechtswissenschaftlern Roger Fisher, William Ury sowie Bruce Patton (2013). Zentrale Handlungsempfehlungen sind hierbei:

1. Menschen und Probleme getrennt voneinander behandeln!
2. Nicht Positionen, sondern Interessen in den Mittelpunkt stellen!
3. Vor der Entscheidung verschiedene Wahlmöglichkeiten entwickeln!

4. Das Ergebnis auf objektiven Entscheidungsprinzipien aufbauen!

1. Menschen und Probleme getrennt voneinander behandeln

Bei jedem Konflikt stehen sich Menschen gegenüber, die durch ihr Umfeld, ihre Kultur, ihre Emotionen und ihre Interessen geprägt sind. Jeder Gesprächspartner sucht nach Übereinkünften, die seine sachlichen Interessen befriedigen. Zugleich besteht aber auch häufig eine Beziehung zur Gegenseite, die durch die Übereinkunft nicht beeinträchtigt werden soll. Persönliche Beziehungen zwischen den Parteien werden häufig mit den Sachproblemen verknüpft. Eine sachliche Feststellung wird dann nicht als solche aufgefasst, sondern als Vorwurf oder als Beleidigung des Gegners angesehen. Um die persönliche Beziehung zwischen den Parteien nicht zu belasten, ist die Trennung von Sache und Mensch erforderlich. Sinnvoll ist es, sich in die Vorstellungen und Emotionen des Gegenübers einzufühlen und eine unzweideutige Kommunikation zwischen den Parteien anzustreben.

2. Auf Interessen konzentrieren – nicht auf Positionen

Der Unterschied zwischen Interessen und Positionen bei der Konfliktbehandlung soll an einem kleinen Beispiel aus dem Alltagsleben verdeutlicht werden.

In einer Bibliothek streiten sich zwei Männer darum, ob im Raum ein Fenster geöffnet werden solle oder nicht. Die Bibliothekarin kommt hinzu und fragt den einen, warum er das Fenster geöffnet haben möchte. Er möchte frische Luft haben, antwortet dieser. Auf die Frage, warum der andere das Fenster geschlossen halten möchte, erwidert dieser, dass ihn die Zugluft störe. Nach kurzem Nachdenken öffnet die Bibliothekarin ein Fenster im Nebenraum. Auf diese Weise kommt frische Luft herein, ohne dass es zieht. Dieses Beispiel zeigt, dass eine Lösung des Konfliktes – geht man von den Positionen der beiden Beteiligten aus – nicht möglich ist.

Erfragt man jedoch die dahinterliegenden Interessen, so lässt sich eine Übereinkunft erzielen, die beide Seiten befriedigt. Das Grundproblem bei einer persönlichen Auseinandersetzung liegt so gesehen nicht in gegensätzlichen Positionen, sondern im Konflikt beiderseitiger Nöte, Wünsche, Sorgen und Ängste. Letztere sind Interessen. Sie motivieren den Menschen und sind die stillen Beweggründe hinter dem Durcheinander von Positionen. Die Position ist etwas, zu dem man sich bewusst entschieden hat. Die Interessen sind die Gründe, die zu dieser Entscheidung geführt haben.

3. Vor der Entscheidung verschiedene Wahlmöglichkeiten entwickeln

Häufig wird in einem Konflikt nur ein Weg als Lösungsweg angesehen. Der Blick für alternative Wege bleibt verschlossen. Ist dieser eine Weg jedoch nicht geeignet, die beiderseitigen Interessen zu befriedigen, wird eine Übereinkunft unmöglich. Wichtig für die Gesprächspartner ist somit, neue und tragfähige Alternativen zu entwickeln.

Kreativität ist eine Eigenschaft, die bei besonderen Herausforderungen gewünscht, ich würde sagen in den allermeisten Fällen auch erforderlich ist. Das Entwickeln verschiedener Lösungswege unter Berücksichtigung der Interessen beider Parteien ist ein wesentlicher Schritt zur Zielerreichung. Als »Rezept« zur Entwicklung kreativer Wahlmöglichkeiten wird angegeben:

- den Prozess des Findens von Optionen von der Beurteilung eben dieser Optionen trennen,

- danach trachten, die Zahl der Optionen eher zu vermehren als nach der »einen« Lösung zu suchen,
- nach Vorteilen für alle Seiten Ausschau halten,
- Vorschläge entwickeln, die den anderen die Entscheidung erleichtern.

Zum Finden von Optionen sollte ein Brainstorming durchgeführt werden, in einer Videokonferenz durchaus eine Herausforderung! Da die kritische Beurteilung jegliche Fantasie behindert, muss der kreative vom kritischen Prozess getrennt werden: Das Ausdenken möglicher Entscheidungen muss vom Vorgang der Beurteilung dieser Entscheidungen abgekoppelt werden. Ich empfehle daher, in einer Videokonferenz mit mehreren geplanten Unterbrechungen

Start-reflexion

Telefon

E-Mail

Video

Chat

Richtungs-check

zu arbeiten. Die Wertung von vorgebrachten Lösungsmöglichkeiten muss unterbleiben, da sonst die Teilnehmer des Brainstormings gehemmt werden, weitere Ideen vorzuschlagen. Dies sicherzustellen, ist Aufgabe des Distant Leaders, der in diesem Fall die Aufgaben eines Moderators übernimmt.

4. Das Ergebnis auf objektiven Entscheidungskriterien aufbauen

Hat man es auf der Basis des bisher ausgeführten Vorgehens geschafft, Lösungswege zu finden und zu präsentieren, so folgt nun der eigentliche Entscheidungsprozess. Diese Entscheidung sollte auf der Grundlage objektiver Kriterien gefällt werden. Die Lösung sollte auf Prinzipien gründen und nicht durch Druck der Gegenseite zustande kommen.

Objektive Kriterien sollten – im Idealfall – unabhängig vom beiderseitigen Willen gesetzlich legitimiert und praktisch durchführbar sein. Um Ergebnisse zu erzielen, die unabhängig vom Willen der Beteiligten sind, sollten die fairen Kriterien sowohl für die Inhalte wie auch für die Verfahrensweise zur Abstimmung der sich widersprechenden Interessen gelten.

Ein Beispiel: Ein Kuchen soll zwischen zwei Kindern geteilt werden. Das eine Kind teilt den Kuchen, das andere darf sich ein Stück auswählen. Damit kann sich keines von beiden beklagen. Formen des Losverfahrens können ebenfalls angewendet werden, um ein faires Ergebnis zu erzielen. Der Grund: Hier besteht für beide Seiten die gleiche Ausgangschance. Die Entscheidung Dritter, wie dies z.B. im Falle von Einigungsstellenverfahren zwischen Arbeitgeber und Betriebsrat geschieht, kann ebenfalls eine Möglichkeit darstellen, zu einer fairen Lösung zu gelangen.

Sachbezogene Konfliktlösung mit Nutzung von objektiven Kriterien bedeutet, dass man nicht nur eigene, sondern auch die Kriterien der Gegenseite einbezieht. Kommt es mit diesen Kriterien dennoch nicht zu einem Ergebnis, so kann eine Kriterienliste einer dritten Person vorgelegt werden.

4.11 Regelmäßige Retrospektiven im Team als Psychohygiene

Die Zukunft soll man nicht voraussehen wollen, sondern möglich machen.
Antoine de Saint-Exupéry, französischer Humanist, Romancier, Erzähler und Flieger

Retrospektiven dienen vor allem
- dem Rückblick,
- der Reflexion,
- dem Lernen,
- der Generierung von Einsichten sowie
- der Konfliktlösung im Team.

Damit hat eine Retrospektive viele klärende und auch psychohygienische Aufgaben und verlangt viel Sachkenntnis, Fingerspitzengefühl und Fokus. Es gibt also eine Vielzahl von Faktoren für erfolgreiche Retrospektiven, die Sie als Distant Leader im Blick behalten sollten.

Retrospektiven können auf die folgenden drei Bereiche fokussieren: (1) Prozesse, (2) Kommunikation und (3) Produkt. Das Ziel liegt darin, nach einer gemeinsamen Analyse, die alle einbindet, zu ein oder zwei Vorgehensweisen zu kommen, die einen Fortschritt ermöglichen und die bis zur nächsten Retrospektive umgesetzt werden können.

Auch wenn Retrospektiven ursprünglich bei agilen Teams vor Ort eingesetzt wurden, gibt es keinen Grund, diese nicht auch für Remote Teams vorzusehen. Denn die Struktur einer Retrospektive bleibt immer gleich, egal ob gemeinsam in einem Raum oder über Kommunikationsmedien verbunden.

Empfehlenswert ist ein gestuftes Vorgehen bei der Planung einer Retrospektive (Derby & Larsen 2018):
1. **Retrospektive eröffnen**: Hier geht es darum, ein positives Gruppenklima zu schaffen und das übergeordnete Thema festzulegen, das in der Folge konzentriertes und fokussiertes Arbeiten erlaubt.

Start-reflexion

Telefon

E-Mail

Video

Chat

Richtungs-check

2. **Daten sammeln:** Daten werden offline mit Post-its® gesammelt, das ist am übersichtlichsten. Wichtig ist, dass pro Post-it® immer nur ein Feedbackaspekt aufgenommen wird. In einer Videokonferenz bietet sich ein virtuelles Whiteboard an (siehe Abschnitt 5.15).

3. **Einsichten generieren:** Etwa Kärtchen gruppieren, Doppelnennungen entfernen, Gruppen benennen, bis ein klares Bild entsteht. Wenn Themen gruppiert und strukturiert sind, fällt es leicht, Verbesserungen abzuleiten.

4. **Handlung initiieren:** Keiner verlässt die Retrospektive, bis Folgendes geklärt ist: Was sind die definierten Verbesserungen? Wo werden diese umgesetzt? Welche Priorität hat die Verbesserung? Bei einer Videokonferenz sollten Sie daher vorher vereinbaren, dass sich einzelne »nicht einfach ausklinken«, z.B. mit dem Hinweis: »In der Retrospektive müssen alle dabei sein, von Anfang bis Ende, das ist wichtig, sonst können wir nicht als Team sprechen!«

5. **Retrospektive abschließend prüfen:** Der Moderator soll am Ende der kurzen Feedbackrunde wissen, was er das nächste Mal besser machen kann.

Auf diese Weise ist sichergestellt, dass sich alle abgeholt fühlen, jeder etwas zur Entscheidungsfindung beitragen kann, der Gegenstand intensiv beleuchtet wird, die Erkenntnisse fundiert sind und die Gruppe ins Handeln kommt. Virtuell bietet sich das Format der Videokonferenz an, unterstützt durch ein elektronisches Whiteboard.

Beliebte Methoden für Online-Retrospektiven

- **Starfish**: Fünf Felder abgeordnet wie ein Seestern (STOP, LESS, KEEP, MORE, START). Hier dürfen die Kollegen so viele Karten platzieren wie sie möchten.
- **SCS**: Drei Optionen zur Auswahl, in die alle Meinungen und Ideen eingeordnet werden (STOP, CONTINUE, START). Was am meisten Gewicht hat, wird weitergedacht.
- **LoSoMo**: Ähnlich, aber doch wieder anders: weniger davon, gleichviel davon, mehr davon (LessOf, SameOf, MoreOf), jeder signalisiert, was ihm behagt oder auch nicht.
- Beim **Happiness**-Index wird die Stimmung greifbar. Schaut man regelmäßig gemeinsam hin, so lässt sich nach einiger Zeit sogar der Stimmungsverlauf im Zeitstrahl interpretieren.
- **Sailingboat** ist eine einfache Metapher: Nach unten kommt alles, was bremst, das Team lahm legt wie schwere Ankerseile, nach oben kommt alles, was das Team voranbringt wie eine steife Brise oder ein wohlig-warmer Passatwind.

Weitere interessante Onlinetools für Retrospektiven finden sich unter:

- https://www.goreflect.com/Online-Retrospective-Tool-Features (verschiedene Tools zur Auswahl),
- https://secure.teamretro.com/preview/scrum-retrospective (interessante Demo),
- https://funretro.io/features (kostenfreies, einfaches Retro-Tool).

Die Big Five – Was macht unsere Persönlichkeit aus?

Wie offen Sie z.B. für die Ergebnisse einer Retrospektive sind, hängt sehr stark mit Ihrer eigenen Persönlichkeit zusammen. Für die Analyse der Mitarbeitenden haben wir bereits das sogenannte D-I-S-G-Modell besprochen (siehe Abschnitt 1.6). Ein weiteres bekanntes Persönlichkeitsmodell, das es Ihnen als Führungskraft erlaubt, Ihre eigene Persönlichkeit in fünf Basisdimensionen zu beschreiben, ist das sogenannte Big-Five-Modell der Persönlichkeit (McCrae & Costa 1987). Gerade in einer Videokonferenz erleben Sie die gesamte Persönlichkeit einschließlich vieler wichtiger sprachlicher und körpersprachlicher Hinweise. Grund genug, an dieser Stelle noch einmal genauer hinzuschauen. Konkret geht es um die folgenden fünf Dimensionen:

1. **Neurotizismus** beschreibt das Bedürfnis nach Stabilität – und die Art, wie wir auf Rückschläge reagieren. Diese Dimension beantwortet die Frage: Wie ängstlich, unsicher, schüchtern bin ich? Die Reflexionsfrage lautet: Wie gehe ich mit den Herausforderungen der Video- bzw. Chat-Technologie um?
2. **Extraversion** ist das Maß, inwieweit wir auf Reize von außen reagieren. Diese Dimension beantwortet die Frage: Wo suche ich Anregungen – im Innen oder im Außen? Die Reflexionsfragen lauten: Wie leicht kann ich auf die Mitarbeitenden zugehen, z.B. bei Mails, Telefonaten oder einer schnellen Message? Welches Medium ist für mich einfach, welches eine Herausforderung?
3. **Offenheit** steht für die Frage, inwieweit wir aktiv nach neuen Ideen und Erfahrungen suchen: Wie neugierig und experimentierfreudig bin ich? Die Reflexionsfrage lautet: Probiere ich gerne einmal ein neues Online-Retro-Format aus?
4. **Verträglichkeit** bzw. **Sozialität** beschreibt, inwieweit wir eigene Interessen über die anderer stellen. Diese Dimension beantwortet die Frage: Wie gut kann ich mit anderen Menschen Beziehungen aufbauen? Die Reflexionsfrage lautet: Wie gut ist meine Beziehungsfähigkeit? Kann ich andocken, auch online?

Start-reflexion

Telefon

E-Mail

Video

Chat

Richtungs-check

5. **Gewissenhaftigkeit** steht für das Maß, wie organisiert und ergebnisorientiert wir arbeiten: Diese Dimension beantwortet die Frage: Wie sorgfältig, zuverlässig, effektiv arbeite ich? Gerade als Führungskraft ist vorbildliches Verhalten essenziell. Die Reflexionsfrage lautet: Wie organisiert und strukturiert bin ich im Zusammenhang mit der Arbeit mit meinem virtuellen Team?

Für Sie als Long Distant Leader sind diese fünf »Stellhebel der Persönlichkeit« entscheidend, denn das Big-Five-Modell erklärt sehr gut, warum Ihnen bestimmte Verhaltensweisen leichtfallen, andere hingegen eher eine Herausforderung darstellen.

Diese fünf Basisdimensionen lassen sich also mit verschiedenen Instrumenten und Aktivitäten in Verbindung bringen. Die eigene Ausprägung zu kennen, ist essenziell, denn das eigene Agieren sollte im Einklang mit den natürlichen Verhaltensweisen stehen.

Andererseits sollten Sie nicht im goldenen Käfig ihrer persönlichen Präferenzen verharren, sondern die virtuelle Landschaft der Kollaboration beherzt und mutig nutzen. Nur so können Sie ihr virtuelles Team hinterm Ofen hervorlocken!

Was noch für das persönliche Wachstum wichtig ist, ist die persönliche Wertewelt. Was sind Ihre Werte und wie korrespondieren diesem mit dem Werten des Unternehmens und dem der Mitarbeitenden? Was ist für mich wertvoll und wo gibt es Konfliktpotenzial? Die Veränderung der eigenen Haltung verändert Ihr Verhalten!

Selbstreflexionsübung

Welche fünf Werte kommen ihnen in den Sinn, wenn Sie einmal frei assoziieren?

1. _____
2. _____
3. _____
4. _____
5. _____

Sehr gut! Jetzt gehen Sie einmal in die Analyse. Wie viele davon haben einen negativen Unterton, wie viele sind im Positiven verankert? Das Verhältnis kann Ausdruck tief verwurzelter Glaubenssätze sein, zum Beispiel: »Ich muss alles allein machen« vs. »Menschen unterstützen mich«. Da auch Glaubenssätze das Führungsverhalten nachhaltig prägen können, sollten diese in Zukunft Teil Ihrer Reflexionsarbeit sein bzw. werden!

4.12 Kommunikationsetikette bei Videokonferenzen

Bringen wir es noch einmal auf den Punkt: Was sind die Dos and Don'ts bei Videokonferenzen:

1. Schauen Sie in die Kamera!

Wenn Sie auf den Bildschirm schauen, sieht es für den Gesprächspartner so aus, als ob Sie nach unten schauen würden. Daher lautet die allererste Empfehlung: Schauen Sie in die Kamera! Dann haben Sie wirklich etwas Adäquates zum Blickkontakt in einem klassischen Mitarbeitergespräch. Da oft das Gegenüber in diesem Moment nicht in die Kamera schaut, fordern Sie ihn einfach direkt oder indirekt dazu auf: »Schauen Sie doch mal in die Kamera, Herr/Frau Sowieso...« oder »Wenn ich so in Ihrem Gesicht lese...«

2. Weniger ist mehr: Zu viel Gestik verwirrt!

Setzen Sie nicht zu viel Gestik in Videokonferenzen ein. Anders als in einer Realsituation müssen Sie hier sozusagen in einem Fenster arbeiten. Das würden Sie, anders als in einer Realsituation, mit zu viel Gestik schlicht sprengen! Ganz ähnlich ist es im Kino: Dort schauen Sie sehr genau auf Gestik und Mimik der Schauspieler. Wenn Sie sich denselben Film im Fernsehen ansehen, dann achten Sie in der Regel sehr viel stärker auf den Audiokanal. Eine Handlung, die im Kino noch packend ist, z.B. eine Verfolgungsjagd, führt in der Fernsehvariante schnell zur Ermüdung des Zuschauers.

3. Breiten Sie den Einsatz von »Visuals« in Ihrer Videosession vor!

Manchmal ist es bei realen Meetings sehr wichtig, etwas an ein Board zu schreiben oder einen einzelnen Punkt hervorzuheben. Grundsätzlich sollten Sie solche Möglichkeiten der Fokussierung auch in einer Onlinesession nutzen. Überlegen Sie und testen Sie auch vorab, wie Sie etwa einzelne Ideen hervorheben können, indem Sie z.B. diese auf große Karten schreiben und direkt vor die Kamera halten. So können Sie ihren Argumenten, Konzepten oder Fragen über »Visuals« zusätzlich Gewicht geben.

4. Gewinnen Sie Erfahrung mit dem Medium »Videokonferenz«!

Würden Sie eine Rallye fahren mit einem Auto, das Sie vorher noch nie gesehen haben? Sicher nicht. Lernen Sie die Besonderheiten »Ihres« Systems kennen. Wie funktioniert das Ein- und Ausschalten des Mikrofons? Gibt es einen Chat? Wie kann man einzelne Personen hiermit gezielt ansprechen? Wie kann ich das Bild aktivieren und wie deaktivieren? Wie funktioniert »Desktop Sharing« und welche

Start-reflexion

Telefon

E-Mail

Video

Chat

Richtungs-check

Bildausschnitte gibt es zur Auswahl? Seien Sie vorsichtig bei der Benutzung der Tastatur. Wenn diese z.B. bei einem Notebook direkt mit dem Gehäuse verbunden ist, wird jedes Tippen akustisch übertragen!

4.13 Fallstrick Technik: Es geht schief, was schiefgehen kann!

Murphys Gesetz ist eine auf den amerikanischen Ingenieur Edward A. Murphy jr. zurückgehende Lebensweisheit, die eine Aussage über menschliches Versagen bzw. über Fehlerquellen in komplexen Systemen macht. Mit Murphys Gesetz haben sich die Natur- und Ingenieurwissenschaftler sehr intensiv auseinandergesetzt. Es wird in der technischen Welt als heuristischer Maßstab für Fehlervermeidungsstrategien angewendet. Ideen zur Ausfallsicherheit komplexer Systeme greifen ganz bewusst u.a. auf redundante Systeme zurück. Murphys Gesetz ist genauso einfach wie einleuchtend: »Alles, was schiefgehen kann, wird auch schiefgehen.«

Was heißt das für die Durchführung von Videokonferenzen? Schaffen Sie Redundanzen und stellen Sie sich darauf ein, dass all das, was schiefgehen kann, auch schiefgehen wird. Eine gute Redundanz ist z.B. die zusätzliche Einwahl per Telefon, das von den namhaften Onlinekonferenzanbietern standardmäßig bereitgestellt wird. Bricht die Videoübertragung zusammen oder auch der eigene PC, dann sind Sie immer noch »connected«. Auch ist die Audioqualität über das Telefon manchmal deutlich besser als die Tonübertragung in der Videokonferenz. Aber auch hier steckt der Teufel im Detail!

4.14 Sicherheit und Effizienz im virtuellen Mitarbeitergespräch

Ähnlich wie in einem Cockpit ist es auch für ein Mitarbeitergespräch wichtig, genau zu verstehen, wo man sich befindet und wie es um die einzelnen Systeme steht. Denn auch hier – Murphys Gesetz lässt grüßen – kann eine Menge schiefgehen! Grundlage Ihres Cockpits ist die KOALA-Struktur (siehe Abschnitt 2.14).

Wie weit bin ich gekommen? Wo befindet sich gerade der kritische Punkt? Wie weit ist es noch bis zu meinem Ziel? Bin ich noch in der Komfortzone ? Wo genau ist die Herausforderung (»Challenge«) in diesem Gespräch? Wenn Sie es kuschelig mögen, dann geben Sie sich zufrieden mit dem, was Sie haben.

Jedoch macht es Sinn, den Dingen auf den Grund zu gehen. Nur vorsichtig an der Oberfläche zu kratzen, ist für ein One-on-One – wie das Mitarbeitergespräch neudeutsch heißt –

nicht gut genug. Ziel ist es, dass Sie wichtige Fragen in Bezug auf Erfolge und Misserfolge und deren Ursachen grundsätzlich klären. Nur dann können Sie gemeinsam die Maßnahmen ergreifen und die Voraussetzungen schaffen, damit Mitarbeitenden oder Teams außergewöhnliche Erfolge möglich werden. Wenn Sie es sportlich angehen, dann wäre die Frage, was Sie noch unternehmen können, um noch stärker an den Punkt zu kommen, wo es wirklich spannend wird. Was sind die Stellschrauben für den Erfolg? Was muss anders werden, um gemeinsam einen Quantensprung zu schaffen?

Start-reflexion

Telefon

E-Mail

Video

Chat

Richtungs-check

In gewisser Weise entspricht eine Führungskraft-Mitarbeiter-Beziehung auf Distanz einer Fernreise. Jede Onlinesession entspricht in diesem Bild einem Flug. Ein Flug hat typischerweise eine Startphase, den etwas ruhigeren Reiseflug sowie einen Landeanflug. Neben der Startphase ist die Landephase am Ende der gefährlichste Punkt im Flugverkehr. Hier geschehen 50 Prozent der Unfälle, in der Startphase sind es immerhin 20 Prozent (vgl. F.A.Z 2008).

Nutzen Sie daher für beide kritische Phasen »Checklisten«, die Sie bei Ihrer Gesprächsvorbereitung erstellen, um alle wichtigen Parameter im Blick zu haben. Die zivile Luftfahrt ist so zum sichersten Fortbewegungsmittel geworden. Ihre künftigen digital-agilen One-on-Ones können so ebenfalls sehr sicher und äußerst effektiv werden!

Tipps für schwierige Gesprächsmomente

Manche Gesprächssituationen sind von einem hohen Grad an Unsicherheit, manchmal auch Nervosität geprägt. Daher hier ein paar Verhaltenstipps:

- Sagen Sie nie nur »Ja« oder »Nein« und legen Sie sich zu Beginn des Gesprächs nicht fest, damit verbauen Sie spätere Lösungsoptionen!
- Betonen Sie Gemeinsamkeiten und nutzen Sie den Smalltalk zur Informationsgewinnung!
- Geben Sie ausreichend Informationen zur Orientierung! Besonders die G-Typen (siehe Abschnitt 1.6) unter den Mitarbeitenden brauchen viele Detailinformationen, um sich gut orientieren zu können.
- Reden Sie zu Beginn nicht im Detail über die Gegensätze, denn das verhindert einen positiven Gesprächseinstieg!

- Zeigen Sie Ihre Kooperationsbereitschaft, bleiben Sie jedoch bei Ihren Erwartungen an die Qualität der Mitarbeiterleistung sehr klar, denn am Ende tragen vermutlich Sie die Verantwortung für die Ergebnisse!
- Entschleunigen Sie ganz bewusst und vergessen Sie nie die »Magie einer Pause«, denn jede Pause ist ein neuer Anlauf, also ein Neuanfang und die Möglichkeit, noch einmal ganz anders an kontroverse Themen heranzugehen!

4.15 Führen statt managen – auch in der virtuellen Welt!

Viele Führungskräfte heißen so,
führen aber nicht. Sie managen.
Alexandra Vollmer, Redakteurin von t3n

Auch in der virtuellen Welt sollte auf den Unterschied zwischen **Führung** und **Management** geachtet werden. Ein Beispiel: Warum hat ein Fernlaster heute noch zwei Sitze – obwohl bei den meisten Trucks auf dem zweiten doch nie jemand sitzt? Ein Truck könnte genauso gut nur einen Fahrersitz haben, und zwar in der Mitte. So würde die Maschine im Ganzen schmaler und aerodynamischer. Um zu zeigen, wie das geht, bedurfte es Tesla, die im neuen »Semi-Truck« genau dieses Konzept umgesetzt haben. Warum geht das bei einem Traditionshersteller nicht? Weil im Unternehmen oft Manager das Sagen haben (Vollmer 2018).

Im Gegensatz zum Management schaut Führung weiter in die Zukunft und hat zudem disruptive Elemente. »Es geht nicht darum, einen Euro-Diesel-6 zu entwickeln, der einen Tick besser läuft als der Euro-Diesel-5«, dabei fange Führung erst dort an, wenn sich jemand hinstellt und sagt: »Wir bauen jetzt Elektroautos. Und zwar selbstfahrende« (Vollmer 2018). Was bedeutet das? Führung repariert demnach nicht einfach nur die Dinge, die schlecht laufen, sondern hinterfragt vielmehr Dinge, die zwar richtig gut laufen, allerdings in der Zukunft noch viel besser gemacht werden könnten.

Der amerikanische Wirtschaftswissenschaftler und Vordenker Bennis Warren hat auf diesen Unterschied immer wieder hingewiesen, ein zentraler Aspekt der Führungskrise des heutigen Managements (Warren 2009). Manager und Leader machen demnach zwei völlig unterschiedliche Dinge, die einen verwalten, die anderen erneuern. Der Manager ist demnach eine bloße »Kopie«, der Anführende hingegen ein echtes »Original«. Während sich Manager auf Sys-

Start-
reflexion

Telefon

E-Mail

Video

Chat

Richtungs-
check

teme und Strukturen beziehen, konzentrieren sich Leader auf Menschen und ihre Fähigkeiten. Manager fragen also »wie« und vor allem »wann«, ein Leader fragt hingegen »was« und »warum«.

Machen Sie den Selbsttest: Welche Frageformulierungen haben Sie bei Ihrer letzten Videokonferenz benutzt? Sind Sie Manager oder Leader oder eine Mischung aus beidem? Beobachten Sie sich ganz genau. In Ihrer nächsten Videokonferenz fertigen Sie einfach eine Strichliste an. Links machen Sie jeweils einen Strich, wenn Sie »Wie«- oder »Wann«-Fragen stellen, rechts machen Sie einen Strich, wenn Sie eine »Was«- oder »Warum«-Frage gestellt haben. Nun, wie ist wirklich die Verteilung? Und was müssen Sie konkret tun, damit sich das Bild verändert? Richtig: Andere Fragen stellen und anhand einer Strichliste erneut überprüfen, ob sich das Bild verändert hat.

Tipp vom Führungsfuchs

Viele Führungskräfte haben oft eine idealisierte Vorstellung von sich selbst, halten sich z.B. viel eher für vollblütige Leader als für unterkühlte Manager. Fragen sie daher mehrere Personen, die Sie in einer Videokonferenz erlebt haben: Was trifft eher auf mich zu: Leader oder Manager?

4.16 Sieben Regeln fürs virtuelle Innovationsmanagement

To be innovative as a business, managers must learn to nurture creativity.
Jurgen Appelo, agiler Vordenker und Initiator der Management 3.0-Leadership-Toolbox

Wie lässt sich Kreativität im Unternehmen leben? Hier finden Sie eine praktische Checkliste mit sieben Regeln, die Ihnen helfen, die relevanten Gedanken für mehr Kreativität im Unternehmen im Blick zu behalten (Appelo 2015):

1. **Diversität fördern**: Kreativitätsmanager mögen keine Gehirne, die gleich sind.
2. **Märkte schaffen**: Kreativitätsmanager bevorzugen Coopetition (= kooperativer Wettbewerb) in Netzwerken.
3. **Netzwerke und Spiele als Leistungstreiber anwenden**: Nutzen Sie Netzwerkeffekte und spielerische Herangehensweisen!
4. **Keine Prognosen erstellen**: Als echter Kreativitätsmanager halten Sie viele Optionen offen.
5. **Arbeitsplätz neu denken**: Als Führungskraft arbeiten Sie an einer der kreativen Arbeiten förderlichen Raumgestaltung.

6. **Einschränkungen aufbrechen**: Als Kreativitätsmanager optimieren Sie die Möglichkeiten zur Exploration.
7. **Grenzen offenhalten:** Als Kreativitätsmanager verbinden Sie sich mit dem Team, anstatt sich abzuschotten.

Tipp vom Führungsfuchs

 Der geschickte Umgang mit dem Thema Raum gilt natürlich auch auf die virtuelle Welt. Überlegen Sie bei der Entscheidung eines Videokonferenzanbieters auch, inwieweit die Systeme die Nutzung von virtuellen Whiteboards und Flipcharts unterstützen (siehe Abschnitt 5.15).

4.17 Das Quick-Win-Prinzip für Distant Leader

Quick-Wins sind gut für die Stimmung bei allen Teammitgliedern. Doch wie lassen sich Quick-Wins züchten? Wie die Setzlinge in einer Baumschule? Der Schlüssel hierzu ist der sogenannte Pareto-Effekt, der auch als 80-20-Regel bekannt geworden ist. Er besagt, dass 80 Prozent der Effekte auf 20 Prozent der Aufwände zurückgeführt werden können.

Der italienische Ökonom Vilfredo Pareto hat diese Regel als erster beschrieben, indem er herausgefunden hat, dass 80 Prozent des Landes von 20 Prozent der Bevölkerung besessen wurden. Seitdem sind viele ähnliche Effekte in ganz unterschiedlichen Branchen und Organisationen beschrieben worden. Zum Beispiel: 80 Prozent aller Mitarbeitergespräche spielen sich in 20 Prozent der Zeit über das Jahr ab, 80 Prozent der Beschwerden stammen von 20 Prozent der Kunden, 80 Prozent der wichtigen Diskussionen finden bei den meisten Meetings in 20 Prozent der Meetingzeit statt.

Der Pareto-Effekt lässt sich auf alle Bereiche des beruflichen und privaten Lebens anwenden. Mit dem Wissen um dieses Prinzip sind viele, sehr wirksame Optimierungen möglich. Das gilt nicht zuletzt auch für Mitarbeitergespräche.

Das Pareto-Prinzip taucht bei Mitarbeitergesprächen in vielfältiger Hinsicht auf:

1. Was stellen Sie in den Mittelpunkt der Vorbereitung?
2. Wie werden die Aufgaben am Ende des Mitarbeitergesprächs verteilt?
3. Wie steht der Erfolg eines Projekts mit der investierten Zeit im Verhältnis?

Start-reflexion

Telefon

E-Mail

Video

Chat

Richtungs-check

Legen Sie ehrgeizige Ziele fest. Verzweifelte Situationen führen zu kreativen Lösungen! Das 80/20-Denken bedeutet, sich ständig zu fragen: Was sind die 20 Prozent, die zu den 80 Prozent führen?

80 Prozent des Ergebnisses werden in 20 Prozent der »Sessions« erzielt: Es ist also schon sehr wichtig zu überlegen, was nun das entscheidende Telefonat, was die entscheidende E-Mail oder Videokonferenz ist.

Wenn Sie die Vermutung haben, dass es zu einem bestimmten Zeitpunkt »wirklich drauf ankommt«, dann intensivieren Sie hier Ihre Vorbereitungsanstrengungen: Wie können Sie wirksamer werden? Was könnte ein noch besseres Argument sein? Welches entscheidende Element könnte Ihnen helfen, Ihr Team wirklich zu überzeugen?

Und fragen Sie sich immer wieder: Welche Zeit ist gut investierte Zeit? Ich habe z. B. im Sommer 2015 ein einziges spontanes Telefonat geführt, das insgesamt knapp drei Stunden gedauert hat. Heraus kam ein grobes Konzept für ein Buch. Das Buch hieß »Agile Unternehmen« und war einer der Business-Bestseller des Jahres 2016. Ein Riesenerfolg für mich und für den Verlag. Wären wir damals nicht »drangeblieben«, das Buchprojekt wäre vermutlich niemals so schnell auf der Spur gewesen, inklusive all der Themen, die es hierbei im engeren Sinne abzuwägen gilt! Unbedeutend war, wer hier wen geführt hat, das Ergebnis war exzellent!

Letztlich sind vermutlich 20 Prozent aller kreativen Ideen für erfolgreiches Remote Leadership für 80 Prozent des Erfolgs verantwortlich. Und genauso wie es natürlich schön wäre, die 20 Prozent Ihrer Aktien, die für 80 Prozent Ihrer Gewinne verantwortlich sein werden, vorher zu kennen, so schwierig bzw. unmöglich ist es, alle denkbaren digital-agilen Spielzüge Ihres Gegenübers im Voraus kennen zu wollen. Agilität lebt davon, dass einer schwer einschätzbare VUKA-Umwelt (siehe Abschnitt 1.2) nicht immer mit der gleichen Vorgehensweise erfolgreich begegnet werden kann, sondern Sie als Führungskraft beweglich bleiben müssen: reaktionsschnell wie ein Eichhörnchen, liebenswert wie ein Labrador und vorausblickend wie ein Turmfalke.

Tipp vom Führungsfuchs

Komplexität wirkt anregend und ist sicher eine intellektuelle Herausforderung. Zudem schafft es interessante Aufgaben für die Beraterzunft. Ich empfehle Ihnen trotzdem: Halten Sie die Dinge klar und einfach und meiden Sie allzu große Dataitiefe in der Distanzkommunikation!

4.18 Zuversicht und emotionale Intelligenz

Die an den Tag gelegte Zuversicht in einem Mitarbeitergespräch korreliert in der Regel mit der Performance. Nur wenige Führungskräfte nutzen Emotionen, um Ihre Botschaft erfolgreich zu vermitteln. Und erfolgreiche Führungskräfte stellen mehr Fragen, um Ihre Mitarbeiter zu überzeugen oder aktivieren.

Nach Daniel Goleman (1997) sind es vor allem fünf Ebenen, auf denen sich emotionale Intelligenz ausmachen lässt:
- Selbstwahrnehmung,
- Selbstregulierung,
- Selbstmotivation,
- Empathie,
- soziale Kompetenzen.

Während die Punkte eins bis drei bei der eigenen Person ansetzen (Was nehme ich bei mir wahr? Kann ich auch starke Emotionen regulieren? Kann ich hieraus Selbstmotivation generieren?), geht es bei vier und fünf um Fähigkeiten im Umgang mit anderen Menschen (Kann ich Emotionen eines anderen nachempfinden? Kann ich auch mit starken Emotionen von anderen gut umgehen?).

Insbesondere die D-Typen sowie die G-Typen im D-I-S-G-Modell (siehe Abschnitt 1.6) haben oftmals starke negative Emotionen, beispielsweise wenn es Ihnen nicht möglich ist, ein Ziel zu erreichen oder eine wichtige Information zu bekommen.

Erfolgreiche Führungskräfte hingegen nutzen positive Emotionen wie Zuversicht, Stolz, Humor oder inspirierende Impulse, um motivierend auf ihr Team einzuwirken. Auch scheinbar rein negativen Situationen können sie etwas abgewinnen und begreifen solche Situationen z. B. als Möglichkeit für persönliches Wachstum.

Start-
reflexion

Telefon

E-Mail

Video

Chat

Richtungs-
check

Weichen Sie in Mitarbeitergesprächen auch emotionalen Situationen nicht aus. Es gibt keine Motivation ohne Emotion und wenn Sie wirklich etwas bewegen möchten, dann darf ein Gespräch auch über die Distanz durchaus auch einmal bewegend sein.

4.19 Rhetorische Techniken in Videokonferenzen nutzen

Wenn Sie Ihren Redebeitrag in einer Videokonferenz vorbereiten, so haben Sie eine Zielsetzung vor Augen. In erster Linie kommt es natürlich auf Ihre Argumente, Ihre Vorschläge und Impulse an. Doch um das erfolgreich zu übermitteln, müssen Sie – besonders wenn ein Medium dazwischen ist – eindringlich, plastisch, spannend und mit Ihren Mitarbeitenden reden, so dass alle wach und dabei sind. Eine Videokonferenz wird durch gute Rhetorik zu ganz spannendem Kino, Sie haben es in der Hand! Wie erreichen Sie das? Hilfreich sind Anschaulichkeit, Eindringlichkeit und Spannung.

Steigerung der Anschaulichkeit

Eine bildhafte Sprache und Storytelling können die Anschaulichkeit Ihrer Aussagen steigern.

Bilder, Beispiele und Vergleiche

Ein chinesisches Sprichwort sagt: »Ein Bild sagt mehr als tausend Worte«. Ein Beispiel: »Unsere Kunden machten es wie die Blumen, sie ließen die Köpfe hängen«. Die Bilder und Beispiele müssen aus dem Erlebnisbereich der Zuhörenden zusammengestellt sein. So können Sie nicht Bilder aus der Landschaft für das Großstadtpublikum verwenden. Sagen Sie lieber so etwas wie: »Bei vielen unserer Kunden ist der Arbeitsspeicher voll. Wir brauchen überzeugende Konzepte, die noch schneller zu verstehen sind!«

Storytelling mit Erzählungen und Anekdoten

Persönliche Erlebnisse oder heitere Geschichten aus dem Unternehmen können, wenn sie zum Thema passen, die Anschaulichkeit und Praxisbezug Ihrer Ausführungen verstärken. Erzählen Sie ruhig einmal, was vielleicht einmal nicht funktioniert hat. Kein Chef ist fehlerfrei und wer über sich selbst lachen kann, punktet in der Regel mehr als diejenigen, die vorzugsweise über die vermeintliche Unfähigkeit anderer lachen.

Steigerung der Eindringlichkeit

Wiederholungen und Aphorismen machen Ihre Aussagen eindringlicher und erhöhen die Plausibilität.

Wiederholungstechnik

Absichtliche Wiederholungen – um die Wirkung Ihrer Worte zu unterstreichen – sollten in Ihren Beiträgen nicht fehlen. Achten Sie jedoch darauf, dass Sie diese Technik nur wenige Male verwenden, da sonst die Wirkung verpufft. Ein Beispiel: »Nur Euer Einsatz – und allein Eure Mitarbeit – wird uns auch im nächsten Jahr richtig nach vorne bringen.«

Zitate und Sprichworte

Das stellt eine besonders eindrucksvolle Möglichkeit zu Beginn bzw. am Ende der eigenen Wortbeiträge dar. Diese Technik sollte während der Rede nicht zu oft verwendet werden. Beispiel: »Den Letzen beißen die Hunde – und deswegen wollen wir auch unbedingt die ersten sein!«

Steigerung der Spannung

Pausen und plötzliches Verstummen reißen geistig Abwesende wirksam aus dem Dämmerzustand.

Pausentechnik

Sie dient zur Erhöhung der Spannung und ist ein wichtiges Stil- und Hilfsmittel. Scheuen Sie sich nicht, nach einem längeren Satz eine längere Pause einzulegen. Nur wer keine Angst vor Pausen hat, z. B. für Wirk- und Denkpausen, der kann auch wirklich überzeugen!

Verstummungstechnik

Sie ist eine besondere Form der Pausentechnik. Brechen Sie mitten im Satz – gekonnt – ab nach den Worten aber, nur, dass, auch, also. Ein Beispiel: »Sicher ist Euch die Tatsache nicht verborgen geblieben, dass…« (längere Pause) »… voll aufgegangen ist. Danke an alle, egal ob Ihr 5 Meter oder 500 Kilometer weit weg seid!«

Start-reflexion

Telefon

E-Mail

Video

Chat

Richtungscheck

4.20 Videokonferenzsysteme

Der Markt für Videokonferenzsysteme wächst. Während im Jahre 2015 nach einem IDC-Report weltweit hierfür etwa 3,31Milliarden US-Dollar hierfür ausgegeben wurden, wird sich der Markt bis 2020, also in nur rund fünf Jahren, auf geschätzte 6,40 Milliarden US-Dollar verdoppelt haben (Price 2015).

Die wichtigsten Systeme, die sich übrigens oft auch für einen Monat kostenfrei testen lassen, sind:

- Adobe Connect,
- Avaya LiveVideo,
- Bluejeans,
- Google Hangouts,
- Go-to-Meeting® von Citrix,
- IVCi,
- Lifesize,
- Livemeeting,
- LoopUp,
- OmniJoin,
- Polycom,
- Skype® von Microsoft,
- StarLeaf®,
- Vidyo,
- WebEx,
- Zoom®.

4.21 Reflexionswolke für eine Videosession

Die Impulswolke für die Reflexion einer Videosession hat folgende Gestalt:

Start-
reflexion

Telefon

E-Mail

Video

Chat

Richtungs-
check

4.22 Das 360-Grad-Leadership-Radar für Videokonferenzen

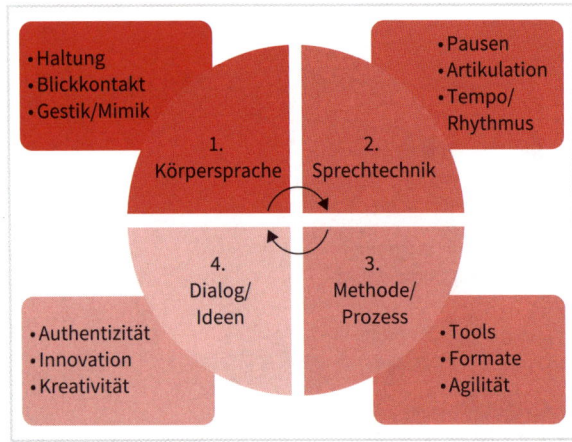

Wir berücksichtigen alle Punkte: 1. Körpersprache, 2. Sprechtechnik, 3. Methode/Prozess sowie 4. Dialog/Ideen:

1. **Bereich: Körpersprache**
- Wer hat Mimik, Gestik sowie Körperhaltung mit welcher Absicht eingesetzt? Was ist Ihnen aufgefallen?
- Was hat Ihnen die Körpersprache der Teammitglieder verraten? Welche Hypothesen haben Sie?

2. **Bereich: Sprechtechnik**
- Wer hat in welchem Umfang Pausen, Wiederholungen, Betonung sowie bildhafte Sprache eingesetzt?
- Welche Teammitglieder wirkten souverän, überzeugend, sicher und selbstbewusst?

3. **Bereich: Methode/Prozess**
- Wie genau sind Sie in Ihr One-on-One eingestiegen?
- Wie viele Fragen haben Sie gestellt? Wie groß war Ihr Redeanteil?
- Wie gut waren Sie vorbereitet? Hatten Sie eine konkrete Checkliste?
- Welche Erwartungen haben Sie geäußert? Wo haben Sie intellektuell angeregt?
- Wo haben Sie gelobt? Wo getadelt? Wo haben Sie klares Feedback gegeben?

4. **Bereich: Dialog/Ideen**
- Welche neuen Ideen haben sich im Gespräch ergeben?
- Auf welche Dinge sind Sie zudem im Gespräch aufmerksam geworden?
- Welche weiteren Onlinetools haben Sie benutzt?
- Welche Argumente haben Sie angebracht? In welcher Reihenfolge?
- Welche Fragetypen haben Sie benutzt? Welche Überzeugungstechniken eingesetzt?

4.23 Die zehn Erfolgsparameter für Videosessions

Worauf kommt es beim Medium Videokonferenz wirklich an? Die folgenden Punkte geben Ihnen Orientierung:

1. Beobachten Sie Ihr Gegenüber »zwischen den Zeilen« und hören Sie genau zu! Jeder Weichmacher ist ein Zeichen, dass es Unklarheiten gibt, die Sie gemeinsam präzisieren können. Wo sind die »Eigentlichs« oder die »Vielleichts«? Was genau gibt es hier noch an Fragezeichen, von deren Existenz Sie vorher noch nichts geahnt hatten?

2. Sorgen Sie dafür, dass Sie stolz auf Ihre eigenen Leistungen bzw. Produkte sein können! Stolz ist etwas, dass sich automatisch in der gesprochenen Sprache mitteilt, daher sprechen Sie in Videokonferenzen gerne von Ihren gemeinsamen Erfolgen. Oftmals gehen die positiven Dinge im operativen Chaos unter. Das drückt auf die Stimmung«.

3. Ist Ihre Begeisterung ansteckend und können Sie die Gegenseite von Ihrer Vision überzeugen? Manchmal ist es so, dass der eine begeisterungsfähige Mitarbeiter den anderen begeisterungsfähigen Mitarbeiter mitzieht. Solche mitunter auch versteckten Teams können enorm effektiv sein (Buckingham & Goodall 2019).

4. Bleiben Sie wachsam, z.B. in Bezug auf Themen, die nicht zur Sprache kommen! Was wurde nicht angeschnitten und warum? Wenn es auf Ihrer Liste steht, dann thematisieren sie es!

5. In der Kontaktphase zu Beginn eines Gesprächs gelten besondere Regeln, denn hier geht es v.a. um die Beziehung, noch nicht so sehr um die Sache. Spielen Sie dieses Spiel ruhig mit! Smalltalk macht zwar nicht jedem gleich viel Spaß, trotzdem ist es für die allermeisten Personen hilfreich, um mit der Situation warm zu werden.

6. Legen Sie sich zu Beginn eines Gesprächs nicht ohne Not fest! Sagen Sie also bewusst nicht »Ja, ich bin einverstanden...« oder »Nein, das ist inakzeptabel...«. Nutzen Sie den Smalltalk vielmehr zu Ihrer eigenen Informationsgewinnung und als Orientierungsphase für Ihr Gegenüber!

7. Schaffen Sie eine positive Stimmung! Das geht besonders gut, indem Sie die Gemeinsamkeiten betonen und zunächst nicht über möglicherweise bestehende Gegensätze reden.

Start-reflexion

Telefon

E-Mail

Video

Chat

Richtungs-check

Zeigen Sie Ihre Kooperationsbereitschaft und arbeiten Sie daran, dass die gemeinsame Arbeitsbasis immer weiter gestärkt wird!

8. Eigene Vorschläge sollten Sie nach Möglichkeit kurz begründen. Versuchen Sie, die Vorteile des eigenen Vorschlags für Ihre Mitarbeitenden herauszustreichen! Gute Ideen müssen auch »verkauft« werden, sonst verpuffen Sie wie ein kleiner Wassertropfen auf einem heißen Feuerstein!

9. Gegenvorschläge lassen sich sehr gut nach der »Ja-allerdings-Methode« machen: »Ja, das verstehe ich gut! Allerdings ist es in diesem Fall unbedingt erforderlich, x oder y zu berücksichtigen...«.

10. Gerade bei einer kontroverseren Diskussion tun Sie gut daran, dass Zwischenergebnisse durch entsprechende Zusammenfassungen abgesichert werden. Und bevor Dinge wirklich ernsthaft eskalieren, sollten Sie rechtzeitig eine Pause vorschlagen oder die Videosession vertagen.

TEIL 5

CHAT & CO:
SCHNELLIGKEIT, IMPULS, GERADLINIGKEIT

5 TEAMS PROFESSIONELL FÜHREN MIT CHAT & CO

Technik und Technologie sind wichtig.
Doch die große Herausforderung in diesem
Jahrzehnt ist der Aufbau von Vertrauen.
Tom Peters, amerikanischer
Managementvordenker

Oft sind es persönliche (leidvolle) Erfahrungen, die zu neuen Medien führen. So hat Samuel Morse angeblich deshalb das Morse-Alphabet erfunden, weil seine Frau verstarb, ohne dass er es früh genug erfahren konnte, um ihr zu helfen. Bei Facebook-Gründer Mark Zuckerberg war die Geschichte weniger tragisch: Da er auf dem College als »Nerd« bekannt war und auch einmal eine junge Frau kennenlernen wollte, rief er »The Facebook« ins Leben und wurde mit zehntausenden von Klicks auf diese Seite in nur wenigen Stunden regelrecht berühmt. Und da auch die technologische Revolution voranschreitet, werden auch die Medien immer vielfältiger: WhatsApp, iMessage oder SMS gehören inzwischen fast zu den Oldies der neuen, interaktiven und textbasierten Kommunikationsmedien, die ich in diesem Kapitel einmal salopp mit »Chat & Co.« abgekürzt habe.

So vielfältig die Plattformen, so ähnlich die Nutzungsmuster. Denn wenn Sie mit einer Person so vertraut sind, dass Sie über die klassischen privaten Chatsysteme kommunizieren wie z. B. WhatsApp, iMessage oder SMS, dann gehen Sie in der Regel davon aus, dass Sie der Gegenseite (ver-) trauen können. Manchmal ergibt sich die Kommunikation über Social-Media-Applikationen heute jedoch mehr oder minder »automatisch«.

Dieses Kapitel fokussiert auf die Möglichkeiten der neuen Onlinemedien und zeigt auf, welche zusätzlichen Bewegungsspielräume gerade auch über moderne Medien existieren. Sie finden zudem zahlreiche Hinweise, wie Sie hier Ihre Prozessgestaltungskompetenz ausbauen können, und erhalten Ideen, wie Sie neben Chats und Diskussionsforen auch Kollaborationsplattformen sowie digitale Kreativitätstools für die Zusammenarbeit im Team nutzen können.

Weiterhin wird die Einführung moderner crossmedialer Dialogformate thematisiert, Überlegungen einer erforderlichen Kommunikationsarchitektur werden angestrengt, und wir sprechen über die Planung, Durchführung und Aus-

Start-
reflexion

Telefon

E-Mail

Video

Chat

Richtungs-
check

wertung einzelner »Impulse«. Sie reflektieren außerdem Ihre Umsetzungsstrategien für die damit in Verbindung stehenden führungsbezogenen Herausforderungen.

Schauen wir zunächst noch einmal auf die sechs grundlegenden Aufgaben der Führung, die auch für Chat & Co wichtig sind:

1. Menschen **zusammenbringen**, die einer ansprechenden Vision folgen,
2. eine **Strategie** entwickeln, wie die Vision erreicht werden kann,
3. **talentierte** Menschen anziehen und weiterentwickeln,
4. darauf achten, dass **Resultate** im Rahmen der Strategie erbracht werden,
5. einen **Innovationsprozess** gestalten, der Vision und Strategie einschließt,
6. sich **selbst** so zu führen, dass man andere effektiv führen und anleiten kann.

Für viele Menschen verbietet es sich, beruflich eine SMS zu schreiben. Warum sollte das nicht möglich sein, um z. B. einen Innovationsprozess zu gestalten oder Menschen dabei zu unterstützen, Resultate zu generieren? Welche Kommunikationswege Sie einschlagen, hängt nicht davon ab, was sich geziemt, sondern was die jeweilige Situation erfordert.

Und wenn Sie Impulse z. B. im Sinne des transformationalen Führens am besten per iMessage oder WhatsApp geben können, dann tun Sie es doch einfach!

Tipp vom Führungsfuchs

»Alle Regeln, die jemals aufgestellt worden sind, wurden von Menschen aufgestellt, die nicht klüger waren als Du selbst«, ist ein wichtiges Prinzip von Steve Jobs gewesen (McLaughlin 1994). Was bedeutet das? Regeln lassen sich verändern oder kreativ auslegen. Es gibt keine »Verbote«, solange man sich im rechtlichen Rahmen bewegt.

Der tiefere Sinn von Regeln: Zeigen Sie Widerspruch!

*Honest disagreement is often
a good sign of progress.*
Mahatma Gandhi, indischer Politiker
und Träger des Friedensnobelpreises

Was ist der Sinn von Regeln? Nicht nur, dass der Mitarbeitende die Regel kennt, sondern auch, dass er oder sie die Regel beherzigt, wenn sie denn sinnvoll ist. Und das muss natürlich hinterfragt werden. Wie ja auch generell jede Regelung und jeder Prozess hinterfragt und verbessert werden kann.

Ein Beispiel: Ihr Mitarbeiter soll ein Formular ausfüllen? Danke für die Arbeitserleichterung, aber warum kann man hier nur zwischen A oder B wählen.

Vielfach werden Formulare einzig deshalb entworfen, damit sich der Freiheitsgrad des Nutzers einschränkt, eine andere Stelle einen eigenen Bedarf an Informationen deckt, ohne dass es für die Zuarbeitenden ersichtlich ist warum. Das ist schlecht, zum einen für die Motivation, zum anderen für die Fehlerquote.

Mit jedem »Nein« beginnt auch ein Diskussionsprozess. Streichen Sie einfach einmal die eine oder andere Regel, die für Sie nicht akzeptabel ist, aus der Aufgabenliste und Sie werden sehen, dass dies dann oft einen starken Widerstand, vielleicht aber auch eine fruchtbare Diskussion auslöst.

Tipp vom Führungsfuchs

Gerade bei unsinnig erscheinenden Prozessen nicht alles hinnehmen, sondern ruhig einmal in der anderen Abteilung nachfragen, wozu die praktizierte Form der Bürokratie heute hilfreich ist. Wenn die andere Abteilung sich wirklich mit Ihnen einigen will, findet sich am Ende ein vielleicht vereinfachter Prozess, der beiden Seiten hilft!

5.1 Wie Joe Kaeser seine Optionen transparent macht

Gerade in unklaren Situationen kann ein eigener Social-Media-Beitrag von einem CEO auf einer Meta-Ebene Verständnis schaffen. Ein sehr gutes Beispiel war der LinkedIn-Beitrag von Siemens-CEO Joe Kaeser vom 22. November 2018. Es ging um die Teilnahme an der Investorenkonferenz

Start-
reflexion

Telefon

E-Mail

Video

Chat

Richtungs-
check

FII 2018 in Saudiarabien, wenige Tage nach der wenig glaubhaften Erklärung der saudischen Führung zu den fragwürdigen Vorkommnissen im saudischen Konsulat in Istanbul. »In the end, I chose option 1. I will not attend the FII 2018. It's the cleanest decision but not the most courageous one« (Kaeser 2018).

Eine kluge Entscheidung! Und eine sehr gute, transparente und nachvollziehbare Darstellung der verschiedenen Optionen, wenn man sich den Beitrag einmal im Detail anschaut. Gerade in unklaren Situationen kann also ein eigener Social-Media-Beitrag von einem CEO auf einer Meta-Ebene Verständnis schaffen.

Eine ganz andere Erfahrung machte Gisbert Rühl, der Vorstandschef des bekannten Stahlhändlers Klöckner & Co. Dieser informierte die Mitarbeiter seinerzeit per CEO-E-Mail-Rundschreiben über seine Vorstellungen für die digitale Transformation des Stahlhändlers. Das sei völlig danebengegangen, gestand der Wirtschaftsingenieur hierzu freimütig ein. Die radikalen Pläne hätten Ängste in der Belegschaft ausgelöst, doch die Sorgen blieben ungehört. Warum war das so? Das Medium E-Mail war einfach nicht geeignet, die Sorgen adäquat zu transportieren. Inzwischen hat der Konzern 200 interne Chatkanäle gelauncht,

denn hier sei »die Hemmschwelle für Mitarbeiter für eine direkte Interaktion mit dem Vorstand deutlich niedriger als bei einer klassischen E-Mail« (Rühl 2016).

5.2 Worauf es wirklich ankommt: Trust, To-dos, Timeframe

In der elektronischen Welt gelten etwas andere Gesetzmäßigkeiten: die TTTs, also »Trust, To Dos & Timeframe« (»Vertrauen«; »Aufgaben« sowie »Zeitrahmen«), bestimmen hier den Pulsschlag.

Trust (»Vertrauensbasis«)

Je mehr Vertrauen wechselseitig existiert, desto weniger besteht die Notwenigkeit, jedes Detail immer auf die Goldwaage zu legen. Das Vertrauen wächst mit der Zahl und der Qualität der Interaktionen. Je mehr Sie über den anderen erfahren, was nicht unmittelbar mit der beruflichen Situation zu tun hat, desto größer ist normalerweise das Vertrauen, dass die andere Person zu Ihnen hat. Die Herausforderung besteht allerdings darin einzuschätzen, ob das Vertrauen real ist oder ob Sie vielleicht einer Selbsttäuschung aufsitzen. Manchmal wollen Sie vielleicht vertrauen, das Verhalten ihrer Mitarbeiter rechtfertig dies je-

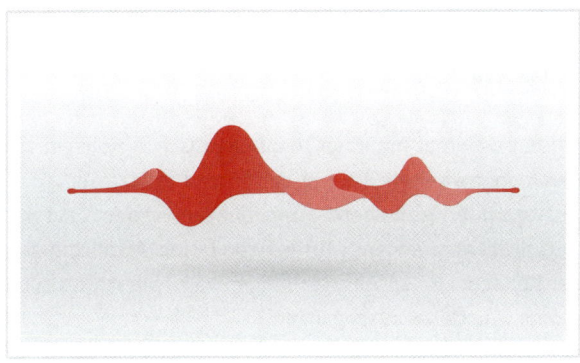

doch nicht. Hier ist Vorsicht geboten! Erarbeiten sie besser Stück für Stück eine gute Vertrauensbasis, auf der Sie dann aufbauen können!

To-dos (»Aufgabenlisten«)

Dinge (besser) geregelt kriegen. Das ist das Ziel in unserer schnelllebigen, oft komplexen und überladenen Welt, ein Konglomerat aus Informationen, Konversationen, Applikationen. Das ultimative Gegenmittel: die To-do-Liste. Sie ist – ganz simpel – eine Aneinanderreihung von zu erledigenden Aufgaben und Punkten, übersichtlich heruntergeschrieben und bereit zum Abhaken. Doch warum brauchen wir solche To-do-Listen überhaupt? Klare Strukturen helfen uns dabei, uns nicht zu verzetteln. Und wenn Ihre Mitarbeitenden nicht in der Lage oder willens sind, sich auf diese Weise das Leben zu erleichtern, dann geben Sie die entsprechenden Anstöße. Alles, was in der Lage ist, unser Gedächtnis zu entlasten und für anspruchsvolle Aufgaben frei zu machen, sollte genutzt werden!

Timeframe (»Zeitrahmen«)

Je komfortabler der Zeitrahmen ist, der zur Verfügung steht, um beispielsweise ein Projekt voranzubringen, desto größer sind der Spielraum und die weiteren Gestaltungsmöglichkeiten. Wenn die zeitliche Komponente hingegen eine kritische Größe darstellt, dann tut man gut daran, dies offen an das Team bzw. an alle Projektbeteiligten zu kommunizieren. Ein guter Chef wird auf den Zeitrahmen oder den Aufgabenumfang einwirken, wenn ersichtlich wird, dass die ursprünglich geplanten Vorhaben so nicht zu schaffen sind. Versuchen Sie trotzdem, in der Idee einer Timebox zu denken: Wir machen das, was im gegebenen Zeitrahmen realistisch ist! Dies ist durchaus ein agiler Denkansatz und bewahrt Sie vor den Abwegen des Perfektionismus!

Start-
reflexion

Telefon

E-Mail

Video

Chat

Richtungs-
check

5.3 Gelungener Smalltalk – auch im Chat

Der Wert von Smalltalk – wir könnten auch sagen von der »kleinen Unterhaltung« – wird oft unterschätzt, gerade wenn Kommunikation über elektronische Medien abgewickelt wird. Gelingt der Einstieg durch einen sympathischen

Smalltalk, ist das die beste Voraussetzung für den weiteren Verlauf eines Chats.

Ich habe einmal mit einer recht chaotischen Kollegin zusammengearbeitet. Sie war mit ihrer Arbeit meist noch nicht ganz fertig. Bei den Besprechungen mit dem Chef war natürlich entsprechende Kritik zu erwarten. Als ich mit dieser Kollegin zu den Besprechungen kam, bin ich fest von einem »Anschiss« ausgegangen.

Aber sie hat es immer ausgezeichnet verstanden, das drohende »Donnerwetter« durch gezielten Smalltalk zu vertreiben. Natürlich gab es auch Kritik, weil die Vorhaben nicht rechtzeitig fertig waren. Aber diese Kritik fiel doch oft recht milde aus. Und diese »Smalltalk-Stärke« hat mich an ihr fasziniert. Mir wurde richtig bewusst, wie vorteilhaft es sein kann, diese Kommunikationsform zu beherrschen.

Durch die Möglichkeit zur spontanen und etwa über Emoticons (siehe Abschnitt 5.4) auch emotionalen Kommunikation eignen sich Chatkonversationen – neben dem Telefon – insbesondere für Smalltalk. Smalltalk ist gewissermaßen das Schmieröl für die Konversation. Planen Sie also Smalltalk in Ihre Chatkommunikation mit ein.

5

5.4 Kommunikationschance Emoticon ☺

In der Businesswelt zunächst verpönt, haben die Emoticons inzwischen auch im professionellen Bereich wieder deutlich Aufwind erhalten. Die private Videokommunikation z. B. über Skype war hier Vorreiter.

Bei Skype funktioniert das Einfügen von Emoticons so:

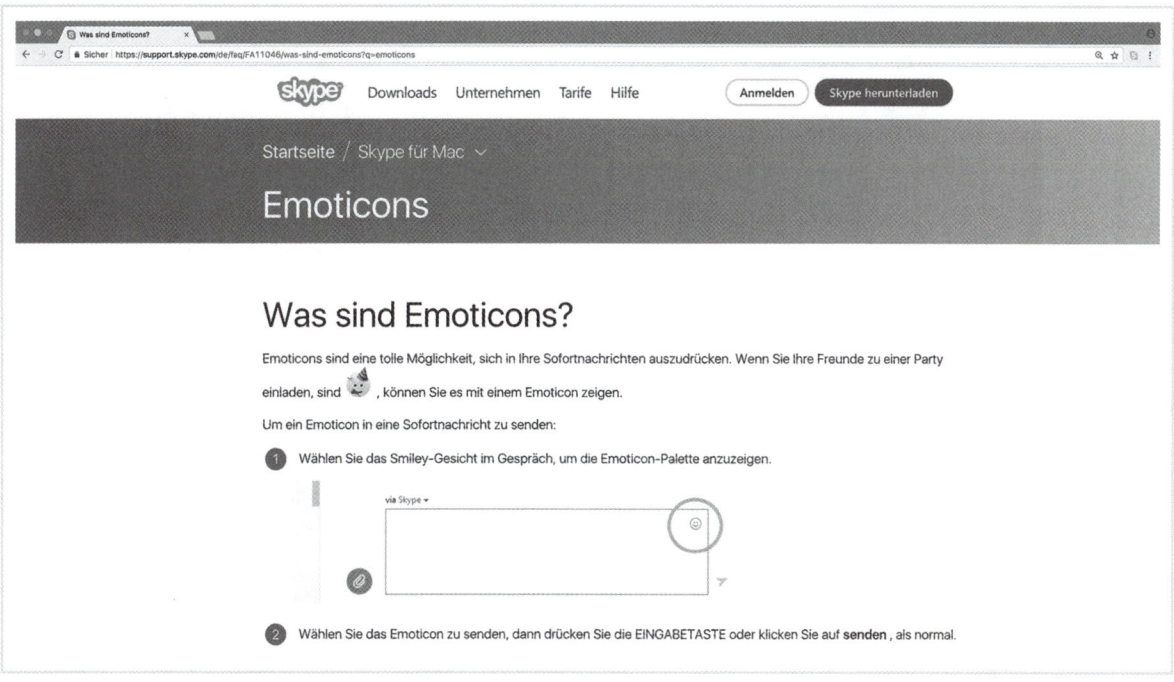

Start-
reflexion

Telefon

E-Mail

Video

Chat

Richtungs-
check

Im Skype-Hilfebereich finden sich auch eine Liste aller verfügbaren Skype-Emoticons und deren Abkürzungen, wenn Sie diese über die Tastatur erzeugen wollen. Hier ein kleiner Auszug von Emoticons, die sich sehr gut für chat-basierte Kommunikation einsetzen lassen:

Muss los		→ um eine Onlinesession zu unterbrechen
Mmm...		→ wenn der Vorschlag wenig Begeisterung auslöst
Klatschen		→ wenn die Gegenseite zur Vernunft gekommen ist
Warten		→ wenn Sie sich nicht abwimmeln lassen wollen
Anrufen		→ wenn Sie das Medium wechseln wollen
Sprachlos		→ bei unrealistischen Vorstellungen des Mitarbeitenden
Fragend		→ bei einer eher diffusen Äußerung

Tipp vom Führungsfuchs

Lassen Sie trotzdem Vorsicht bei Emoticons walten. wtf (»Was soll das denn«) sollten Sie Ihren Mitarbeitenden schon besonders gut kennen. Nicht jeder kommt mit solchen kraftvollen Äußerungen gut klar.

5.5 Gegenfragen funktionieren auch geschrieben

The single and most dangerous word to be spoken in business is no. The second most dangerous word is yes. It is possible to avoid saying either.
Lois Wyse, amerikanische Bestsellerautorin und Kolumnistin

Grundsätzlich gilt: Bevor Sie ein vielleicht zu hartes »Nein« oder ein möglicherweise zu weiches »Ja« kommunizieren, stellen Sie lieber eine Gegenfrage. Gegenfragen sind grundsätzlich ein »defensives Sprachmuster«. Sie können sich hiermit bei allzu bedrängenden Fragen sehr gut verteidigen. Folgende Chatsequenz macht dies deutlich:

Herr Sprecht:	»Hallo Frau Findus, warum haben Sie mich erst gestern Abend informiert?«
Frau Findus:	»Hallo Herr Specht, ich habe erst kürzlich erfahren, dass unser Lieferant Probleme hat.«
Herr Sprecht:	»Und das haben Sie erst gestern erfahren.«
Frau Findus:	»Ja, Herr Specht. Ich bekam um ca. 16.45 Uhr die Mail. Und dann habe ich Sie informiert.«
Herr Sprecht	»Sie haben das wirklich nicht früher gewusst?«
Frau Findus:	»Herr Specht, wie soll ich Ihre Frage verstehen?«

Die Gegenfrage ist sozusagen die »allererste Eskalationsstufe«, mit der man zeigt: »Moment mal, was hier passiert, gefällt mir nicht« oder »Ich möchte dies nicht.«

Eine Gegenfrage stellt sich gegen den Strom: Nein, ich beantworte nicht Deine, sondern bestehe darauf, dass meine Frage beantwortet wird. Ein kleines Machtspiel also, das jedoch sehr klar zum Ausdruck bringt, dass Sie sich nicht in der Unterlegenheitsposition sehen.

Die besten Gegenfragen – geordnet nach Eskalationsstufe, wir steigen also ganz entspannt ein (vgl. Patrzek 2015):

1. Wie bitte?
2. Diese Frage überrascht mich!
3. Diese Frage erstaunt mich!
4. Mit dieser Frage habe ich nicht gerechnet!
5. Was verstehen Sie unter xyz?
6. Wie meinen Sie das?

Start-
reflexion

Telefon

E-Mail

Video

Chat

Richtungs-
check

7. Wie soll ich Ihre Frage verstehen?
8. Wie kommen Sie auf diese Frage?
9. Was ist der Hintergrund Ihrer Frage?
10. Was ist der Zweck Ihrer Frage?
11. Was veranlasst Sie zu dieser Frage?
12. Worauf wollen Sie mit dieser Frage hinaus?
13. Warum stellen Sie mir diese Frage?
14. Wie kommen Sie dazu, mir diese Frage zu stellen?

Zur Gegenfrage gibt es nach Patrzek genau zwei alternative Richtungen: 1) deeskalierend oder 2) eskalierend. Deeskalierend wäre, die Gegenfrage zu überhören, die suggestiv-verhörenden Fragen direkt zu beantworten, sich zu rechtfertigen oder abzulenken, alles geht auch im Chat. Eskalierend bedeutet, einen Gegenangriff zu starten. Und an diesem Punkt wären wir schon bei der Schlagfertigkeit und den entsprechenden Techniken.

5.6 Schlagfertig – geht auch im Onlinechat!

Der Chat ist insofern wirklich eine besondere Kommunikationsart, da hier nicht nur der Inhalt des Gesagten – wie in einer Mail – zählt, sondern eben auch die Geschwindigkeit, mit der Sie reagieren. Hier bleibt keine Zeit für ausgefeilte Formulierungen, die schnelle Reaktion ist gefragt!

Im Chat gilt: Je schneller Sie reagieren, desto glaubhafter sind Sie! Wer lange überlegt, der taktiert. Das gilt auch für den Chef! Wenn Sie wissen, was Sie wollen, dann sollten Sie in diesen Fällen also durchaus auch einmal schön schnell aus der Hüfte schießen!

Mit »Tapback« schnell auf iPhone-Nachrichten reagieren

![iMessage conversation screenshot showing Tapback reaction icons]

iMessage
Mi. 28. Dez., 15:14

Was haben Sie sich dabei gedacht?

♥ 👍 👎 HA HA ‼ ?

Gar nichts. Was dachten Sie denn?

Wenn Sie nicht viel Zeit haben oder nur bestätigen wollen, dass Sie eine Nachricht gelesen haben, hilft Ihnen »Tapback«. Dies ist die Bezeichnung von Apple für sechs Reaktionsmöglichkeiten in der Nachrichten-App bestehend aus kleinen Icons (ab IOS 10):

In der nachfolgenden Tabelle sind links noch einmal die sechs Optionen aufgeführt. Schreiben Sie rechts eine Reaktion Ihres Gesprächspartners auf, bei der Sie mit dem jeweiligen Icon reagieren könnten.

1. Herz	→ _____
2. Daumen rauf	→ _____
3. Daumen runter	→ _____
4. Lachen	→ _____
5. Ausrufezeichen	→ _____
6. Fragezeichen	→ _____

Auf diese Weise bringen Sie schnell zum Ausdruck, dass Ihnen etwas gefällt oder dass Sie etwas witzig finden. Das stärkt die Beziehung zum Mitarbeitenden. Wenn Sie sich erst einmal daran gewöhnt haben, etwas emotionaler zu kommunizieren, hier die gute Botschaft: Sie kommen schneller zum Ziel! Bei Facebook gibt es übrigens ganz ähnliche Optionen. Diese heißen: Like, Love, Wow, Haha, Sad, und Angry.

Tipp vom Führungsfuchs

Viele Chatsysteme verfügen über eine automatische Fehlerkorrektur. Es ist dringend zu empfehlen, diese zu deaktivieren. Oft sind die »Fehlerkorrekturen« sinnentstellend und damit auch irreführend! Nutzen Sie lieber mehr Emoticons, Sie kommen so einfach lebendiger rüber!

Start-
reflexion

Telefon

E-Mail

Video

Chat

Richtungs-
check

5.7 Kommunikationsetikette bei SMS, IRC & Co.

*Das Internet ist eine Spielwiese für Computerfreaks,
wir sehen darin keine Zukunft!*
Ron Sommer, ehemaliger Telekom-Chef
(radio1-Denkpause vom 29.12.2016)

Internet Relay Chat, kurz IRC, bezeichnet ein textbasiertes Chatsystem. Es ermöglicht Gesprächsrunden mit einer beliebigen Anzahl von Teilnehmenden in sogenannten Channels, aber auch Gespräche zwischen zwei Teilnehmenden. Neue Channels können üblicherweise jederzeit von jedem Teilnehmenden frei eröffnet werden. Ebenso kann man gleichzeitig an mehreren Channels teilnehmen. IRC bildet damit die Grundlage aller Chatsysteme.

Mit »iMessenger« von Apple, der klassischen »SMS« mit Kosten-Flatrate und weiteren Tools wie »WhatsApp«, »Treema«, »Chatter«, »Slack« und vielen weiteren Anwendungen ist Führungskommunikation jederzeit auch über diese Medien möglich. Was rein technisch gesehen inzwischen kein Problem mehr darstellt, ist aus Sicht der Führungstechnik keineswegs trivial! Deshalb sollten Sie folgende Punkte beachten:

- *Vorsicht mit Abkürzungen:* Bevor Sie Abkürzungen in Ihre Tastatur hämmern, vergewissern Sie sich, dass die Gegenseite so etwas auch »zu nehmen« weiß. Humor und das Gefühl dafür, was angemessen ist, kann sehr unterschiedlich sein.
- *Man sollte sein Gegenüber kennen – oder kennenlernen!* Natürlich sind Sie im Vorteil, wenn Sie jemanden schon öfter »live« gesehen oder von dem Sie eine WhatsApp-Message bekommen haben. Aber auch wie Menschen über solche Medien kommunizieren, sagt viel über sie

aus. Von daher sind solche Kommunikationswege eben immer auch eine Chance des Kennenlernens.

- *Halten Sie das »Gespräch kurz«!* Letztlich ist es für alle Beteiligten meistens recht anstrengend, über Chats zu kommunizieren. Halten Sie die Chatsequenzen daher lieber kurz (fünf bis maximal zehn Minuten). Alles andere führt eher zu einer Überforderung!
- *Schicken Sie keine »Bad News« über dieses Medium!* Absagen, Kündigungen und Ähnliches lieber über ein formaleres und/oder direkteres Medium wie E-Mail oder Telefon abwickeln, da dies zumeist nicht als schlechter Stil empfunden wird. Zudem gibt es auch rein rechtlich, z. B. bei Kündigungen, formale Erfordernisse, denen die Chatkommunikation in der Regel nicht gerecht wird.
- *Definieren Sie für sich selbst »Verfügbarkeitszeiten«!* Es war einmal so einfach: Im Flugmoduls sind Sie nicht erreichbar. Heute gehen überall Fenster auf. Und wo Internet ist, ist auch Kommunikation. Antworten Sie jedoch immer in »Ihren« Zeitfenstern. Auch so lässt sich Souveränität zurückgewinnen! »Always on« ist auch als Chef reine Selbstaufgabe. Durch eine vernünftige Abgrenzung werden Sie zur Respektsperson. Auch Sie können nicht 24 Stunden am Tag arbeiten. Wenn Sie nicht gerade Geschäftsführer eines Start-ups sind, sind acht Stunden Erreichbarkeit pro Tag in aller Regel ausreichend.

5.8   Drei-Zonen-Modell

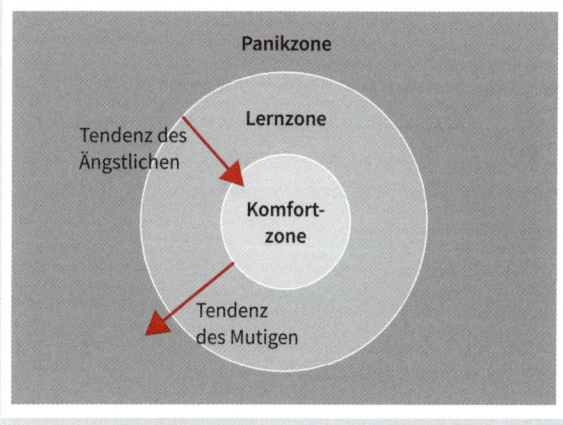

(Quelle: eigene Darstellung)

Das Drei-Zonen-Modell stammt ursprünglich aus der Erlebnispädagogik und erklärt uns, wie Menschen lernen. Und vielleicht noch wichtiger: Warum fällt es eigentlich vielen Menschen trotz rationaler Einsicht häufig schwer, Neues anzunehmen und umzusetzen?

Die drei Zonen (Komfort-, Lern- und Panikzone) können wie folgt beschrieben werden:

Start-reflexion

Telefon

E-Mail

Video

Chat

Richtungs-check

Komfortzone: Hier fühlen Sie sich wohl, hier haben Sie alles im Griff. Sie haben alle Kommunikationsstrategien zur Hand und können sie agil anwenden.

Lernzone: Hier werden Sie zwar zunächst etwas aus dem Gleichgewicht gebracht und es entsteht Unsicherheit! Sie müssen neue Verhaltensweisen entwickeln. Je mehr Erfahrungen Sie in der Lernzone sammeln, desto agiler können Sie agieren.

Panikzone: Ist der Schritt zu groß, so geraten Sie in Panik. Sie können hier in der Regel keine digital-agile Kommunikationsstrategie einsetzen, da Sie sich in einer sehr starken Stresssituation befinden und in gelernte Reiz-Reaktions-Muster zurückfallen.

Das Ziel einer digital-agilen Führungsexzellenz liegt darin, den persönlichen Erkenntnishorizont jedes einzelnen Teammitglieds durch gezielte Erlebnisse zu erweitern. Erleben ist eine individuelle Sache, so dass die Herausforderung zu der jeweiligen Persönlichkeit passen muss. Die Grenzen der ersten beiden Zonen sollen sich so zunehmend nach außen verschieben, so dass es eine größere Sicherheitszone, eine größere Lernzone und eine kleinere Panikzone gibt (vgl. Senninger 2000):

Je besser Sie vorbereitet sind, desto sicherer können sie reagieren. Starten Sie daher mit einer ersten kleinen realen Leadership-Chatübung.

Eine Leadership-Chatübung

- Nutzen Sie ein bekanntes Chatsystem wie WhatsApp, um ein oder zwei zusätzliche Fragen zu einem laufenden Projekt zu stellen:

  _____
  _____
  _____
  _____

- Nutzen Sie ein Chatsystem innerhalb eines Videokonferenzsystems wie Go-to-Meeting, um in maximal drei kurzen Sätzen ein konkretes und trotzdem wertschätzendes Feedback an einen Mitarbeitenden zu kommunizieren:

  _____
  _____
  _____
  _____

- Formulieren Sie Ihre persönlichen Erwartungen an ein bevorstehendes One-on-One kurz vorab per SMS:

Start-
reflexion

Telefon

E-Mail

Video

Chat

Richtungs-
check

_____

_____

_____

_____

- Abschlussreflexion: Welche der drei genannten Szenarien fordert Sie am meisten? Und warum?

_____

_____

_____

_____

Übung macht den Meister. Testen Sie im nächsten Online-
meeting genau das, was Ihnen hier in der Übung schwerge-
fallen ist. Sie werden sehen: Plötzlich rennt der Hase in die
richtige Richtung, wie man in Süddeutschland sagen würde.

5.9 Zehn Finger schreiben schneller!

Schreibdenken Sie schon oder tippen Sie noch? Die Tastatur auf einem PC, Notebook oder Smartphone zu beherrschen wie ein großes Piano, hat einen immensen Vorteil:
Sie können das schreiben, was Sie denken, und zwar in
Realtime.

Sie gewinnen mehr Zeit

Sie gewinnen täglich bis zu einer zusätzliche Stunde Zeit,
wenn Sie in der Lage sind, auf einer Tastatur sehr schnell zu
schreiben.

Die meisten Menschen unterschätzen die Zeit, die sie mit
dem Tippen beschäftigt sind. Das Schreiben von E-Mails,
das Notieren von Gedanken, das Eintippen vieler Worte in
verschiedene Systeme, das Verfassen von Briefen – über
den Tag kommt da schon so einiges zusammen.

Sie arbeiten mit höchster Konzentration

Beim herkömmlichen Tippen mit einzelnen Fingern mit dem Ein-Finger-Suchsystem wird durch das ständige adlerartige Kreisen um die richtigen Tasten die Konzentrationskraft deutlich verringert. Da beim Tippen mit dem Zehnfingersystem jede Taste komplett unbewusst und vollautomatisch gedrückt wird, kann sich das Gehirn mit maximaler Aufmerksamkeit auf andere, z. B. strategische Aufgaben konzentrieren.

Sie bringen mehr Kreativität auf die Straße

Für einen übersprudelnden Ideenreichtum müssen Sie in einem kreativen Moment blitzartig alle Ihre Gedanken erfassen. Das flüssige Schreiben ist ein Schlüsselfaktor!

Entspannung

Das Zehnfingerschreiben ist – wenn man es beherrscht – stressfrei und lässt die Muskulatur entspannen. Die Hände sind entspannt, die Schultern gerade, der Rücken lehnt sich lässig an der Stuhllehne an. Mit der richtigen Technik kann man so sehr lange schreiben, ohne müde zu werden.

Spaß und Freude

Der wohl langfristig wichtigste Vorteil: Das schnelle und flüssige Schreiben macht richtig viel Spaß und Freude und passt in die Welt des Chats. Letztlich müssen Sie beim Chat zeitnah und mit nur wenigen Worten Dinge klar umreißen.

Tipp vom Führungsfuchs

 Während Alexa, Google und Siri Einzug in viele Bereiche des Alltags gehalten haben, sollten Sie Spracherkennung für die Führungskommunikation sensibel handhaben. Gedanken verschriftlichen? – Ja! Ungeprüft abschicken? – Nein, denn Missverständnisse sind sonst vorprogrammiert!

5.10 Merkmale eines digital-agilen Führungschatters

Ein digital-agiler Führungschatter vereint viele Eigenschaften in sich:

1. Er zeigt zunächst einmal einen hohen Grad an Aufmerksamkeit und Interesse am Gegenüber und am Thema. Damit schafft er die Voraussetzung, um auch über solch ein Medium Vertrauen zur Gegenseite aufzubauen. Ein

guter Lead Chatter erkennt zudem Probleme auf effektive Weise und löst dann die identifizierte Probleme schnell und wirksam.

2. Wichtig ist es jedoch auch, Mitarbeitende zuweilen zu Zugeständnissen zu bewegen. Ein guter Onlinechatter ist daher auch jemand, der die Wünsche und Erwartungen geschickt in die Kommunikation einbaut. Er oder sie schafft es, die wichtigen Botschaften scheinbar anstrengungsfrei zu transportieren, was die ganze Sache natürlich sehr effektiv machen kann.

3. Dazu gehört ebenso das Feingefühl für das Gegenüber, eine gute Interpretations- und Analysefähigkeiten sowie Ehrlichkeit mit sich selbst. Ein guter Chef drückt Ideen klar aus, zeigt Objektivität, unterstützt die Mitarbeitenden und erkennt die wichtigen Punkte, die für den Führungserfolg angegangen werden müssen – und zwar auch auf Distanz.

4. Zudem ist er bzw. sie aufgeschlossen und empfänglich für neue Ideen, sorgt dafür, dass er bzw. sie gute Informationen hat oder bekommt, und ist kreativ, offen und findig, was mögliche Lösungsvarianten betrifft. Er hat eine effiziente Zeiteinteilung, sehr hohe eigene Leistungsmaßstäbe sowie die Fähigkeit und die Instrumente, um fokussiert, schnell, flexibel und angemessen in Führungssituationen zu reagieren.

Jeder einzelne dieser Aspekte bringt den Führungsprozess üblicherweise nach vorn. Zudem hat ein Onlinechef jedoch niemals ausgelernt und muss in dem Dreieck von Unternehmenszielen, Kommunikationsaufgabe und Technikherausforderung immer wieder neu und agil unbekannte Wege ausprobieren und diese dann konsequent gehen, wenn sie sich denn als erfolgsträchtig erwiesen haben.

5.11 Emergente und synergetische Führungskonzepte

In erfolgreichen Projekten kann man oft beobachten, dass eine oder mehrere Personen Vorgehensweisen finden, die auch für die anderen hilfreich sind. Die Lösung entstand im Prozess bei der Arbeit selbst und konnte vorab so gar nicht geplant werden. Solche emergenten Prozesse finden natürlich häufiger statt, wenn die Führungskräfte dies für möglich halten und auch unterstützen, sprich, wenn diese in der Lage sind, emergent zu führen.

Synergetische Aspekte der Führung umfassen Aufgabenfelder, die über die Führungskraft-Mitarbeiter-Dyade hinausgehen. Nach dem Modell von Graf, Rasche & Schmutte (2018) müssen v.a. sechs Aspekte abgedeckt werden:

Start-
reflexion

Telefon

E-Mail

Video

Chat

Richtungs-
check

01 Differenzmanagement
02 Ressourcenmanagement
03 Strukturmanagement
04 Prozessmanagement
05 Reflexionsmanagement
06 Entwicklungsmanagement

Synergetische Aufgabenfelder

In welchen der sechs Felder könnten Sie dem ganzen Team oder einzelnen Teammitgliedern zusätzliche Verantwortung übertragen? Welche Aspekte kann bzw. will das Team nicht abdecken?

[ ] Differenzmanagement
[ ] Ressourcenmanagement
[ ] Strukturmanagement
[ ] Prozessmanagement
[ ] Reflexionsmanagement
[ ] Entwicklungsmanagement

(1) Differenzmanagement, (2) Ressourcenmanagement, (3) Strukturmanagement, (4) Prozessmanagement, (5) Reflexionsmanagement und (6) Entwicklungsmanagement.

Wenn es ein Team schafft, alle emergenten und synergetischen Leadership-Herausforderungen zu meistern, dann können klassische Führungsrollen auf ein Mindestmaß heruntergefahren werden. Anders gesagt: Dann ist der Grad an Selbstorganisation entsprechend groß.

Voraussetzungen für einen hohen Grad an Selbstorganisation sind ein hoher Grad an Reife bei allen Teammitglieder sowie ein Management- und Führungsverständnis, das einer solchen Arbeitsweise ausreichend Raum gibt.

5.12 Psychologische Gesetze – Beispiel Knappheit

Anreiz durch Knappheit. Der Wert eines Gutes steigt, wenn es knapp ist oder für knapp gehalten wird. Knappheit macht viele Dinge also erst richtig begehrenswert! Beispiele: Für Studenten war die Mensa nach einer Befragung unbefriedigend. Nachdem die Mensa wegen eines Feuers für zwei Wochen geschlossen war, wurde das Essen deutlich besser beurteilt. Sammlerstücke z. B., die als selten gelten, steigen im Wert. Geld oder Budgets sind ohnehin häufig knapp, warum also dann nicht gleich als »Hebel« in einem Gespräch einsetzen, bei dem es um die Wurst geht? Wenn Seminarplätze knapp werden, steigt ebenfalls der wahrgenommene Wert: »Das muss ja ein tolles Seminar sein, ich hoffe, ich kann auch noch dabei sein!«

Der Knappheitseffekt ist also einer der stärksten psychologischen Effekte. In dem Moment, wo ein Team den Arbeitsfluss selbst organisiert, wie z. B. mit Kanban, sind die spannendsten Aufgaben genauso lange vorhanden, bis sich einer der Mitarbeitenden dazu entscheidet, das Thema anzugehen. Was können Sie alles knapp erscheinen lassen? Nicht um Mitarbeitende unter Druck zu setzen, sondern viel eher um ein Spiel daraus zu machen, das anspornt. Sie erinnern sich bestimmt an die gute alte Geschichte mit Tom Sawyer von Mark Twain, der einen Zaun zu streichen hatte. Mit dem Satz »Wann kriegt man denn schon mal eine Chance, einen ganzen Zaun alleine anstreichen zu dürfen!«, ließ Tom die Angelegenheit in einem ganz anderen Licht erscheinen und just wollten alle, die vorbeikamen, ebenfalls den Zaun zu Ende streichen.

Wie können Sie Dinge attraktiv und begehrenswert erscheinen lassen? Wie können Sie den Sportsgeist bei Ihren Mitarbeitenden wecken? Wie wäre Ihre Formulierung im Chat oder am Telefon?

1. Aufgaben → _____
2. Konzepte → _____
3. Neue Ideen → _____
4. Checkliste → _____
5. Protokoll → _____
6. Zeitnehmer → _____

5.13   Die Timebox als agiles Prinzip

Sind Sie nicht auch manchmal erstaunt, wie viel möglich wird, wenn etwas Zeitdruck besteht?

Privat als auch beruflich arbeiten viele Menschen nach dem folgenden Prinzip: Sie beginnen eine Aufgabe und arbeiten so lange daran, bis sie abgeschlossen ist. Das kann sinnvoll sein – kann aber auch zu überzogenen (Zeit-)Budgets führen, weil einfach kein Ende gefunden werden kann.

Das aus der agilen Welt bekannte Prinzip »Timeboxing« nutzt einen anderen Ansatz: Timeboxing ist ein Vorgehen,

Start-
reflexion

Telefon

E-Mail

Video

Chat

Richtungs-
check

bei dem feste Zeitblöcke (das sind die »Timeboxen«) für spezifische Aufgaben reserviert werden. Zuvor wird definiert, was am Ende der Timebox erreicht werden soll. Eine Zeiteinheit kann dabei Minuten, Stunden oder Tage umfassen – je nach Aufgabenzuschnitt. Das Grundprinzip ist immer gleich: Nicht so sehr die Inhalte selbst, sondern Zeitblöcke und natürlich entsprechende Pausen dazwischen bilden das primäre Planungsgerüst.

Tipp vom Führungsfuchs

 Ein Zeitblock als Puffer für unerwartete Störungen oder ungeplanten Mehraufwand ist oft sinnvoll. Wer ohne Puffer plant, der plant an der realen Welt vorbei!

5.14 Wie die Teamführung agiler werden kann

Wie schafft man es, sein Team hinter sich zu bringen und mit Vollgas voranzugehen? Ich behandele dieses genau an dieser Stelle, denn bevor Sie über Kollaborationsplattformen nachdenken, sollten Sie das Thema Agilität von Teams angehen. Die Plattformen sind hier die Gefäße, in welche die Teamagilität fließen kann. Folgende vier Punkte erscheinen besonders wichtig:

#1 Grundlagen vermitteln

Hier geht es um die Vermittlung agiler Arbeitstechniken sowie agiler Werte und Prinzipien. Das Prinzip der iterativen Annäherung oder auch das Flow-Prinzip kann bei der schrittweisen Verbesserung des Leistungsniveaus helfen. Kurzfristige Anforderungsänderungen können besser bearbeitet werden. Einfachheit und Klarheit im Vorgehen erhöhen die Bereitschaft, einen eindeutigen Kurs zu verfolgen und nicht »herumzueiern«. Auch größere Trends wie Digitalisierung oder Industrie 4.0 sollten im Team nachvollzogen werden.

#2 Spezifische Situation verstehen und eng zusammenarbeiten

Wo ist eine schnellere Reaktion und eine bessere Absprache als bisher notwendig? Welche zeitlichen und strukturellen Gegebenheiten werden durch die agile und digitale Transformation der Arbeitsprozesse verändert bzw. weiterentwickelt? Die einzelnen Bereiche in den Unternehmen müssen effizienter zusammenarbeiten. Je träger die eigene Organisation agiert, desto leichter kann diese von Kunden und Wettbewerbern ausgespielt werden. Lernen in kleinen Schritten und mit einer steilen Lernkurve, das ist hier das Ziel!

#3 Prozesse für eine agile Bearbeitung fit machen und Profile der Mitarbeitenden reflektieren

Der Fokus schiebt sich von einer einmaligen Führungsaktivität hin zu einer nachhaltigen Begleitung der Teams und einer erfolgsversprechenden Gestaltung der Zusammenarbeit. Agile Vorgehensweisen dürfen als schneller und wertgenerierender als klassische Methoden angesehen werden. Wer hat welche besonderen Fähigkeiten? Wo kann ich mir »etwas abschauen«? Was sollte noch in weitere Personalentwicklungsaktivitäten investiert werden?

#4 Die agilen Methodenwelten nutzen

Unter diesen Begriff fallen Scrum, Kanban, Lean-Startup, Daily Standups, Retrospektiven etc. (Nowotny 2016). Ziel ist es hierbei, kontinuierlich miteinander und voneinander zu lernen, einen guten Überblick über alle anstehenden Aufgaben sowie aktiven Prozesse zu haben und die Teamperformance nachhaltig und zielorientiert zu steigern!

5.15 Nutzung von Kollaborationsplattformen

Seit mehr als 20 Jahren gibt es elektronische Formen der Zusammenarbeit, denen im Zuge der allgemeinen Interneteuphorie einen Siegeszug als innovativste und effizienteste Arbeitsweisen vorausgesagt wurden. Was mit »Wikis« anfing, ist heute ein schier unüberschaubares Angebotsspektrum.

Spannende Kollaborationstools sind:
- BlankCanvas,
- RealtimeBoard,
- PingPad,
- Deekit,
- Stoarmboard,
- IdeaClouds,
- Ideaflip,
- A Web Whiteboard,

Start-reflexion

Telefon

E-Mail

Video

Chat

Richtungs-check

- BeeCanvas,
- Mural,
- Vor Board,
- Wookmark,
- Deskle,
- Methodkit,
- Cnverg,
- CollaBoard.

(Quelle: https://alternativeto.net/software/blankcanvas).

5.16 Let's work together – Slack, Chatter & Co.

Im Folgenden werden drei konkrete Beispiele für zeitgemäße Kollaborationtools kurz dargestellt:

#1 Slack

Die cloud-basierte Kollaborationssoftware »Slack« geht definitiv über reines Messaging hinaus. Slack wurde entwickelt, um den Benutzern eine einfache Kommunikation zu ermöglichen und die mit der Verwendung mehrerer Kommunikationsanwendungen verbundene Vielfalt der Applikationen zu integrieren. Zu den Funktionen von Slack gehören Direktnachrichten, Gruppenchat, Dokumentenfreigaben sowie Benachrichtigungen und eine umfassende Suchfunktionalität.

#2 Chatter

Es handelt sich bei »Chatter« um eine »Enterprise Collaboration Platform« von Salesforce.com, einem Anbieter von cloud-basierten Systemen des Customer Relationship Management (CRM). Die Applikation Chatter kann als Firmenintranet oder Mitarbeiterverzeichnis verwendet werden. Mitarbeitende können sowohl Personen als auch Dokumente suchen, um an Opportunities, Cases, Kampagnen, Projekten und Aufgaben mitzuarbeiten. Wie Facebook und LinkedIn ermöglicht Chatter Benutzern, ihre Feeds individuell zu verwalten und festzulegen, welche Benachrichtigungen sie empfangen möchten.

#3 Podio

Der cloud-basierter Service »Podio« wurde 2009 gegründet und 2012 von Citrix übernommen. Die webbasierte Plattform ist eine Mischung aus klassischer Projektmanagement-Software und moderner »Social Collaboration Platform« und eignet sich für die Organisation von Teamkommunikation, Geschäftsprozessen sowie von Daten und Inhalten in unterschiedlichen Arbeitsbereichen bzw. Projekten.

Weitere bekannte Online-Kollaborationstools sind etwa Microsoft Teams, SharePoint, Yammer, HipChat sowie Jive. Alle diese Plattformen lassen sich über Integrationsschnittstellen mit anderen Systemen verbinden. Am Ende steht nicht die Frage, ob ein Prozess digitalisiert werden kann, sondern vielmehr die Entscheidung, wie ein Prozess genau aussehen soll und mit welchem Aufwand sich das erreichen lässt. Insgesamt ermöglichen diese Plattformen sehr viel mehr horizontale Kommunikation, als dies in klassischen Unternehmenskontexten der Fall ist.

Start-
reflexion

Telefon

E-Mail

Video

Chat

Richtungs-
check

5.17   Technik-Set-up und Dialogdesign

Ich möchte hier auf zwei Dinge noch einmal gesondert eingehen, um die Sie sich im Vorfeld eines Teamprozesses Gedanken machen sollten: Technik-Set-up und Dialogdesign.

Technik-Set-up

a) Das System eigenständig testen: Mit der Technikseite Ihres Systems sollten Sie sich in Ruhe beschäftigen. Ich habe selbst zunächst einige Stunden mit Spaziergängen auf einer virtuellen Trainingsplattform verbracht, um mich mit den Funktionalitäten und Besonderheit einer entsprechenden Plattform vertraut zu machen, bevor ich ins Training mit Teilnehmenden eingestiegen bin.

b) Das System unter Livebedingungen einsetzen: Mit ein bisschen Frustrationstoleranz ist es natürlich auch möglich, die ein oder andere Plattform mit dem eigenen Team zu testen. Wichtig ist dabei: Denken Sie immer wieder gemeinsam über die technischen Aspekte nach, limitieren Sie jedoch die Zeit hierfür, um sich nicht in Details zu verlieren.

Dialogdesign

a) Den eigenen Fokus klar definieren: Was brauche ich, damit das Projekt erfolgreich sein kann? Welche Themen muss ich in welcher Tiefe diskutieren? Welche Fragen kann ich alleine entscheiden und wo brauche ich das Team (Beispiel Entscheidungsbaum, siehe Abschnitt 2.6).

b) Einen nachhaltigen Kommunikationsfluss ermöglichen: Der Wind ist wechselhaft. Ihr Segelboot muss dabei mit kräftigem Wellenschlag am Wind fahren, in manchen Momenten segeln Sie jedoch auch fast lautlos mit dem Wind. »Am Wind fahren« bedeutet in einer Kollaborationssession, dass Sie Erwartungen sehr klar an das Team adressieren, so dass Sie am Ende auch erfolgreich in den Heimathafen einlaufen können.

Im Rückblick war das Einlaufen in den Heimathafen auch bei einer erfolgreichen Situation manchmal eben nicht ohne agile Richtungswechsel möglich. Je besser Sie zuhören, mit Bedacht navigierend eingreifen und Ihr Schiff dabei präzise aussteuern, desto besser sind Sie im Regelfall unterwegs. Situative Flexibilität ja, aber letztlich müssen Sie auch ein Stück weit Kurs halten, sonst kommen Sie – beim Segeln und auch sonst – nicht wirklich vom Fleck!

5.18 Effektive Kommunikation zur Gewohnheit machen

Hier finden Sie eine Zusammenstellung der Gewohnheiten hoch effektiver Kommunikatoren (in Anlehnung an Covey 2013):

1. Proaktiv kommunizieren!

Viele warten erst einmal ab. Trauen sich nicht, es könnte ja etwas schiefgehen. Hier hat man freie Hand, von Ihnen geht keine Gefahr aus. Genau das legen Mitarbeitende häufig als Ängstlichkeit aus.

2. Beginnen mit dem Zielbild im Kopf!

Was habe ich von einem sehr guten Gesprächsergebnis? Was ist dann anders? Nur ein attraktives Ziel motiviert wirklich.

3. Erstrangige Dinge auch zuerst behandeln!

Was ist wichtig für den Erfolg Ihres Teams? Welche Themen müssen unbedingt besprochen werden?

4. Win-win-Denken praktizieren!

Im Zweifel ist ein partnerschaftlich-kooperatives Verhalten erst einmal nicht verkehrt. Aber Achtung: Wenn die Mitarbeitenden Sie ausnutzen, dann sollten Sie sich das nicht gefallen lassen!

5. Erst verstehen, dann verstanden werden!

Was motiviert die andere Seite? Warum stehen ihre Mitarbeitenden morgens auf? Was ist für sie wichtig? Erst wenn Sie das nachvollzogen haben, macht es ernsthaft Sinn, die eigenen Argumente und Erwartungen zu formulieren.

6. Synergien nutzen!

Was gibt es besseres als zwei ähnliche Gespräche? Was bei Mitarbeiter A funktioniert, könnte so oder ähnlich auch bei Mitarbeiter B klappen. Auf diese Weise können Sie viele gute Motivationsideen generieren!

7. Die »Kommunikationssäge« schärfen!

Arbeiten Sie an Ihren rhetorischen Mitteln: Gute Formulierungen lassen sich immer weiter verfeinern, z. B. um zu überzeugen oder um Sachverhalte klar herauszuarbeiten. Je schärfer Ihre Säge, desto wirksamer können und werden Sie kommunizieren!

Start-
reflexion

Telefon

E-Mail

Video

Chat

Richtungs-
check

5.19 Reflexionswolke für eine Chatsession

Die Impulswolke zur Chat-Reflexion hat folgende Gestalt:

5.20 Das 360-Grad-Leadership-Radar für Chat & Co

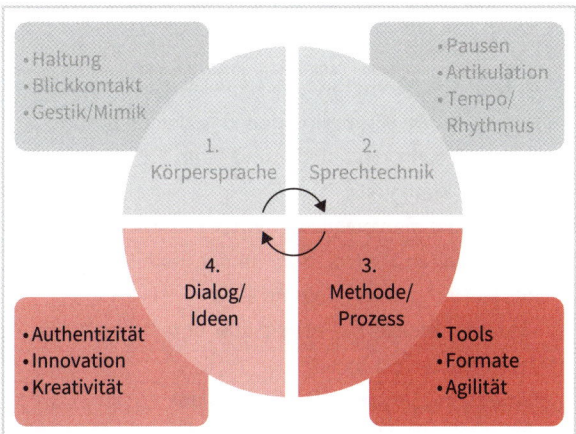

Konzentrieren Sie sich auf die Punkte 3. Methode/Prozess sowie 4. Dialog/Ideen, denn die Punkte 1. Körpersprache sowie 2. Sprechtechnik sind bei Chat & Co. irrelevant:

3. Bereich: Methode/Prozess

- Wie genau sind Sie eingestiegen? Wie haben Sie strukturell dafür gesorgt, dass Vertrauen entstehen kann?
- Wie viele »Sessions« haben Sie eingesetzt? Welche »Sequenz« hat besonders gut funktioniert?
- Wie viele Medien waren im Einsatz? Gab es Medienwechsel? Aus welchem Grund?
- Wie haben Sie Ihre Erwartungen klar zum Ausdruck gebracht? Welche Argumentation war überzeugend?
- Welche Überzeugungstechniken haben Sie gesetzt? Welche neuen Aspekte kamen vom Team?

4. Bereich: Dialog/Ideen

- Wie gut ist es Ihnen gelungen, einen wirklichen Dialog aufzubauen?
- Was haben Sie unternommen, um die Vertrauensbasis zu stärken?
- Welche Fragen haben Sie gestellt? Welche Fragetypen haben Sie benutzt?
- Wie lässt sich das Zusammenspiel im Team noch verbessern? Welche neuen Ideen sind entstanden?

Start-reflexion

Telefon

E-Mail

Video

Chat

Richtungs-check

5.21 Die zehn Erfolgsparameter für gute Teamchats

Wenn Sie über Onlineplattformen kommunizieren, dann gibt es eine Reihe von Erfolgsparametern. Hier finden Sie die zehn wichtigsten:

1. Sie beherrschen die Technik, nicht andersherum!

2. Der »Zeitdruck« darf gerne den Spaßfaktor beflügeln, nicht die Detailgenauigkeit!

3. Haben Sie keine Angst vor emotionaler Dynamik, bauen Sie diese ein!

4. Nutzen Sie das rhetorische Handwerkszeug und inspirieren Sie Ihre Mitarbeitenden, das gleiche zu tun!

5. Setzen Sie ein »Spaßlimit« und seien Sie wachsam gegenüber Klamauk!

6. Spielen Sie die Vorteile der virtuellen Instrumente aus und behalten Sie trotzdem immer die Alternativen eines klassischen Meetings im Blick!

7. Visualisieren Sie die Arbeit und unterstützen Sie Ihr Team hierbei!

8. Simulieren Sie die Zukunft und konkretisieren Sie so viele Ideen, wie für Sie passend sind!

9. Wer überrascht, hat die Aufmerksamkeit auf seiner Seite. Das gilt in besonderer Weise für Distant Leader!

10. Akzeptieren Sie das gelegentliche Scheitern – nach dem Chat ist vor dem nächsten Chat!

TEIL 6

RICHTUNGSCHECK

6 WIE SIE IHREN LEADERSHIP-KOMPASS JEDEN TAG NEU AUSRICHTEN KÖNNEN

Start-
reflexion

Telefon

E-Mail

Video

Chat

**Richtungs-
check**

*Wir können die Zukunft nicht voraussagen,
aber wir können sie gestalten.*
Peter Drucker, amerikanischer Ökonom
österreichischer Herkunft

Während die Reflexionen im Vorfeld eines Mitarbeitergesprächs via Skype oder eines virtuellen Teammeetings sicherstellen, dass Sie sich im Verlauf nicht »festfressen«, ist die Auswertung eher eine Nachbetrachtung einer abgeschlossenen zeitlichen Sequenz. Beispielsweise endet ein Projekt oder ein Mitarbeiter bekommt einen anderen Verantwortungsbereich. Es geht in diesem Kapitel um die Frage: Was können Sie im Rückblick lernen, um die eigene **digital-agile Führungsperformance zu optimieren?**

Retrospektiven sind in der agilen Welt ein Weg für Teams, zwischen z. B. den einzelnen Sprints eine kurze Denkpause einzulegen und zentrale Elemente zu überdenken. »Nach dem Spiel ist vor dem Spiel«, sagte der Fußballtrainer Sepp Herberger. Ja, das ist wohl richtig. Die Kunst ist auch hier, sich nicht zu überfordern! Eine gelungene Retrospektive

läuft immer nach dem Schema »Inspect & Adapt« ab (vgl. Nowotny 2016, S. 222). In Abschnitt 4.11 haben wir das bereits mit Blick auf regelmäßige Teamretrospektiven aufgegriffen. In diesem Kapitel machen Sie gewissermaßen eine Retro in eigener Sache.

Speziell bei der Onlinekommunikation sollten Sie sich die folgenden Fragen stellen:

1. Haben Sie **das Spielfeld** im Vorfeld Ihres Mitarbeitergesprächs oder Ihrer Teamkonferenz klar umrissen? Haben Sie ausreichend Dialog- und Methodenangebote unterbreitet? Haben Sie das Team durch eine Visualisierung unterstützt?
2. »Nichts steigert das Nachdenken mehr als Stille«, sagt man. Haben Sie die **Kraft der Stille** genutzt? Haben Sie immer gewartet, nachdem Sie eine Frage gestellt, ein Argument oder eine Idee vorgestellt haben? Haben Sie Ihren Mitarbeitenden genügend Raum für eigene Ideen, Vorschläge und Vorgehensweisen gelassen?
3. **Positives Framing**: Wenn Sie eine Idee eines Mitarbeiters hören, sagen Sie, wie erfreut Sie sind, dass er oder sie die Diskussion bereichert. Wie oft haben Sie positives Framing in der letzten Woche genutzt? Wie oft ist es Ihnen gelungen, einen negativen Stressmoment als positiven Lernmoment zu »reframen«?

Jetzt wissen Sie alles, was Sie wissen müssen, um in einem crossmedialen Führungskontext erfolgreich sein zu können. Und ab jetzt heißt der Schlüssel zum Erfolg 1. Dranbleiben, 2. Dranbleiben und 3. Dranbleiben. Wie und wo genau Sie sich noch verbessern können, können Sie sich nun in den restlichen Abschnitten dieses Kapitels erarbeiten.

6.1 Was möchten Sie in Zukunft verändern?

Der eine wartet, dass die Zeit sich wandelt. Der andere packt sie kräftig an – und handelt.
Johann Wolfgang von Goethe, deutscher Dichter

»Der Mensch ist ein Gewohnheitstier« und normalerweise wird ja nicht jeder Fehler gleich entdeckt und sofort bestraft. Das gilt z. B. auch für Geschwindigkeitsüberschreitungen. Vielleicht kennen Sie auch jemanden, der chronisch zu schnell fährt und inzwischen um den eigenen Führerschein bangt. Oft ist es so: Menschen fahren immer mal wieder zu schnell, werden jedoch nicht geblitzt. Alles läuft scheinbar gut. So verstetigt sich dann dieses Fehlverhalten und wird zu einer Gewohnheit. Und dann kommen die ersten saftigen Strafzettel, verbunden mit Punkten in Flensburg.

Diejenigen, die das dann als reine Abzocke interpretieren, werden auch weiter Gefahr laufen, nach und nach Punkte einzufahren.

Wie kommt man hier wieder raus? Zuerst müssen Sie – und zwar sowohl beim zu schnellen Fahren wie auch bei nicht ganz optimal gelaufenen Gesprächsrunden – an der eigenen Einstellung arbeiten: Was sind die wirklichen Gründe (»Ursachen finden«)?

Schritt 1: Ursachenanalyse

Schritt 2: Änderung

Schritt 3: Stabilisierung

Dann nehmen Sie sich vor, was Sie verändern werden (»Veränderungen denken«) und dann sorgen Sie dafür, dass sich stabile neue Gewohnheiten herausbilden (»Gewohnheiten anpassen«).

Schritt 1: Woran lag es genau, dass ich beim letzten 1:1-Gespräch bzw. Team-Talk eine unglückliche Figur gemacht habe? Was waren die Ursachen?

Schritt 2: Was genau möchte ich in der nächsten Session verändern? Was sind meine Ansatzpunkte, um das Blatt zu wenden?

Schritt 3: Wie kann ich verhindern, dass ich in »alte« Gewohnheiten zurückfalle?« Was motiviert mich zu Höchstleistungen?

Genau diese drei Schritte behandeln wir in den nächsten Unterkapiteln.

Start-reflexion

Telefon

E-Mail

Video

Chat

Richtungs-check

6.2 Schritt 1: »Ursachen finden«

Der Ursprung aller Dinge ist klein.
Marcus Tullius Cicero, Schriftsteller und berühmter Redner im alten Rom

Gehen Sie in die Reflexion und schauen Sie sich an, wie es gelaufen ist. Manchmal sind es große, aber auch kleine Themen, die einen aus dem Tritt bringen – auch wenn Sie zu dem Schluss kommen, Fehler gemacht zu haben. In einer komplexen Situation sind Fehler übrigens Irrtümer – und deren Aufdeckung – der Schlüssel für künftige Erfolge und eine positive Weiterentwicklung!

→ 1 Minute Bearbeitungszeit, maximal 5 Aspekte	Was genau waren Fehler oder Irrtümer?	Wie ausschlaggebend war dieser Aspekt für meinen Misserfolg (hoch/mittel/gering)
strategische Themen		
taktisch-politische Überlegungen		
Steuerung Medienauswahl		
technische Fragen		
handwerklich-rhetorische Themen		
agiles Mindset		
Haltung und Dialogbereitschaft		

6.3 Schritt 2: »Veränderungen denken«

You've got to be very careful if you don't know where you are going, because you might not get there.
Yogi Berra, amerikanischer Baseballspieler und Baseballmanager

Und jetzt denken Sie einmal ganz zielorientiert an die nähere Zukunft: Was werden Sie anpacken? Was soll anders werden? Was möchten Sie verändern? Welche Gewichtungen können Sie vornehmen?

→ 1 Minute Bearbeitungszeit, maximal 5 Aspekte	Was konkret möchte ich positiv verändern?	Wie wichtig ist dieser Aspekt für den künftigen Gesamterfolg? (hoch/mittel/gering)
strategische Themen		
taktisch-politische Überlegungen		
Steuerung Medienauswahl		
technische Fragen		
handwerklich-rhetorische Themen		
agiles Mindset		
Haltung und Dialogbereitschaft		

Start-reflexion

Telefon

E-Mail

Video

Chat

Richtungs-check

6.4 Schritt 3: »Gewohnheiten anpassen«

You are free to choose, but the choices you make today will determine what you have, be, and do in the tomorrow of your life.
Zig Ziglar, amerikanischer Autor

Und schließlich gilt es, Dinge mitzunehmen: Was möchten Sie tatsächlich zu einer Gewohnheit werden lassen? Wo wollen Sie eine echte Veränderung Ihres Verhaltens vornehmen und wie können Sie dies wirksam verankern? Was müssen Sie verstärken, was verstetigen und was stabilisieren?

→ 1 Minute Bearbeitungszeit, maximal 5 Aspekte	Was muss ich dauerhaft stärken, verstetigen und stabilisieren?	Wie wichtig ist dieser Aspekt für meinen Erfolg? (sehr/mittel/wenig)
strategische Themen		
taktische Überlegungen		
Steuerung Medienauswahl		
technische Fragen		
handwerklich-rhetorische Themen		
agiles Mindset		
Haltung und Dialogbereitschaft		

6.5 Wie können Sie dies handwerklich umsetzen?

Nutzen Sie hier Ihre Erkenntnisse aus dem 360-Grad-Leadership-Radar! Sie können Ihre Erfahrungen aus allen vier Bereichen zusammenfließen lassen. Aus vielen Details wird so hoffentlich ein »Big Picture«, ein Rundumblick, mit dem Sie Ihre persönliche Version eines erfolgreichen Digital Leaders aktualisieren können.

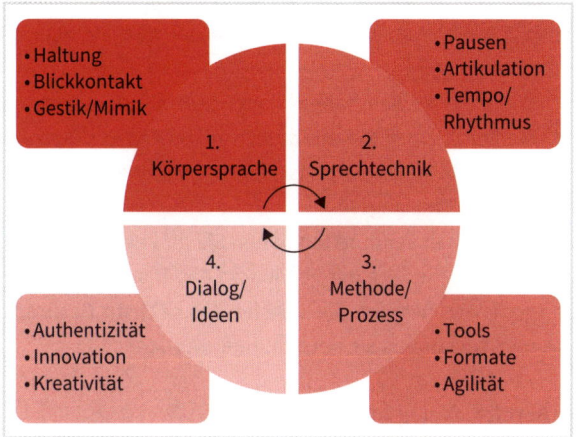

1. Bereich: Körpersprache

- Wann haben Sie Mimik, Gestik sowie Körperhaltung authentisch und zielführend eingesetzt?
  → Wo können Sie noch zulegen?
- Was hat die Körpersprache Ihnen verraten?
  → Wie können Sie dies in Zukunft noch stärker nutzen?

2. Bereich: Sprechtechnik

- Wo haben Sie Pausen, Wiederholungen, Betonung sowie bildhafte Sprache beobachtet?
  → Was können Sie davon adaptieren und selbst in Ihr künftiges Verhaltensrepertoire übernehmen?
- Wann waren Sie souverän, überzeugend, sicher und selbstbewusst? In welchen Situationen war Ihre Stimme fest?

→ Wie können Sie selbst eine solche innere Haltung für künftige Gesprächssituationen reproduzieren?

3. Bereich: Methode/Prozess

- Welche Einstiegsszenarien haben Sie in Ihren Gesprächssituationen genutzt? Wo konnten Sie oder die Gegenseite überzeugen? Was könnten Sie hiervon für künftige Mitarbeitergespräche oder Team-Talks ausbauen oder variieren?
- Wie viele »Kommunikationssessions« haben Sie durchschnittlich benötigt? Wie gut konnten Sie das Motto »Keine Motivation ohne Emotion« umsetzen (siehe Ab-

Start-
reflexion

Telefon

E-Mail

Video

Chat

**Richtungs-
check**

schnitt 4.19)? Was wäre hier für Sie der nächste »Quantensprung«?

- Wie viele Medien haben Sie eingesetzt? Mit welchem Medium kamen Sie am besten zurecht? Wo brauchen Sie noch weitere Praxiserfahrungen? Was wäre die nächste Challenge?
- Zu welchen Zeitpunkten haben Sie Ihr Feedback gegeben? Wie sind Sie mit Feedbacks des Teams umgegangen? Was nehmen Sie sich für das nächste Gespräch vor? Wo können Sie noch mutiger werden?

4. Bereich: Dialog/Ideen

- Welche der vier großen Kommunikationsstrategien (siehe Abschnitt 3.7) haben Sie zumeist eingesetzt?
  → Wie könnten Sie noch schneller im Wechsel einer Kommunikationsstrategie werden, wenn Sie spüren, dass diese nicht funktioniert?
- Wie hoch war Ihr Frageanteil an Ihrem Redeanteil in den letzten drei Gesprächssituationen? Welche Fragetypen haben Sie selten benutzt?
  → Was möchten Sie hier ausprobieren? Welche Fragetypen werden Sie das nächste Mal priorisieren?
- Wie haben Sie Argumente zur Untermauerung Ihrer Sichtweisen ausgewählt? Welche Argumentationsmuster haben Sie bei Ihren Mitarbeitenden beobachtet?

→ Was nehmen Sie sich für das nächste Mal vor? Wie können Sie Ihre Argumentation in Zukunft noch schlüssiger aufbauen?
- Welche Prinzipien des Überzeugens haben Sie eingesetzt? Wie haben Sie diese ausformuliert?
  → Was fehlt Ihnen noch, um das nächste Mal noch punkten zu können?

6.6 Veränderungen der Kommunikationsbalance

Gelungene Partnerschaft –
Balance aus Nähe und Distanz.
Helmut Glaßl, Ingenieur und Aphoristiker

Da sich Umstände immer wieder ändern, macht es Sinn, die Balancefaktoren im Blick zu behalten (siehe Tabelle auf S. 239): Was hat sich in Sachen Status, Wissen, Zeit sowie hinsichtlich des Rahmens bei Ihnen seit Beginn einer schon länger andauernden Mitarbeiter- bzw. Teambeziehung getan, und was bedeutet das z. B. für Ihr kommunikatives Vorgehen?

Voilá, der Anfang ist gemacht. Jetzt wissen Sie, wo's hingeht und können sich mit den Details zu befassen!

	Status	Wissen	Zeit	Rahmen
gestern				
heute				
morgen				
Meine neue Kommunikationsstrategie:				

Start-
reflexion

Telefon

E-Mail

Video

Chat

**Richtungs-
check**

6.7 Die nächsten Runden planen

*Leben heißt der Wiederholung
nicht überdrüssig werden.*
Bernhard Steiner, Schweizer Autor

Mit der Kommunikationsmatrix auf S. 240 können Sie festlegen, was Ihre nächsten Schritte sind.

Merke: Mehr als zehn Schritte vorausdenken macht keinen Sinn!

Der letzte Tipp vom Führungsfuchs

Mehr als zehn Spielzüge sollten Sie nicht vorausdenken, das schaffen nicht einmal Schachgroßmeister. Außerdem ist dies anstrengend und in der Regel alles andere als agil, da sich die Rahmenbedingungen oft schneller ändern als jede Planung… ;-)

	Wer?	Spricht wann?	Mit wem?	Wie?/Mit welchem Medium?	Worüber?
1.					
2.					
3.					
4.					
5.					
6.					
7.					
8.					
9.					
10.					

6.8 Checkliste zur Vorbereitung virtueller Gespräche oder Team-Talks

Zur Vorbereitung einer digital-agilen Führungsaufgabe legen Sie die folgenden Einstiegsparameter fest:

1. Wie lautet Ihr Kommunikationsziel?
   a) verstehen,
   b) beeinflussen,
   c) unterstützen.
2. Was sind Ihre Dialogansätze?
   a) Verständnis von Sachverhalten,
   b) Analyse von Ursachen,
   c) Lösungsfindung,
   d) Brainstorming.

3. Mit welchen Prinzipien wollen Sie überzeugen?
   a) Sympathie,
   b) Reziprozität,
   c) Gruppenzugehörigkeit,
   d) Folgewirksamkeit,
   e) Autorität,
   f) Knappheit.
4. Welche Gestaltungsmöglichkeiten haben Sie?
   a) zeitlich,
   b) technisch,
   c) inhaltlich,
   d) methodisch.
5. Welche Methoden wählen Sie aus?
   a) Diskussion,
   b) Moderation,
   c) Strukturierung.
6. Wie kommen Sie zu einem akzeptablen Ergebnis?
   a) Alleinentscheidung,
   b) Konsens,
   c) Teamentscheidung.
7. Was wird voraussichtlich Ihr Leitmedium sein?
   a) E-Mail,
   b) Telefon,
   c) Video,
   d) Chat & Co.

6.9 Ihre Erfolgsstellschrauben

Beginnen können ist Stärke,
vollenden können ist Kraft.
Johann Wolfgang von Goethe, deutscher Dichter

Als Abschlussreflexion für Sie zwölf despektierliche Ideen, warum Sie vielleicht nicht so erfolgreich sind, wie Sie es sein könnten:

Start-reflexion

Telefon

E-Mail

Video

Chat

Richtungs-check

1. Zu hoher Anspruch (»Perfektionismus«): Wer digital-agil führt, der arbeitet mit den Elementen Planung, Umsetzung, Reflexion und Anpassung. Wie bei den agilen Methoden üblich, ist der Anspruch nicht, bei der allerersten Interaktion perfekt zu sein, sondern sehr schnell innerhalb einer Distanzsituation, die ja in der Regel aus verschiedenen Komponenten wie Telefon, E-Mail, Video und Chat besteht, zu lernen und sehr schnell das eigene Verhalten anzupassen.

2. Zu wenig Anstrengung (»Faulheit«): Es ist ok, sich auch einmal etwas zurückzunehmen, jedoch setzt digital-agiles Führungshandeln schon voraus, dass Sie Ihre Chancen auch ergreifen. Agil sein bedeutet auch, immer wieder neu nach Möglichkeiten zu suchen, zu lernen und besser zu werden – fragen Sie einfach gute Kollegen, die Sie persönlich und fachlich sehr schätzen, an welchen Punkten Sie selbst zulegen könnten.

3. Zu starke Ängste und Befürchtungen (»Kontrollzwang«): Wer nicht ins Handeln kommt, der kann in der Regel auch nichts erreichen. Daher ist es beim digital-agilen Führungshandeln immer das Ziel, in den Flow zu kommen und im Flow zu bleiben. Wenn Sie Ängste und Befürchtungen lähmen, dann arbeiten Sie am besten erst einmal hie-ran. Schritt für Schritt erste Führungsaufgaben planen, diese dann agil und crossmedial umsetzen und Erfolge feiern. Das bringt Flow, und Flow ist Ihr Freund, denn er hebt Ihre Stimmung und Ihr Selbstbewusstsein!

4. Negative Denktendenzen (»Pessimismus«): Die Frage »Ist das Glas halb voll oder halb leer?« fällt für Sie immer so aus, dass sich gar nichts in dem Glas befindet. Gut, wer sich selbst unterschätzt oder seine Mitarbeitenden, der tut sich keinen Gefallen. Ohne eine Grundstimmung wie »Ich kann das!« oder »Wir sind gut!« können Sie bei einer echten Herausforderung keinen Blumentopf gewinnen, egal, ob es sich um Distanzkommunikation oder ein konventionales Mitarbeitergespräch handelt.

5. Schlecht formulierte Ziele (nicht SMART, nicht schriftlich fixiert): Ziele geben Ihren Mitarbeitenden bzw. Ihren Teams eine Orientierung. Das alles setzt aber voraus, dass diese schriftlich festgehalten werden. Ich empfehle ihnen daher: Arbeiten sie mit einer Vorbereitungsvorlage oder dem Team Model Canvas (siehe Abschnitt 2.11), dann haben Sie alle Ihre Ziele immer im Blick!

6. Schuldzuweisungen an Dritte (»fehlende Verantwortungsübernahme«): Na klar ist immer einer Schuld, vor al-

6

lem jemand anderes. »Herr Kannnich wohnt in der Willnich-Straße«, sagt man hierzu im Norden. Das einzige, worauf Sie wirklich einen direkten und unmittelbaren Einfluss haben, ist Ihr eigenes Verhalten: Wo können Sie das nächste Mal schneller, geschickter, diplomatischer oder authentischer vorgehen? Je schneller Sie lernen, desto erfolgreicher werden Sie sein!

7. Zeitverschwendung, (»z. B. auf der Suche nach perfekten Formulierungen«): Mit dem Quick-Win-Prinzip (siehe Abschnitt 4.18) stellen Sie sicher, dass Sie die verfügbaren Ressourcen auch sinnvoll nutzen. Manchmal macht es Sinn, über den Wortlaut einer E-Mail ein bisschen nachzudenken und diese nicht sofort zu versenden. Verschwenden Sie aber nicht zu viel Zeit auf die orthografische Fehlersuche, sondern nutzen Sie die Funktionalitäten ihrer Textverarbeitungssoftware. Eine E-Mail mit einer Anregung für ihr Team ist keine Doktorarbeit!

8. Unterschätzung des eigenen Beitrags (»zu kleines Denken«): »Kleine Gedanken haben keine Kraft«, das wusste schon Goethe. Versuchen Sie, auch die Chancen in einem ausreichenden Umfang wahrzunehmen, und setzen Sie nichts als gegeben voraus. Im Zweifel gilt es, Dinge zu hin-

terfragen und diese für die Zukunft in einer verbesserten Form aufzusetzen.

9. Kein Glaube an die Fähigkeit, zu einem Ergebnis zu kommen («mangelnde Erfahrung«): Nur weil es noch keiner gemacht hat, heißt das noch lange nicht, dass es nicht geht. Lassen Sie sich nicht mit Sprüchen einschüchtern, sondern probieren Sie einfach die angesprochenen Führungstechniken aus. Meistens funktioniert das sehr gut!

10. Kein guter Medienmix (»Balance stimmt nicht«): Für den optimalen Medienmix gelten die folgenden Regeln: Es gibt ideale Einstiegsmedien wie Telefon oder E-Mail. Es geht nicht nur um die Frage, was das beste Medium ist, sondern auch darum, ob es Ihnen gelingt, diese zu variieren und nach und nach auch Video sowie Chat & Co. hinzuzufügen. Denn oft lassen sich Medien kombinieren oder in eine sinnvolle Sequenz bringen.

11. Zu wenig Praxis (»Medienkompetenz«): Sie können jedes Kommunikationsmedium separat trainieren, z. B. mit einem Telefontraining mit Audioaufzeichnung oder einer Videokonferenz, die aufgezeichnet und analysiert wird. Nutzen Sie zudem eine Visualisierung für Ihre Gesprächs-

Start-reflexion

Telefon

E-Mail

Video

Chat

Richtungs-check

dramaturgie, um agil immer wieder neue überraschende Karten ausspielen zu können.

12. Nicht agil genug (»Blockaden«): Das kann passieren und vieles, was Sie vielleicht über das »richtige Kommunizieren« gelernt haben, ist inzwischen überholt oder je nach Challenge einmal passend oder auch nicht. Der Schlüssel für mehr Agilität liegt übrigens auch oft im Team. Mein Tipp: Agile Arbeitstechniken gemeinsam einüben (vgl. Nowotny 2016). Das macht Spaß und erlaubt in vielen Fällen eine gute Selbstorganisation. Und das wiederum ermöglicht es Ihnen, sich um die menschlich, operativ und strategisch wirklich wichtigen Themen zu kümmern!

An all diesen zwölf Schrauben sollten Sie als digital-agile Führungskraft drehen, es lohnt sich! Werfen Sie den agilen Führungsmotor an und los geht's! Ich wünsche Ihnen Mut, Experimentierfreude und viele eigene Flugversuche, denn bislang ist noch kein Kommunikationsmeister einfach so vom digital-agilen Führungshimmel gefallen!

LITERATURVERZEICHNIS

Appelo, Jurgen (2010): Management 3.0: Leading Agile Developers, Developing Agile Leaders. Boston: Addison-Wesley.

Bass, Bernhard/Avolio, Bruce (1993): Improving Organizational Effectiveness through Transformational Leadership. Thousend Oaks: SAGE Publications.

Bast, Verena (2019): Führungsprinzipien: 21 Dinge, die für gute Chefs selbstverständlich sind. https://www.impulse.de/management/personalfuehrung/fuehrungsprinzipien/3545859.html. Abrufdatum: 30.05.2019.

BBC (2012): Couple marry after wrong number phone call. Online-Artikel vom 11.12.2012. http://www.bbc.com/news/uk-england-norfolk-20653283. Abrufdatum: 30.05.2019.

Bergmann, Sabin (2016): Der echte Erfolg am Telefon. Menschen ohne Callcenter-Floskeln erreichen. Göttingen: BusinessVillage Verlag.

Bezos, Jeff (2018): Brief an die Aktionäre. Schreiben vom 18. April 2018. https://www.sec.gov/Archives/edgar/data/1018724/000119312518121161/d456916dex991.htm. Abrufdatum: 30.05.2019.

Brau, Gesine (2016): Wie man Lügen in E-Mails erkennt. http://www.spiegel.de/netzwelt/web/wie-man-luegen-in-e-mails-erkennt-a-1113442.html. Abrufdatum: 30.05.2019.

Buckingham, Marcus/Goodall, Ashley (2019): The Power of Hidden Teams: The most engaged employees work togehter in ways companies don't ever realize. Harvard Business Review, März 2019: https://hbr.org/cover-story/2019/05/the-power-of-hidden-teams. Abrufdatum: 30.05.2019.

Cialdini, Robert B. (2003): Die Psychologie des Überzeugens. 3. Aufl., Bern: Verlag Hans Huber.

Clasen, Nicolas (2013): Der digitale Tsunami. Das Innovators Dilemma der traditionellen Medienunternehmen oder wie Google, Amazon, Apple & Co. den Medienmarkt auf den Kopf stellen. CreateSpace Independent Publishing.

Covey, Steven R. (2013): 7 Habits of high effective people: Powerful Lessons in Personal Change. New York: Simon & Schuster.

Daft, Richard/Lengel, Robert H. (1986). Organizational Information Requirements, Media Richness and Structural Design. In: Management Science, 32(5), S. 554-571.

Daniel, Marc-Stephan (2016): Tough Talk: Die rhetorischen Spielregeln zum Überleben im Haifischbecken. Weinheim: Wiley-VCH Verlag.

Dapena-Vlades, Carlos (2018): Stop Wasting Money on Team Building. HBR-Online-Artikel vom 11.09.2018: https://hbr.

org/2018/09/stop-wasting-money-on-team-building.
Abrufdatum: 30.05.2019.

Dauth, Georg (2012): Führen mit dem DISG®-Persönlich-
keitsprofil: DISG®-Wissen Mitarbeiterführung. Offenbach:
GABAL Verlag.

Derby, Esther/Larsen, Diana (2018): Agile Retrospektiven:
Übungen und Praktiken, die die Motivation und Produktivi-
tät von Teams deutlich steigern. München: Vahlen.

Döring, Nicola (2003): Sozialpsychologie des Internet. Die
Bedeutung des Internet für Kommunikationsprozesse,
Identitäten, soziale Beziehungen und Gruppen. 2. Aufl.,
Göttingen: Hogrefe-Verlag.

Eikenberry, Kevin/Turmel, Wayne (2018): The Long-Distance
Leader: Rules for Remarkable Remote Leadership. Oakland:
Berrett-Koehler Publishers.

Eilles-Matthiesssen, Claudia (2018): Es muss nicht immer reden
sein. Frankfurt am Main: Campus Verlag.

Etrillard, Stephane (2004); Spitzengespräche im Verkauf:
In 8 Schritten sicher zum Verkaufserfolg. Paderborn:
Junfermannsche Verlagsbuchhandlung.

F.A.Z. (2008). Absturz: Die Hälfte aller Flugunfälle passieren bei
der Landung. F.A.Z.-Online Artikel vom 21.08.2008. http://
www.faz.net/aktuell/gesellschaft/absturz-die-haelfte-aller-
flugunfaelle-passieren-bei-der-landung-190125.html.
Abrufdatum: 30.05.2019.

Fishbach, Ayelet (2016): Pursuing Goals with Others. In: Social
and Personality Psychology Compass, (10) 5, S. 265-326.

Fisher, Roger/Ury, William/Patton, Bruce (2013). Das Harvard-
Konzept. Der Klassiker der Verhandlungstechnik. 24. Aufl.,
Frankfurt am Main: Campus-Verlag.

Freisler, Renate/Greßer, Katrin (2018): Anleitung zum Self-
Empowerment. Führung fängt innen an. In: managerSeminare, Heft 239, Februar 2018. https://www.manager
seminare.de/ms_Artikel/Anleitung-zum-Self-Empower
ment-Fuehrung-faengt-innen-an,261940. Abrufdatum:
30.05.2019.

Gilbert, Samantha (2018): 7 Team Building Games for Remote
Teams. https://blog.ganttpro.com/en/team-building-
games-remote-teams. Abrufdatum: 30.05.2019.

Geißler, Harald/Metz, Maren (Hrsg.) (2012): E-Coaching und
Online-Beratung: Formate, Konzepte, Diskussionen.
Heidelberg: Springer VS Verlag für Sozialwissenschaften.

Goleman, Daniel (1997): EQ. Emotionale Intelligenz. 2. Aufl.,
München: dtv Verlagsgesellschaft.

Graf, Nele/Rasche, Stefanie/Schmutte, Andre M. (2018):
Synergetisch führen: Für ein besseres Zusammenspiel.
managerSeminare, Heft 251, Dezember 2018, S. 30-37.

Grannemann, Ulrich/Seele, Hagen (2016): Führungsaufgabe
Change: Eine Roadmap für Führungskräfte in Veränderungs-
prozessen. Wiesbaden: Springer Gabler.

Groth, Alexander (2019): Die 3-K-Methode – Wie Sie schwierige Gespräche führen (nach Groth). https://www.leadership journal.de/die-3-k-methode-nach-groth. Abrufdatum: 30.05.2019.

Haak, Steve (2019): Homeoffice führt bei Männern oft zu Überstunden. Online Artikel bei Gründerszene: https://www.gruenderszene.de/karriere/homeoffice-fuehrt-bei-maennern-oft-zu-mehr-ueberstunden. Abrufdatum: 30.05.2019.

Hersey, Paul/Blanchard, Kenneth H./Johnson, Dewey E. (2013): Management of Organizational Behavior: Leading Human Resources. 10. Aufl., London: Pearson.

Katz, Daniel/Kahn, Robert Luis (1978): The social Psychology of Organizations. 2. Aufl., New York: Wiley.

Keaser, Joe (2018): A decision to make – and what really matters. LinkedIn Beitrag vom 22.11.2018: https://www.linkedin.com/pulse/decision-make-what-really-matters-joe-kaeser. Abrufdatum: 30.05.2019.

Koch, Richard (2008): Das 80/20 Prinzip: Mehr Erfolg mit weniger Aufwand. Frankfurt am Main: Campus.

Kühmayer, Franz (2018): Leadership: Willkommen im Zeitalter der Emotion. Gastkommentar in der Online-Ausgabe der Zeitung »Der Standard«: https://derstandard.at/2000089381394/Leadership-Willkommen-im-Zeitalter-der-Emotion. Abrufdatum: 30.05.2019.

Locke, Edwin A./Latham, Gary P. (1984): Goal Setting: A Motivational Technique That Works! Upper Saddle River: Prentice Hall.

McLaughlin, John (1994): Secrets of Live – Steve Jobs. Interview mit Steve Jobs in Form eines Dokumentarfilms. https://vimeo.com/182272790. Abgerufen am 30.05.2019.

McCrae, Robert R./Costa, Paul T. (1987): Validation of the five factor model of personality across instruments and observers. In: Journal of Personality and Social Psychology, 52(1), 1987, S. 81-90. https://psycnet.apa.org/record/1987-15614-001. Abrufdatum: 12.06.2019.

Messner, Reinhold (2011): https://www.facebook.com/permalink.php?story_fbid=10150345465642775&id=311797192774. Abrufdatum: 30.05.2019.

Nasher, Jack (2015): Deal! Du gibst mir, was ich will! München: Goldmann Verlag.

Nowak, Martin/Sigmund, Karl (1993). A strategy of win-stay, lose-shift that outperforms tit-for-tat in the Prisoner's Dilemma game. In: Nature (364), S. 56–58.

Nowotny, Valentin (2015): Die neue Schlagfertigkeit. Was Sie von Merkel, Obama, Klitschkow & Co. lernen können. 3. Aufl., Göttingen: BusinessVillage.

Nowotny, Valentin (2016): Agile Unternehmen: Fokussiert, schnell, flexibel. Nur was sich bewegt, kann sich verbessern. Göttingen: BusinessVillage.

Nowotny, Valentin (2018): Flow in der Firma: Die Magie agiler Teams: Eine Blaupause für flow-basierte Agilität. Berlin: NowConcept Pocket Books.

Osman, Hassan (2016): Influencing Virtual Teams: 17 Tactics That Get Things Done with Your Remote Employees. Boston: CreateSpace.

Patrezek, Andreas (2015). Wie Sie mit der richtigen Gegenfrage in Diskussionen auftrumpfen. Focus-Online vom 06.01.2015. http://www.focus.de/wissen/experten/andreas_patrzek/wie-bitte-wie-bitte_id_4382450.html. Abrufdatum: 30.05.2019.

Pelz, Waldemar (2016): Transformationale Führung – Forschungsstand und Umsetzung in der Praxis. In Corinna von Au (Hrsg.): Wirksame und nachhaltige Führungsansätze. Leadership und Angewandte Psychologie, Wiesbaden: Springer Fachmedien. https://www.management-innovation.com/download/Transformationale-Fuehrung-Forschung-Praxis.pdf. Abrufdatum: 30.05.2019.

Price, Daniel (2015): Video Conferencing Services. https://cloudtweaks.com/resources/15-cloud-based-video-conferencing-services. Abrufdatum: 30.05.2019.

Puckett, Stefanie/Neubauer, Rainer M. (2018): Agiles Führen: Führungskompetenzen für die agile Transformation. Göttingen: BusinessVillage.

Riemann, Fritz (1975): Grundformen der Angst. Eine tiefenpsychologische Studie. München und Basel: Verlag Ernst Reinhardt.

Reiss, Steven (2009): Das Reiss Profile: Die 16 Lebensmotive. Welche Werte und Bedürfnisse unserem Verhalten zugrunde liegen. Offenbach: GABAL Verlag.

Rühl, Gisbert (2016): Digitale Transformation: Wieso verläuft die Digitalisierung so mühsam? Xing-Klartext-Beitrag vom 12.12.2016: https://www.xing.com/news/klartext/ich-kannibalisiere-mein-geschaft-bevor-andere-es-tun-1329. Abrufdatum: 30.05.2019.

Scholz, Christian (2018): Arbeitszeitflexibilisierung: Blendwerk Work-Life-Blending. In: managerSeminare, Heft 239, Februar 2018. https://www.managerseminare.de/thema/Work-Life-Blending,29543. Abrufdatum: 30.05.2019.

Schreyögg, Georg/Koch, Jochen (2008): Grundlagen des Managements: Basiswissen für Studium und Praxis. Wiesbaden: Gabler Verlag.

Senninger, Tom (2000): Abenteuer leiten – in Abenteuern lernen: Methodenset zur Planung und Leitung kooperativer Lerngemeinschaften für Training und Teamentwicklung in Schule, Jugendarbeit und Betrieb. Münster: Ökotopia Verlag.

Sinek, Simon (2014): Frag immer erst: Warum. Wie Top-Firmen und Führungskräfte zum Erfolg inspirieren. München: Redline Verlag.

Sprenger, Reinhard (2007): Vertrauen führt: Worauf es im Unternehmen wirklich ankommt. Frankfurt am Main: Campus Verlag.

Stangl, Werner (2017): Stichwort: ‹Flow›. Online Lexikon für Psychologie und Pädagogik. http://lexikon.stangl.eu/303/flow. Abrufdatum: 30.05.2019.

Thomann, Christoph/Schulz von Thun, Friedemann (1988): Klärungshilfe 2: Konflikte im Beruf: Methoden und Modelle klärender Gespräche (Miteinander reden Praxis). Hamburg: Rowohlt Taschenbuch.

Vogt, Eric E./Brown, Juanita/Isaacs, David (2003): The art of powerful questions: Catalizing Insigts, Innovation, and Action. Mill Valley: Whole Systems Associates.

Volkens, Bettina/Anderson, Kai (2017): Digital human: Der Mensch im Mittelpunkt der Digitalisierung. Frankfurt am Main: Campus Verlag.

Vollmer, Alexandra (2018): Führungskräfte müssen führen, nicht managen. t3n Online-Artikel vom 08.12.2018: https://t3n.de/news/fuehrungskraefte-muessen-fuehren-1127104. Abrufdatum: 30.05.2019.

Vroom, Victor H./Jago, Arthur G. (1988): The New Leadership: Managing Participation in Organizations. Englewood-Cliffs: Prentice-Hall.

Wanzel, Christopher (2010): Handbuch der Entwicklung. Wissenschaftlich-philosophische Grundlagen, Modelle und Perspektiven für Veränderungsprozesse. Norderstedt: Verlag Books on Demand.

Warren, Bennis (2009): On Becoming a Leader. 3. Aufl., New York: Basic Books.

Wirtz, Markus Antonius (2017): Dorsch – Lexikon der Psychologie. 18. Aufl., Göttingen: Hogrefe Verlag.

Stichwortverzeichnis

ÜBER DEN AUTOR

Valentin Nowotny, Diplompsychologe, Diplommedienberater, Master of Business Administration (MBA), ist spezialisiert auf die Themen Leadership, Agilität und Negotiation sowie auf die Einführung neuer und zukunftsorientierter Führungsmethoden in Unternehmen. Er betreibt mit der Firma »NowConcept® Perfect Training Results Worldwide« ein international ausgerichtetes Trainings- und Beratungsunternehmen mit Sitz in Berlin. Als Projekt- und Account-manager war er viele Jahre bei impulsgebenden IT- und Beratungsunternehmen tätig und erwarb umfangreiche Projekt-, Führungs- und Kommunikationserfahrungen.

Valentin Nowotny ist Managementtrainer, Unternehmensberater und Führungscoach, darüber hinaus ein bekannter Fachbuchautor und Mitbegründer des »dvct – Deutscher Verband für Coaching und Training e.V.«, dem mit mehr als 1.500 Mitgliedern heute größten deutschen Coach- und Trainerverband. Er ist zertifizierter Coach, zertifizierter Trainer und lizenzierter »Management 3.0 Facilitator«. Als international erfahrener Trainer und Moderator arbeitet er für namhafte deutsche DAX- und MDAX-Unternehmen in deutscher als auch in englischer Sprache.

Kontaktmöglichkeiten

Web: www.nowconcept.de
E-Mail: vn@nowconcept.de

Das Format für Querdenker!

- Relevante Tools einfach und sofort umsetzbar
- Mit Anleitungen, Vorlagen, Checklisten, Tipps, Case-Studies u.v.m.
- Praxisorientiert: was Sie wirklich wissen müssen

Bequem online bestellen: **shop.schaeffer-poeschel.de/toolbox-reihe**

SCHÄFFER
POESCHEL